Daniel Ch. von Grünigen
Digitale Signalverarbeitung

Digitale Signalverarbeitung

von Daniel Ch. von Grünigen

mit 186 Bildern, 111 Beispielen und Aufgaben
und einer CD-ROM

Fachbuchverlag Leipzig
im Carl Hanser Verlag

Prof. Dr. sc. techn. ETH Daniel Ch. von Grünigen lehrt Elektrotechnik und Digitale Signalverarbeitung an der Berner Fachhochschule, Hochschule für Technik und Architektur Burgdorf

Die Deutsche Bibliothek - CIP-Einheitsaufnahme

Ein Titeldatensatz für diese Publikation
ist bei Der Deutschen Bibliothek erhältlich.

ISBN 3-446-21445-3

Fachbuchverlag Leipzig
im Carl Hanser Verlag

© 2001 Carl Hanser Verlag München Wien
Internet: http://www.fachbuch-leipzig.hanser.de
Satz: Ivo Oesch (dipl. El. Ing. FH)
Umschlaggestaltung: MCP • Susanne Kraus GbR, Holzkirchen
Druck und Bindung: Druckhaus "Thomas Müntzer" GmbH, Bad Langensalza
Printed in Germany

Vorwort

Die *d*igitale *S*ignal*v*erarbeitung (DSV), d. h. das Verarbeiten von Signalen mittels digitaler Rechner, hat in den letzten zwei Jahrzehnten einen ungeheuren Aufschwung erlebt. Der Grund dafür liegt bei den leistungsfähigen und preiswerten Computern, die seit den Achtzigerjahren zur Verfügung stehen sowie in der fundierten Theorie, die Forscherinnen und Forscher in den letzten Jahrzehnten erarbeitet haben, und in den attraktiven Anwendungen, die je länger je mehr Eingang in unseren Alltag finden. Die digitale Signalverarbeitung wird sich in den Bereichen Software, Technologie, Theorie und Anwendungen rasch weiterentwickeln, so dass es für jeden Ingenieur, Physiker und Informatiker lohnenswert ist, sich in den Grundlagen dieses Fachgebietes auszukennen.

Die digitale Signalverarbeitung ist eine vorwiegend mathematisch orientierte Disziplin und es bereitet deshalb vielen Studenten und Praktikern Mühe, den Einstieg zu finden. Um den Zugang zu erleichtern, verzichte ich unter Angabe von Literaturstellen auf viele Herleitungen und lege das Gewicht auf die Interpretation und Illustration der Resultate. Andererseits ist es mir ein Anliegen, die Ergebnisse mathematisch korrekt und in Übereinstimmung mit der massgebenden Fachliteratur zu präsentieren. Im Gegensatz zu meinem früheren Buch [vG93] lege ich mehr Wert auf die Verwendung der Matrizenrechnung, weil ich glaube, dass sich die DSV in diese Richtung entwickeln wird. Zwei Beispiele für die Verwendung der Matrizenrechnung sind MATLAB und LabVIEW, zwei weit verbreitete Programm-Systeme, welche digitale Signale in Form von Zeilen- oder Kolonnenmatrizen verarbeiten.

Mein Grundlagenbuch richtet sich an Studenten, Ingenieure, Physiker und Informatiker, die sich für die DSV interessieren oder Probleme aus diesem Aufgabenkreis zu lösen haben. Bezüglich der Mathematik und Systemtheorie werden Kenntnisse vorausgesetzt, wie sie an Technischen Universitäten, Hoch- und Fachhochschulen in den ersten vier Semestern gelehrt werden. Ich möchte aber auch Leser ohne breite Mathematikkenntnisse motivieren, in das zukunftsträchtige Gebiet der digitalen Signalverarbeitung einzusteigen, und bemühe mich daher, den Stoff so anschaulich wie möglich zu präsentieren. Dennoch darf nicht verschwiegen werden, dass die Mathematik für ein gründliches Verstehen unerlässlich ist und vom Studierenden deshalb die Bereitschaft vorausgesetzt wird, sich mit anspruchsvollem, aber faszinierendem Stoff auseinanderzusetzen.

Das Buch gliedert sich in sechs Kapitel: In einer Einführung werden die praktischen Aspekte der DSV aufgezeigt. Im darauf folgenden Kapitel werden Signale im Zeit- und Frequenzbereich beschrieben. Danach schliesst sich eine Behandlung von zeitdiskreten Signalen und Systemen an. Hier werden unter anderem auch die Korrelation zweier diskreter Signale sowie die z-Transformation beschrieben. In den drei Kapiteln des zweiten Teils werden die klassischen Anwendungen der DSV präsentiert: die diskrete Fourier-Transformation, die digitalen Filter und schliesslich die digitalen Signalgeneratoren.

Das Buch will mehrere Zwecke erfüllen:

- Es soll ein Lehrbuch für die Grundlagen der angewandten digitalen Signalverarbeitung sein. Deshalb gibt es zu jedem Kapitel Übungen, deren Lösungen sich auf der CD-ROM des Buches befinden. Zum vollständigen Lösen der Aufgaben werden die Studenten- oder Vollversionen von MATLAB 5 [1] und LabVIEW 5 [2], sowie das Signalprozessor-Starterkit 'ADSP-2100 Family EZ-KIT Lite' von Analog Devices[3] vorausgesetzt. Zum Studium des Buches sind die beiden Software-Pakete und das Starterkit mit dem Signalprozessor ADSP2181 jedoch nicht erforderlich.

- Es soll als Handbuch bei DSV-Aufgabenstellungen aus der Praxis dienen. Es enthält beispielsweise Richtlinien zum Entwurf von Bandbegrenzungs- und Digitalfiltern, praktische Hinweise zur Durchführung von Fourier-Transformationen sowie Realisierungsvorschläge für Signalgeneratoren.

- Es soll als Nachschlagebuch für grundlegende Begriffe aus der digitalen Signalverarbeitung eingesetzt werden können. Zu diesem Zweck ist ein umfangreiches Verzeichnis von deutschen *und* englischen Stichworten beigefügt.

- Es soll ein Einsteigerbuch sein für Studierende, die sich eine solide Grundausbildung in der digitalen Signalverarbeitung aneignen wollen, um sich später Spezialgebieten der DSV zuzuwenden. Ich denke dabei an die Sprach- und Bildverarbeitung, die adaptiven Filter, die digitale Kommunikation, die digitale Regelungstechnik etc.

- Es soll als Manual zu einem Signalprozessor-Praktikum dienen. Im Anhang sind MATLAB-Programme beschrieben, mit denen man Digitalfilter und Signalgeneratoren entwerfen, simulieren und verwirklichen kann. Darin enthalten ist ein Codegenerator, der Digitalfilter- und Signalgenerator-Programmcode für den DSP-Starterkit EZ-KIT LITE erzeugt.

Die meisten Simulationen und Berechnungen wurden mit der Studentenversion von MATLAB 5 durchgeführt. Diese Software ist für die digitale Signalverarbeitung sehr geeignet, da sie Aufgabenstellungen aus dem Bereich der

---

[1] http://www.mathworks.com
[2] http://www.ni.com
[3] http://www.analog.com

numerischen Mathematik zuverlässig und schnell löst und zudem eine Signal-Processing-Toolbox zur Bearbeitung von DSV-Aufgaben enthält. Mithilfe so genannter M-Files kann der Anwender seine eigenen Programme mit MATLAB-Befehlen schreiben, falls er eigene Simulationen und Berechnungen durchführen will. M-Files, LabVIEW-Dateien (so genannte VI-Files) und weitere Software, welche für das vorliegende Lehrbuch erstellt wurden, sind nicht nur auf der beiliegenden CD-ROM abgespeichert, sondern ebenfalls unter der Internet-Adresse http://www.hta-bu.bfh.ch/e/dsv.

An der Entstehung dieses Lehrbuches haben einige Personen mitgewirkt. Allen voran Herr Ivo A. Oesch, Dipl. El.Ing., der den Simulator und Codegenerator für Digitalfilter und Signalgeneratoren entworfen und programmiert hat. Die sorgfältigen Zeichnungen wurden von Herrn D. Hadorn erstellt und freundlicherweise gesponsert von der GEFA, der Gesellschaft für Fachpublikationen an der Hochschule für Technik und Architektur Burgdorf. Mitgearbeitet haben auch Studentinnen und Studenten in Form von Projektarbeiten, die von Ivo A. Oesch hervorragend betreut wurden. Ihnen allen möchte ich danken. Ein herzliches Dankeschön geht auch an Frau E. Hotho vom Hanser Verlag für die gute Zusammenarbeit.

Burgdorf im November 2000
Daniel Ch. von Grünigen

Inhaltsverzeichnis

Kapitel 1

Einführung

1.1 Grundlagen

Signale als Träger von Informationen spielen eine wichtige Rolle in unserem Alltag, wie die Beispiele Sprache, Musik, Videobilder, biomedizinische Messdaten
etc. zeigen. Liegen Signale in elektrischer Form vor, dann kann man sie elek-
tronisch verarbeiten und man spricht dann von Signalverarbeitung. Unter der
Verarbeitung von Signalen versteht man beispielsweise das Unterdrücken von
Störungen, das Herausholen bestimmter Informationen, die Signalumwandlung
zwecks Übertragung oder Speicherung usw.

In der Signalverarbeitung liegen Signale vor allem in drei Erscheinungswei-
sen vor (Bild 1.1): Erstens als zeitkontinuierliche oder analoge Signale (engl:
continuous-time or analog signals) , zweitens als Abtast- oder zeitdiskrete Signale (engl: sampled-data or discrete-time signals) und drittens als digitale Signale
(engl: digital signals).

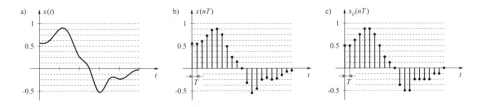

Bild 1.1: a) Zeitkontinuierliches Signal,   b) Abtastsignal,   c) digitales Signal

Im Gegensatz zum zeitkontinuierlichen Signal ist das zeitdiskrete Signal nur
für Punkte mit dem festen Abstand T auf der Zeitachse definiert. T ist die Abtastperiode und der Reziprokwert davon heisst Abtastfrequenz oder Abtastrate.

Das digitale Signal ist ein zeitdiskretes Signal mit quantisierten Amplituden-
werten. Im Computer werden diese Amplitudenwerte in Form von Nullen und
Einsen dargestellt.

Vor der Einführung des digitalen Computers wurden Signale vorwiegend
mittels analoger Schaltungen verarbeitet. Das sind Schaltungen, die aus Bau-
elementen wie Verstärkern, Widerständen, Kondensatoren etc. bestehen und die
heute noch eingesetzt werden. Eine analoge Schaltung verarbeitet ein analoges
Eingangssignal $x(t)$ zu einem analogen Ausgangssignal $y(t)$. Eine solche Signalverarbeitung wird deshalb *analoge Signalverarbeitung* genannt (Bild 1.2).

Bild 1.2: Analoge Signalverarbeitung

Seit dem Aufkommen leistungsfähiger und preisgünstiger Digitalrechner geht
man je länger je mehr dazu über Signale digital zu verarbeiten. Das zeitkontinuierliche Signal wird zuerst analog vorverarbeitet und anschliessend im Analog-
Digital-Wandler in ein digitales Signal überführt (Bild 1.3). Das digitale Eingangssignal besteht aus einer Folge von Zahlenwerten, die auf dem Digitalrechner zu einer Ausgangsfolge von Zahlenwerten verarbeitet werden. Die Rechenvorschrift, nach der die Eingangsfolge zu einer Ausgangsfolge verarbeitet wird,
heisst *Algorithmus*. Dieser ist in Form eines Programms auf dem Digitalrechner (Computer) implementiert. Das digitale Ausgangssignal gelangt auf einen
Digital-Analog-Wandler, wo es wiederum in ein analoges Signal umgewandelt
wird. Dieses Signal wird schliesslich, falls erforderlich, noch analog nachverar-
beitet.

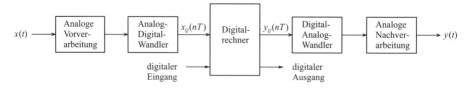

Bild 1.3: Digitale Signalverarbeitung: Beispiel eines Echtzeit-Systems

Das Verarbeiten digitaler Signale nennt man *digitale Signalverarbeitung*, abgekürzt DSV (engl: digital signal processing). Bild 1.3 zeigt ein DSV-Echtzeit-
System, dessen Kern der Digitalrechner ist. Im Block „Analoge Vorverarbeitung"
wird das analoge Eingangssignal — falls notwendig — verstärkt, amplituden-
begrenzt und gefiltert. Dieser Block und der AD-Wandler entfallen, falls die zu
verarbeitenden Signale digital erzeugt werden. Oft sind der DA-Wandler und
die analoge Nachverarbeitung überflüssig, weil die digitale Signalform für die
Speicherung, Darstellung oder Weiterverarbeitung vielfach geeigneter ist. Unter einem *Echtzeit-System* versteht man ein DSV-System, dessen Eingang und

Ausgang mit einer festen Taktrate betrieben werden.

In Bild 1.4 ist die praktische Realisierung eines DSV-Echtzeit-Systems abgebildet (es handelt sich um den 'ADSP-2100 Family EZ-KIT Lite' von Analog Devices). Es dient als Evaluationskit und eignet sich zur Verarbeitung von Audiosignalen. Das System hat zwei analoge Eingänge und zwei analoge Ausgänge. Die analoge Vorverarbeitung beinhaltet eine Bandpassfilterung mit zuschaltbarem Verstärker und die analoge Nachverarbeitung besteht je aus einem einfachen Hochpassfilter. Der AD- und DA-Wandler sind in einem Chip zusammengefasst, der sich Codec nennt. Die digitale Signalverarbeitung wird von einem Signalprozessor vom Typ ADSP 2181 durchgeführt.

Bild 1.4: Evaluations-Kit als DSV-Echtzeit-System
1) Digitaler Signalprozessor ADSP2181, 2) Eprom mit Programm,
3) Codec, 4) Analoger Zweikanal-Eingang, 5) Analoger Zweikanal-Ausgang, 6) Anschluss für Speisung, 7) Serielle Schnittstelle

In Bild 1.5 ist das Blockschaltbild eines weiteren typischen DSV-Systems gezeichnet. Es handelt sich um ein digitales Datenerfassungssystem, das zur Analyse von Signalen eingesetzt wird. Es besteht aus mehreren Eingängen, an die Signalquellen angeschlossen werden können. Deren Signale werden analog vorverarbeitet und anschliessend einem intern gesteuerten Vielfachschalter, dem so genannten Multiplexer, zugeführt. Der Ausgang des Multiplexers gelangt über den AD-Wandler an den Digitalrechner. Auf dem Digitalrechner, der beispielsweise aus einem PC besteht, werden die vorverarbeiteten und abgetasteten Signale analysiert, digital gespeichert und auf einem Bildschirm,

Drucker oder Schreiber dargestellt.[1] DSV-Datenerfassungssysteme sind meistens Nichtechtzeit-Systeme, d. h. Systeme, die im Offline-Betrieb arbeiten.

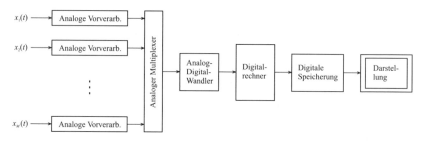

Bild 1.5: Digitale Signalverarbeitung: Beispiel eines Datenerfassungssystems

Es stellen sich hier eine Menge Fragen, beispielsweise: Wie ist ein Digitalrechner aufgebaut? Welches sind Anwendungen digitaler Signalverarbeitungssysteme? Wozu müssen die analogen Signale gefiltert werden und wie sind die dazugehörigen analogen Filter zu dimensionieren? Was heisst 'abtasten'und mit welcher Frequenz muss abgetastet werden? Was versteht man unter Signalanalyse und wie ist sie durchzuführen? Diese und weitere Fragen sollen in den folgenden Kapiteln beantwortet werden.

1.2   Der Signalprozessor als Digitalrechner

Wie bereits erwähnt, hat der Digitalrechner die Aufgabe, eine Folge von Eingangszahlen zu einer Folge von Ausgangszahlen zu verarbeiten. Wir werden später sehen, dass diese Verarbeitung vor allem darin besteht, die Zahlen der Eingangsfolge geeignet mit anderen Zahlen zu multiplizieren und zu addieren. Jeder Computer, der die Multiplikation und die Addition beherrscht, ist deshalb prinzipiell als Digitalrechner zur Signalverarbeitung einsetzbar.

Ein Mikroprozessor ist eine integrierte Schaltung (Chip) mit einem Rechenwerk und einem Steuerwerk. Ergänzt man ihn mit einem Speicher, dann spricht man von einem *Mikrocomputer*. Ein üblicher Mikrocomputer ist in der sogenannten von-Neumann-Architektur aufgebaut, d. h. er besteht aus einem Prozessor und einem Speicher, die über einen Adressbus und einen Datenbus miteinander verbunden sind (Bild 1.6).

Solche Mikrocomputer sind für die DSV zwar einsetzbar, nur sind sie aufwendig zu programmieren und langsam in der Ausführung. Ein Mikrocomputer, der sich für DSV-Aufgaben besser eignet, ist in der so genannten Harvard-Architektur aufgebaut (Bild 1.7). In dieser Rechner-Architektur ist der Speicher in einen Daten- und in einen Programmspeicher aufgeteilt und an zwei

---

[1]Es gibt Firmen wie National Instruments und Mathworks, die dafür die passende Hardware und Software liefern.

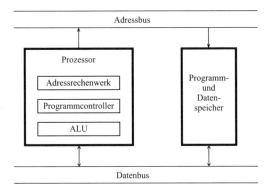

Bild 1.6: Mikrocomputer mit von-Neumann-Architektur

separaten Adressbussen angeschlossen. Diese Aufteilung ermöglicht eine gleichzeitige Ausgabe von Daten aus den beiden Speichern und macht dadurch den Rechner schneller. Zudem enthält der Prozessor ein spezialisiertes Adressrechenwerk, um die Adressen für typische DSV-Aufgaben wie Filterung und Fourier-Transformation effizienter berechnen zu können. Des Weiteren ist das Rechenwerk des Prozessors mit einem Barell-Shifter und einem MAC ergänzt. Der Barell-Shifter kann ein Datum innerhalb eines Registers um beliebig viele Stellen nach links oder nach rechts verschieben und der MAC (engl: Multiply/Accumulate) kann zwei Daten multiplizieren und zum Wert des Ergebnisregisters addieren (Bild 1.8). Wie bereits erwähnt, ist die MAC-Operation *die* typische

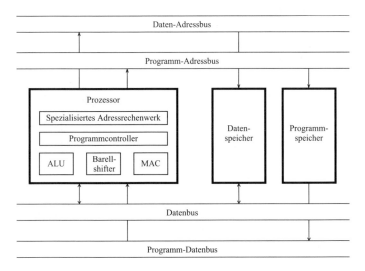

Bild 1.7: Mikrocomputer mit Harvard-Architektur

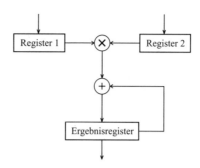

Bild 1.8: Aufbau eines MAC (Multiplizierer/Akkumulator)

DSV-Operation und sie sollte deshalb in einem Zyklus[2] abgearbeitet werden können. Ein Mikrocomputer mit den aufgeführten Eigenschaften wird *digitaler Signalprozessor* oder kurz DSP (engl: Digital Signal Processor) genannt. Selbstverständlich kann die Rechner-Architektur in Bild 1.7 weiter verfeinert und der Rechner damit schneller gemacht werden.

Die Forschung bei den Digitalrechnern geht sowohl in Richtung leistungsfähigere Architekturen wie auch in Richtung schnellere Halbleiter-Technologien. Die Hersteller bemühen sich auch, die Programmierung komfortabel und effizient zu machen. In der Regel werden heute Signalprozessoren mit einfacher Architektur in Assembler und solche mit aufwendiger Architektur in C programmiert. Mehr über digitale Signalprozessoren kann z. B. in Lit. [EB00] und [Hei99] nachgelesen werden.

1.3   Anwendungen

Zu den vier grundlegenden DSV-Operationen zählen wir die diskrete Korrelation, die diskrete Fourier-Transformation, die digitale Filterung und die digitale Signalerzeugung. Mit diesen vier Grundoperationen lassen sich viele Anwendungen realisieren, wie: Geschwindigkeitsbestimmung mittels Korrelation (siehe Seite 75), Signalfrequenzmessung über die diskrete Fourier-Transformation (siehe M-File `freqest`), Sende- und Empfangsfilter für die digitale Kommunikation [Skl88] und Rauschgeneratoren zur Systemidentifikation (siehe Kap. 6.5). Leicht liesse sich diese Auflistung verlängern, beispielsweise durch viele interessante Anwendungen aus der Audiotechnik [Orf96], der digitalen Nachrichtentechnik [GK97] und der Biomedizin [Tom93].

Im folgenden soll je ein typisches Anwendungsbeispiel aus den vier DSV-Grundgebieten vorgestellt werden. Theorie und Algorithmen werden anschliessend in den Kapiteln 3. bis 6. behandelt.

---

[2]Beim ADSP2181 von Analog Devices mit 16 MHz Taktfrequenz dauert ein solcher Zyklus 33 ns.

1.3.1 Korrelation

Eine typische Anwendung der Korrelation ist die Ortung einer Geräuschquelle. Als Beispiel dazu betrachten wir eine Wasserleitung, bei der aus einem Leck Wasser strömt. Das Geräusch, das dabei entsteht, kann bei A und B gemessen und anschliessend korreliert werden. Das Ergebnis der Korrelation ist die Korrelationsfunktion $r_{xy}(\tau)$, die an der Stelle $\tau = \Delta\tau$ ein Maximum aufweist (Bild 1.10). In Kap. 3 werden wir sehen, dass die Korrelationsfunktion $r_{xy}(\tau)$ ein Mass für die Übereinstimmung des Signals $x(t)$ mit dem Signal $y(t + \tau)$ ist, wobei $y(t + \tau)$ das um τ nach links verschobene Signal $y(t)$ ist.

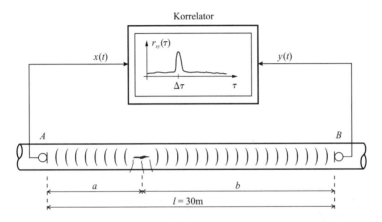

Bild 1.9: Ortung eines Lecks mithilfe eines Korrelators

Aus der Messanordnung in Bild 1.9 können wir folgende Formeln ableiten:

- Die Strecke, die der Schall vom Leck zum Messpunkt A zurücklegt, sei a und die Zeit, die dafür benötigt wird, sei τ_a. Daraus folgt die Gleichung: $\nu\tau_a = a$, wobei ν die Schallgeschwindigkeit des Wassers ist (ca. 1300m/s).

- Analog dazu gilt: $\nu\tau_b = b$.

- Die Differenz der beiden Gleichungen ergibt: $\nu(\tau_b - \tau_a) = b - a$.

- $\Delta\tau$ ist gleich der Laufzeitdifferenz $\tau_b - \tau_a$. Die Korrelationsfunktion hat dann ihr Maximum an der Stelle $\Delta\tau$. (Gemäss Bild 1.10 ist $\Delta\tau = 1.52$ ms.)

- Aus Punkt 3 folgt: $\nu\Delta\tau = b - a$.

- Mit $b = l - a$ ergibt sich schliesslich die gesuchte Strecke a zu: $a = 0.5(l - \nu\Delta\tau) = 14.01$ m.

Kennt man aus einem Plan die Länge l der Wasserleitung, aus der Physik die Schallgeschwindigkeit ν des Wassers und aus der Korrelationsmessung den Laufzeitunterschied $\Delta\tau$ der beiden Schallwellen, dann kann man über die letzte Formel die Position des Lecks berechnen.

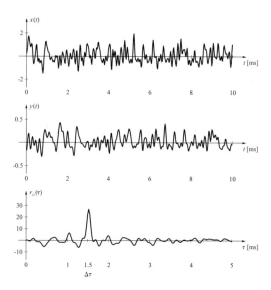

Bild 1.10: Die beiden Körperschallsignale und ihre Korrelationsfunktion

1.3.2 Diskrete Fourier-Transformation

Bei der elektronischen Leistungssteuerung weicht der dem Netz entnommene Verbraucherstrom von der Sinusform ab. Der formverzerrte Strom verursacht wegen der endlichen Netzimpedanz Verzerrungen in der Netzspannung. Um diese Netzspannungsverzerrungen unterhalb annehmbarer Grenzen zu halten, dürfen die Oberschwingungen des Stromes gewisse Grenzwerte nicht überschreiten. Die Oberschwingungen des Stromes können als Spektrum dargestellt und mithilfe der FFT (engl: Fast Fourier Transform) berechnet werden. In Bild 1.11 ist als Beispiel ein um 45° angeschnittener Sinusstrom mit der Amplitude von 1 A und der Frequenz von 50 Hz gezeichnet und darunter ist sein Spektrum im Bereich von 0 bis 2000 Hz dargestellt.

Die Linien im Spektrum bei 50 Hz, 150 Hz, 250 Hz etc. bedeuten Folgendes: Der angeschnittene Sinusstrom in Bild 1.11 oben besteht aus einer Summe von Sinusströmen mit den Frequenzen 50 Hz, 150 Hz, 250 Hz etc. und den Effektivwerten von 0.66 A, 0.11 A, 0.08 A etc. Man kann auch sagen: Der angeschnittene Sinusstrom setzt sich zusammen aus einer Grundschwingung von 50 Hz mit dem Effektivwert von 0.66 A, einer Oberschwingung von 150 Hz mit dem Effektivwert von 0.11 A, einer Oberschwingung von 250 Hz mit dem Effektivwert von 0.08 A usw. Das Linienspektrum ist somit eine Information über die sinusförmige Zusammensetzung einer periodischen Grösse.

Es stellt sich die Frage, was das Spektrum mit einem unserer Grundthemen, der DFT (Diskrete Fourier-Transformation), zu tun hat. Wir werden sehen, dass das Spektrum hier nichts anderes ist, als der mit einem konstanten Faktor multiplizierte Absolutbetrag der DFT.

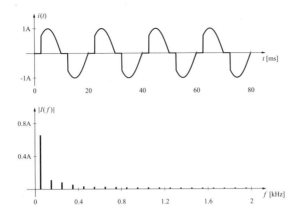

Bild 1.11: Angeschnittener Sinusstrom und sein Spektrum

Wie bereits erwähnt, besteht wegen der unerwünschten Verzerrung der Netzspannung ein Interesse daran, das Spektrum und damit den Oberwellengehalt
eines nichtsinusförmigen Verbraucherstroms zu analysieren. Ein solcher Analy-
sator, dargestellt als Blockschaltbild in Bild 1.12, kann verhältnismässig einfach
mit Mitteln der digitalen Signalverarbeitung aufgebaut werden [CSC98].

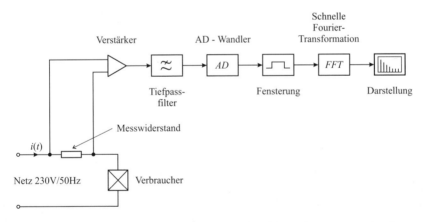

Bild 1.12: Blockschaltbild eines Spektrum- oder Oberschwingungs-Analysators

Der zu analysierende Netzstrom $i(t)$ fliesst über einen Messwiderstand zum
Verbraucher. Der Spannungsabfall wird verstärkt, damit der AD-Wandler voll
ausgesteuert werden kann. Der AD-Wandler tastet das tiefpassgefilterte Signal
mit einer Abtastfrequenz von beispielsweise $f_s = 6.4\,\text{kHz}$ ab und wandelt die
analogen Abtastwerte in Dualzahlen um. Das Tiefpassfilter verhindert so genannte Rückfaltungsverzerrungen (engl: aliasing), d. h. Verzerrungen, die entstehen, wenn das Abtasttheorem verletzt wird. Dieses Filter wird deshalb häufig
auch als Antialiasingfilter bezeichnet. Nach der AD-Wandlung wird eine be-

stimmte Anzahl (beispielsweise 1024) zeitlich aufeinanderfolgender Abtastwerte abgespeichert. Dieses „Herausschneiden" einer bestimmten Anzahl von Abtastwerten nennt man *Rechteckfensterung*. Die gespeicherten Abtastwerte werden nach der Methode der Schnellen Fourier-Transformation FFT (engl: Fast Fourier Transform) fouriertransformiert und nach einigen mathematischen Anpassungen als Spektrum dargestellt.

1.3.3 Digitale Filterung

Das EKG (Elektrokardiogramm) ist ein kleines, elektrisches Signal, welches durch die Aktivität des Herzes verursacht wird. Es kann in Form einer elektrischen Spannung mithilfe von Elektroden am Körper eines Patienten abgegriffen werden. (Bild 1.13). Die Analyse des Elektrokardiogramms befähigt den Arzt, eine Diagnose über die Funktionsfähigkeit des Herzes zu stellen.

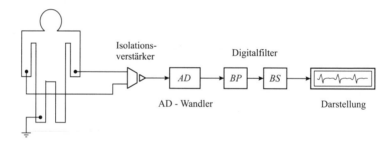

Bild 1.13: Blockschaltbild eines EKG-Analysators

Da das EKG eine kleine, zeitabhängige Spannung im Bereich von ± 1 mV ist, muss sie zuerst verstärkt werden, bevor sie dem AD-Wandler zugeführt werden kann. Würde man nun das verstärkte und abgetastete EKG direkt darstellen, dann erhielte man eine Kurvenform, wie sie in Bild 1.14 oben ersichtlich ist. Dieses Signal besteht aus einem EKG, welches durch verschiedene Störquellen verunreinigt und deshalb für eine Diagnose untauglich ist. Die tieffrequenten Störungen werden verursacht durch die mechanischen Bewegungen der Elektroden und die höherfrequenten Störungen durch die elektrische Aktivität der Muskeln. Zur Beseitungung dieser Störungen schaltet man deshalb ein digitales Bandpass-Filter BP ein, das die Frequenzbereiche unterhalb von 0.05 Hz und oberhalb von 100 Hz unterdrückt [Tom93]. Eine weitere, sehr gravierende Störung ist der 50Hz-Brumm, welcher elektrisch und magnetisch über das Stromversorgungsnetz eingekoppelt wird. Diese Störung wird durch ein schmalbandiges Bandsperr-Filter BS unterdrückt (Bild 1.13). Das gefilterte und somit störfreie Signal ist im Bild 1.14 unten dargestellt. Aufgrund dieses sauberen Signals kann der Arzt nun seine Diagnose stellen.

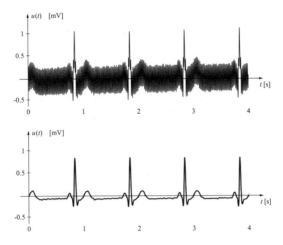

Bild 1.14: EKG ohne und mit Filterung

1.3.4 Signalerzeugung

Das heute übliche Signalisierungsverfahren in der Telefonie ist das DTMF-Verfahren (*Doppelton-Mehrfrequenz*-Verfahren). Beim DTMF-Verfahren wird durch das Drücken einer Nummerntaste die Summe zweier Sinusschwingungen während 70 ms ausgesendet. In Bild 1.15 ist ein DTMF-Signal für die Ziffer 1 dargestellt. Es besteht aus zwei Sinusschwingungen mit den Frequenzen 697 Hz und 1209 Hz und den Effektivwerten 0.31 V und 0.39 V, wie das Spektrum in Bild 1.15 ungefähr zeigt.

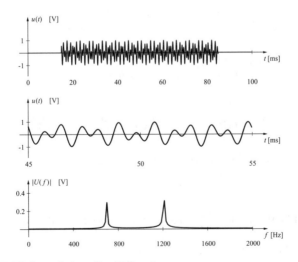

Bild 1.15: DTMF-Signal für die Ziffer 1:
a) ganzes Signal, b) Ausschnitt daraus, c) Spektrum

Jeder Taste des Telefontastenfeldes sind derart zwei Frequenzen zugeordnet, wie aus Bild 1.16 ersichtlich ist. Da die beiden Frequenzen im hörbaren Frequenzbereich liegen, sagt man auch, dass beim Drücken einer Taste ein Tonpaar ausgesendet wird.

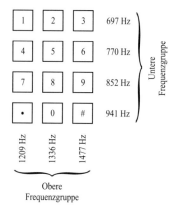

Bild 1.16: Telefontastatur mit den dazugehörigen DTMF-Tonpaaren

Das Erzeugen von Sinusschwingungen ist eine typische Aufgabe der digitalen Signalverarbeitung und kommt in vielen Aufgabenstellungen vor. Es wird deshalb in Kapitel 6 unter dem Titel „Funktionsgeneratoren" eingehend beschrieben.

Der DTMF-Empfänger besteht grundsätzlich aus zwei Blöcken: einem Frequenzselektionsteil und einem Auswerteteil. Im Frequenzselektionsteil wird festgestellt, welches Tonpaar gesendet wurde und im Auswerteteil wird geprüft, das Tonpaar ein gültiges Zeichen darstellt oder ob es sich um Sprache oder eine Störung handelt. Die Frequenzselektion wird entweder mittels digitaler Filterung oder mithilfe des Goertzel-Algorithmus durchgeführt. Beides sind typische DSV-Aufgaben, die ebenfalls im Buch behandelt werden.

1.4   Vorteile und Nachteile der DSV

Systeme der digitalen Signalverarbeitung weisen gegenüber analogen Systemen Vor- und Nachteile auf, die im Folgenden etwas näher beleuchtet werden sollen.

1.4.1   Vorteile der digitalen Signalverarbeitung

Vorteile der Digitaltechnik

Die klassischen Vorteile der DSV sind die Vorteile, welche allen digitalen Systemen zu Eigen sind:

- Langzeit- und Temperaturstabilität.

- Hohe Genauigkeit bei grosser Wortbreite.

- Reproduzierbarkeit, d. h. alle produzierten Hardwaresysteme mit gleichen Baukomponenttypen haben dieselben Eigenschaften.

- Wegfall von Abgleichmassnahmen.

- Hohe Zuverlässigkeit.

- Geringe Störempfindlichkeit.

Spezielle Signalverarbeitung

Viele Aufgaben aus dem Bereich der Signalverarbeitung können ausschliesslich oder vorwiegend mittels der DSV gelöst werden. Beispiele dafür sind:

- Filter mit linearem Phasengang (Kap. 5.2.1).

- Adaptive Filter, d. h. Filter, die ihre Koeffizienten automatisch einstellen. Anwendungsbeispiele sind adaptive Leitungentzerrer, Echo-Kompensatoren, ADPCM (engl: Adaptive Differential Pulse Code Modulation) etc. [Cla93], [vG03].

- Sprach- und Bildverarbeitung [VHH98], [GWG92].

- Diskrete Spektrumanalysatoren und Korrelatoren (Kap. 3.2 und Kap. 4).

- Datenkompressionsverfahren wie MP3 etc. [CS95], [Wis99].

- Musiksynthese [Ste96].

- Datenfeld-Signalverarbeitung [Pil89].

- etc.

Programmierbarkeit

Systeme der DSV lassen sich für unterschiedliche Anforderungen programmieren. Als Beispiel steht der DTMF-Sender, der in Kap. 1.3.4 beschrieben wurde. Die Sendebedingungen können je nach Land, in dem ein solcher Sender eingesetzt wird, variieren. Um den unterschiedlichen Sendebedingungen gerecht zu werden, muss nur die Software, nicht hingegen die Hardware, angepasst werden.

Mehrfachausnutzung

Ein DSV-System lässt sich mehrfach ausnutzen. Als Beispiel dafür sei ein Echtzeit-System erwähnt, das die Ausgangssignale von mehreren Sensoren filtern
soll. Müsste man diese Aufgabe analog lösen, so wäre die Anzahl benötigter Filter gleich der Anzahl Sensoren. Ein Digitalfilter hingegen lässt sich aufgrund
seiner Programmierfähigkeit mehrfach ausnutzen (multiplexen). Dank dieser
Multiplex-Technik lassen sich mehrere Filter mit einem einzigen DSV-System
realisieren.

Tiefer Frequenzbereich

DSV-Systeme eignen sich hervorragend zur Verarbeitung von langsamen Signalen, da einzig die Abtastfrequenz tief genug gewählt werden muss.

Ersetzen eines Mikroprozessors

Vielfach werden Mikroprozessoren in Kombination mit analogen Schaltungen
eingesetzt. In solchen Fällen ist überprüfenswert, ob nicht ein Signalprozessor die
Funktion des Mikroprozessors und der analogen Schaltung übernehmen könnte.
Eine solche Lösung bietet nicht nur die erwähnten Vorteile der DSV, sondern
kann darüber hinaus auch kostengünstiger sein.

1.4.2   Nachteile der digitalen Signalverarbeitung

Zusätzlicher Schaltungsaufwand

DSV-Systeme, die analoge Signale verarbeiten, benötigen einen AD-Wandler.
Zusätzlich sind diesem vielfach noch ein oder mehrere Filter und Verstärker vor-
zuschalten. Da diese Bausteine in Analogtechnik ausgeführt sind, fallen für sie
die Vorteile der Digitaltechnik natürlich weg. Je nach Aufgabe und Ausführung
des Signalprozessors muss dieser mit RAMs, Digitalports, Timern, Multiple-
xern und weiteren digitalen Komponenten ergänzt werden. Diese Bauelemen-
te benötigen Raum, konsumieren Strom und verursachen Kosten. Bei vielen
Anwendungen muss der Digitalrechner ausserdem mit einem DA-Wandler und
einem analogen Glättungsfilter versehen werden, die wiederum die erwähnten
Nachteile mit sich bringen.

Tiefer Frequenzbereich

Signale im Frequenzbereich oberhalb von etwa 10 MHz können heute noch kaum
mit Signalprozessoren bearbeitet werden, da ihre Zykluszeiten verhältnismässig
gross sind und im Bereich von 10 ns liegen. Für die Bearbeitung solcher Signale
muss die Hardware aus schnellen Bausteinen gebaut sein, was vielfach einen

hohen Aufwand erfordert und den Verlust der Programmierfähigkeit mit sich bringt. Im Frequenzbereich oberhalb von etwa 100 MHz wird die DSV deshalb noch selten eingesetzt.

Verursachung von Störungen

Wie jedes digitale System, so verursacht auch ein DSV-System Störungen, die durch das schnelle Umschalten von Spannungen und Strömen bedingt sind. Diese Störungen können insbesondere dann problematisch sein, wenn im Analogteil kleine Signale verarbeitet werden. Weniger bekannt ist, dass auch DSV-Systeme rauschen und eventuell sogar unerwünscht schwingen. Beides sind nichtideale Effekte, die auf die endliche Zahlengenauigkeit des Prozessors zurückzuführen sind.

Neuartige Programmierung und Theorie

Die Programmierung eines Signalprozessors unterscheidet sich von derjenigen eines Mikroprozessors oder eines PCs und verlangt einige Einarbeitungszeit. Die Theorie ist anspruchsvoll und erfordert ein aufmerksames Studium.

Die theoretischen Grundlagenkenntnisse können in den nachfolgenden fünf Kapiteln erworben werden. Vorausgesetzt wird die Mathematik, wie sie an Hochschulen in den ersten vier Semestern gelehrt wird. Zum erfolgreichen Üben des Stoffes wird zudem ein Arbeiten mit MATLAB 5 vorausgesetzt (Studentenversion oder Vollversion mit Signal-Processing- und Symbolic-Math-Toolbox). Als Übungsergänzung wird LabVIEW empfohlen (Studentenversion 5.0 oder Vollversion 4.1 oder höher).

Kapitel 2

Signale und Spektren

Gegenstand der DSV ist die digitale Verarbeitung von Signalen. Zum Verständnis der DSV ist es deshalb erforderlich, fundierte Kenntnisse von Signalen zu haben. Signale lassen sich sowohl im Zeit- als auch im Frequenzbereich beschreiben. Die Beschreibung eines Signals im Frequenzbereich, d. h. das Spektrum eines Signals, bildet den Schwerpunkt in diesem Kapitel. Die Kenntnis des Spektrums ist Voraussetzung zum Begreifen wichtiger Theoreme, wie z. B. des Abtasttheorems und der Unschärferelation. Ebenso können typische DSV-Aufgaben, wie beispielsweise die Wahl der Abtastfrequenz und die Dimensionierung von Filter nur ingenieurmässig gelöst werden, wenn man über das Spektrum Bescheid weiss.

Zunächst wollen wir definieren, was ein Signal ist und zeigen, wie Signale charakterisiert und eingeteilt werden können.

2.1 Charakterisierung von Signalen

2.1.1 Elementarsignale

Unter einem *Elementarsignal* wollen wir eine Funktion $x(t)$ verstehen[1], die für die Theorie von grundlegender Bedeutung ist und die über eine Formel exakt definiert werden kann.

---

[1]Die Mathematiker unterscheiden zwischen einer Funktion x und deren Funktionswert $x(t)$ in einem Punkt t [Hub97]. Signalverarbeiter nehmen es hier weniger genau: Wenn sie $x(t)$ schreiben, meinen sie i. Allg. die Funktion x und wollen mit der Schreibweise $x(t)$ sagen, dass sie eine Funktion der Zeitvariablen t ist, wobei t alle Werte auf der reellen Zeitachse annehmen kann.

Die in der Signalverarbeitung wohl wichtigste Funktion ist die Cosinusfunktion oder Cosinusschwingung

$$x(t) = \hat{X}\cos(2\pi f_0 t)\,, \tag{2.1}$$

wobei $\hat{X}$ die Amplitude oder der Scheitelwert und f_0 die Frequenz ist. Die Cosinusfunktion um $\pi/2$ nach rechts verschoben, ergibt die Sinusfunktion. Multipliziert man die Sinusschwingung mit der imaginären Zahl j und addiert dazu die Cosinusschwingung, so erhält man entsprechend der Eulerschen Formel [BSMM93] die komplexe Sinusschwingung oder komplexe Exponentialfunktion

$$\begin{aligned} x(t) &= \hat{X}\cos(2\pi f_0 t) + j\hat{X}\sin(2\pi f_0 t)\,, \\ &= \hat{X}e^{j2\pi f_0 t}\,. \end{aligned} \tag{2.2}$$

$x(t)$ kann man sich als Drehzeiger (engl: Phasor) mit der Länge $\hat{X}$ und dem Winkel $2\pi f_0 t$ vorstellen, der mit der Winkelgeschwindigkeit $2\pi f_0$ in der komplexen Ebene rotiert (Bild 2.1). Die Frequenz f_0 ist dabei gleich der Anzahl Umdrehungen pro Zeiteinheit.

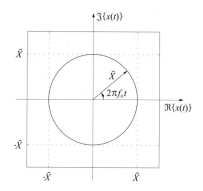

Bild 2.1: Die komplexe Exponentialfunktion als Drehzeiger

Zwei weitere Funktionen, die in der DSV-Theorie häufig vorkommen, sind die Rechteckfunktion

$$\text{rect}(\frac{t}{T_0}) = \begin{cases} 0 &:& |t| > T_0/2 \\ 1 &:& |t| < T_0/2 \end{cases} \tag{2.3}$$

und die Sinc-Funktion

$$\text{sinc}(\frac{t}{T_0}) = \frac{\sin(\pi t/T_0)}{\pi t/T_0}\,, \tag{2.4}$$

die beide in Bild 2.2 dargestellt sind.

Bild 2.2: Die Rechteck- und die Sinc-Funktion

Die Rechteckfunktion hat die Höhe 1 und die Breite T_0. Multipliziert man sie mit $\frac{1}{T_0}$ und lässt man T_0 gegen Null gehen, so entsteht daraus ein Reckteckpuls $\delta(t)$, der unendlich hoch und unendlich dünn ist, der aber eine endliche Fläche von 1 hat: $\int_{-\infty}^{\infty} \delta(t)\,dt = 1$. Aus mathematischer Sicht stellt dieser Puls eigentlich keine Funktion dar, sondern eine verallgemeinerte Funktion oder Distribution [Fli91], die über das Integral

$$\int_{-\infty}^{\infty} x(t)\cdot\delta(t)\,dt = x(0) \qquad (2.5)$$

definiert ist. Dabei stellt $x(t)$ ein beliebiges Signal dar, dessen Wert zum Zeitpunkt Null $x(0)$ beträgt. Den so definierten Impuls $\delta(t)$ nennt man Dirac-Impuls, Diracpuls oder Diracfunktion und stellt ihn, wie Bild 2.3 links zeigt, mit einem Pfeil dar. Die neben dem Pfeil stehende Zahl gibt das *Gewicht*, d. h. die Fläche des Dirac-Impulses an. Multipliziert man ein Signal $x(t)$ mit einem zeitverschobenen Diracpuls $\delta(t - t_0)$ und integriert anschliessend, dann erhält man analog zu Gl.(2.5):

$$\int_{-\infty}^{\infty} x(t)\cdot\delta(t - t_0)\,dt = x(t_0)\,. \qquad (2.6)$$

Man sagt, dass der Dirac-Impuls $\delta(t - t_0)$ das Signal $x(t)$ an der Stelle $t = t_0$ abtastet und spricht von der *Abtasteigenschaft* des Dirac-Impulses.

Mithilfe des Dirac-Impulses lässt sich die so genannte Abtastfunktion oder Dirac-Impulsreihe konstruieren. Man addiert zum Dirac-Impuls seine um das

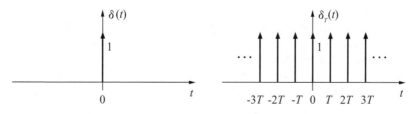

Bild 2.3: Der Dirac-Impuls und die Abtastfunktion

Vielfache von T verschobenen Duplikate gemäss der Formel

$$\delta_T(t) = \sum_{n=-\infty}^{+\infty} \delta(t - nT) \tag{2.7}$$

und erhält so das in Bild 2.3 rechts dargestellte Signal mit dem Parameter T als Abtastintervall.

2.1.2 Kontinuierliche und diskrete Signale

Unter einem *kontinuierlichen* oder *analogen Signal* $x(t)$ versteht man eine Funktion der kontinuierlichen Zeitvariablen t. Sämtliche Elementarsignale, inklusive der Distributionen, zählen wir zu dieser Kategorie. Das zeitdiskrete oder kurz das diskrete Signal unterscheidet sich vom analogen Signal darin, dass es nur zu diskreten Zeitpunkten definiert ist. Zur Illustration zeigt Bild 2.4 links ein analoges und Bild 2.4 rechts das dazugehörige zeitdiskrete Signal.

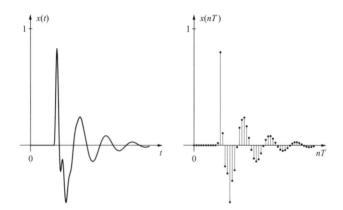

Bild 2.4: Beispiel für ein analoges und ein diskretes Signal

In der Praxis wird ein zeitkontinuierliches Signal durch eine physikalische Grösse repräsentiert. Beispiele dafür sind: der Schalldruck $p(t)$ in einem Mikrofon, die Drehzahl $r(t)$ einer rotierenden Maschine, die Geschwindigkeit $v(t)$ eines Körpers usw. Eine physikalische Grösse wird in der Signalverarbeitung durch einen Sensor erfasst, elektrisch umgewandelt, wenn nötig amplitudenbeschränkt, eventuell verstärkt und gefiltert, so dass sie in Form einer zeitabhängigen Spannung $x(t)$ vorliegt. Diese Spannung wird anschliessend an einen Analog-Digital-Wandler gelegt, der sie in ein zeitdiskretes Signal $x(nT)$ umwandelt und dem Computer zur digitalen Verarbeitung zuführt.

Ab Kap. 3 werden wir uns ausschliesslich mit dieser Art von Signalen beschäftigen.

2.1.3 Deterministische und stochastische Signale

Deterministische Signale sind Funktionen, deren Funktionswerte durch einen mathematischen Ausdruck oder eine bekannte Regel bestimmt (determiniert) sind. Eines der bekanntesten deterministischen Signale ist die schon erwähnte Cosinusfunktion $x(t) = \hat{X} \cos(2\pi f_0 t)$. Ein Beispiel dafür ist die Cosinusschwingung mit $\hat{X} = 1.41$ und $f_0 = 5\,\text{Hz}$ in Bild 2.5 links. Auch das Signal in Bild 2.4 links ist deterministisch, da es sich um die Schrittantwort eines Bandpassfilters handelt.

Ein stochastisches Signal ist ein Zufallssignal und kann nur mit Mitteln der Statistik beschrieben werden. Seine Amplitude, d. h. sein Funktionswert zu einem bestimmten Zeitpunkt, hängt von einem Zufallsprozess ab und kann nicht durch eine Formel oder eine Regel bestimmt werden. Vielfach jedoch sind sein Mittelwert, seine Varianz und seine Autokorrelationsfunktion bestimmbar, alles Grössen, die wir im nächsten Kapitel für diskrete Signale erklären werden. Ein Ausschnitt aus einem stochastischen Signal ist in Bild 2.5 rechts gezeigt. Es handelt sich um ein Rauschsignal, das den gleichen Mittelwert und die gleiche Varianz hat wie das Sinussignal daneben, nämlich 0 und 1.

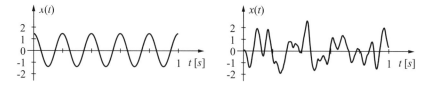

Bild 2.5: Beispiel für ein deterministisches und ein stochastisches Signal

Allein stochastische Signale, wie z. B. Sprach- oder Bildsignale, sind Träger von Information. Es gibt aber auch stochastische Signale, die keine Information enthalten, oder genauer gesagt, keine erwünschte Information. Beispiele dafür sind Geräusche, unerwünschte Musik, Störimpulse usw.

Streng genommen sind alle realen Signale stochastisch, da sie immer mit unbekannten Fehlern behaftet sind. Man ersetzt sie in der Theorie jedoch vielfach durch idealisierte Signale, oder wie man auch sagt, durch Modelle, da diese eine einfachere mathematische Handhabung erlauben. Beispiele dafür sind: Beschreibung der Netzspannung durch eine Sinusfunktion, Modellierung eines Pulses mit endlicher Flankensteilheit durch einen Rechteckpuls usw.

2.1.4 Periodische, kausale, gerade und ungerade Signale

Ein Signal $x_p(t)$ heisst *periodisch* mit der Periode T_0, wenn es folgende Bedingung erfüllt:

$$x_p(t) = x_p(t + T_0)\,. \tag{2.8}$$

Die fundamentale Periode (engl: fundamental period) ist der kleinste positive Wert T_0, welcher die Bedingung (2.8) erfüllt. I. Allg. ist mit dem Begriff Periode dieser Wert gemeint. Bei periodischen Signalen genügt die Kenntnis der Funktion während einer einzigen Periode, um das ganze Signal zu kennen. Beispiele für periodische Signale sind die Abtastfunktion in Bild 2.3, das Sinussignal in Bild 2.5 und die Sägezahnschwingung in Bild 2.6.

Eine weitere wichtige Klasse von Signalen sind die kausalen Signale. Ein Signal $x_{cs}(t)$ nennt man *kausal* (engl: causal), wenn es auf der negativen Zeitachse Null ist:

$$x_{cs}(t) = \left\{ \begin{array}{ccc} x(t) & : & t \geq 0 \\ 0 & : & t < 0 \end{array} \right. , \tag{2.9}$$

mit $x(t)$ als beliebiges Signal. Das bekannteste kausale Signal ist die Schrittfunktion $u(t)$ (engl: unit step), die wie folgt definiert ist (Bild 2.6 rechts):

$$u(t) = \left\{ \begin{array}{ccc} 1 & : & t \geq 0 \\ 0 & : & t < 0 \end{array} \right. . \tag{2.10}$$

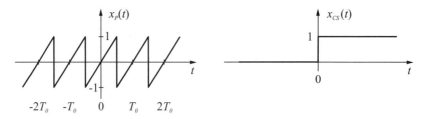

Bild 2.6: Beispiel für ein periodisches und ein kausales Signal

Ein gerades Signal $x_e(t)$ (engl: even), resp. ein ungerades Signal $x_o(t)$ (engl: odd) ist wie folgt definiert:

$$x_e(t) = x_e(-t) , \qquad x_o(t) = -x_o(-t) . \tag{2.11}$$

Ein gerades Signal ist spiegelsymmetrisch zur y-Achse, wie beipielsweise die Cosinusfunktion oder die Rechteckfunktion, und ein ungerades Signal ist punktsymmetrisch bezüglich des Ursprungs, wie z.B. die Sinusfunktion oder die Sägezahnfunktion in Bild 2.6.

Mithilfe der unten stehenden Gleichung lässt sich jedes beliebige Signal in ein gerades und ungerades Teilsignal zerlegen:

$$x(t) = \underbrace{\frac{x(t)}{2} + \frac{x(-t)}{2}}_{x_e(t)} + \underbrace{\frac{x(t)}{2} - \frac{x(-t)}{2}}_{x_o(t)} . \tag{2.12}$$

2.1.5 Reelle und komplexe Signale

Die meisten Signale, sowohl in der Theorie wie in der Praxis, sind reelle Signale:

$$x_r(t) = x(t) \,, \qquad \text{wobei } x(t) \text{ reell ist.} \tag{2.13}$$

Ein reelles Zeitsignal ist eine Funktion, die der unabhängigen reellen Zeitvariablen t einen reellen Funktionswert $x_r(t)$ zuordnet. In mathematischer Notation: $x_r : \mathbb{R} \to \mathbb{R}$

Hin und wieder haben wir es in der Signalverarbeitung auch mit komplexen Signalen zu tun. Analog zum reellen Signal ist dieses wie folgt definiert:

$$x_c(t) = x(t) \,, \qquad \text{wobei } x(t) \text{ komplex ist.} \tag{2.14}$$

In mathematischer Notation $x_c : \mathbb{R} \to \mathbb{C}$.

Die komplexe Sinusschwingung (2.2) ist das klassische Beispiel eines komplexen Signals. Alle anderen Signale, die wir bis jetzt betrachtet haben, sind reelle Signale.

Ein komplexes Signal kann man aus zwei reellen Signalen, dem Realteil $x_r(t)$ und dem Imaginärteil $x_i(t)$ zusammensetzen:

$$x_c(t) = x_r(t) + jx_i(t) \,, \tag{2.15}$$

wobei j die imaginäre Einheit ist. Das zu $x_c(t)$ konjugiert komplexe Signal $x_c^*(t)$ ist dann wie folgt definiert:

$$x_c^*(t) = x_r(t) - jx_i(t) \,. \tag{2.16}$$

2.1.6 Energie- und Leistungssignale

Signale lassen sich auch nach ihrer Energie, bzw. nach ihrer Leistung einteilen. Ist die Energie W eines Signals $x(t)$ definiert als

$$W = \int_{-\infty}^{\infty} |x(t)|^2 \, dt \tag{2.17}$$

endlich, dann spricht man von einem *Energiesignal*. Beispiele dafür sind die Rechteck- und die Sinc-Funktion.

In der Praxis sind letztlich alle Signale Energiesignale, da physikalische Signale immer eine endliche Energie haben. Vielfach ist es hingegen sinnvoll, Signale $x(t)$ anzunehmen, welche eine unendliche Energie, aber eine endliche mittlere Leistung

$$P = \lim_{T \to \infty} \frac{1}{T} \int_{-T/2}^{T/2} |x(t)|^2 \, dt \tag{2.18}$$

haben. Signale, deren mittlere Leistung P endlich und ungleich Null ist, nennt man Leistungssignale. Beispiele für Leistungssignale sind die Cosinus-Schwingung und die Schrittfunktion.

2.1.7   Orthogonale Signale

Zur Definition orthogonaler Signale braucht es den Begriff des Skalarprodukts. Dieses ist für zwei Energiesignale $x(t)$ und $y(t)$ wie folgt definiert [Bla98]:[2]

$$\langle x, y \rangle = \int_{-\infty}^{\infty} x(t) y^*(t) \, dt \, . \tag{2.19}$$

Analog dazu definiert man das Skalarprodukt zweier T_0-periodischer Leistungssignale $x_p(t)$ und $y_p(t)$:

$$\langle x_p, y_p \rangle_{T_0} = \int_{-T_0/2}^{T_0/2} x_p(t) y_p^*(t) \, dt \, . \tag{2.20}$$

Damit sind wir in der Lage, die Orthogonalität zweier Signale zu erklären: Zwei Energiesignale $x(t)$ und $y(t)$, respektive zwei T_0-periodische Signale $x_p(t)$ und $y_p(t)$, sind orthogonal zueinander, wenn ihre Skalarprodukte Null sind:

$$\langle x, y \rangle = 0 \, , \quad \text{respektive} \quad \langle x_p, y_p \rangle_{T_0} = 0 \, . \tag{2.21}$$

Beispiel : Gegeben sind zwei komplexe Sinusschwingungen $\varphi_k(t) = e^{j2\pi k f_0 t}$ und $\varphi_l(t) = e^{j2\pi l f_0 t}$ mit den Frequenzen $k f_0$ und $l f_0$, wobei k und l ganze Zahlen sind. Für das Skalarprodukt zweier komplexer Sinusschwingungen $\varphi_k(t)$ und $\varphi_l(t)$ gilt:

$$
\begin{aligned}
\langle \varphi_k, \varphi_l \rangle_{T_0} &= \int_{-T_0/2}^{T_0/2} e^{j2\pi(k-l)f_0 t} dt \\[2mm]
&= \begin{cases}
\int_{-T_0/2}^{T_0/2} e^{j0} dt = T_0 & \text{für} \quad k = l \\[3mm]
\left. \dfrac{e^{j2\pi(k-l)f_0 t}}{j2\pi(k-l)f_0} \right|_{-T_0/2}^{T_0/2} = 0 & \text{für} \quad k \neq l
\end{cases}
\end{aligned}
\tag{2.22}
$$

D. h., für unterschiedliche Frequenzen sind die komplexen Sinusschwingungen orthogonal zueinander. Wir werden später sehen, dass uns diese Eigenschaft bei der Herleitung der Fourier-Reihe wichtige Dienste leisten wird.

Das Skalarprodukt ist eine sehr nützliche Grösse in der Signalverarbeitung. Mit ihm lässt sich nicht nur die Orthogonalität zweier Funktionen definieren, sondern ebenso die Norm $\|x\|$ eines Energiesignals, respektive die Norm $\|x_p\|$ eines periodischen Signals:

$$\|x\| = \sqrt{\langle x, x \rangle} \, , \quad \text{respektive} \quad \|x_p\| = \sqrt{\langle x_p, x_p \rangle_{T_0}} \, . \tag{2.23}$$

---

[2]Diese Definition des Skalarprodukts entstammt der Vorstellung eines Signals als einem Vektor, der aus unendlich vielen Punkten besteht [Hub97], [VK95].

In Anlehnung an die Vektorrechnung kann man unter der Norm auch die Länge eines Signals verstehen.

Mit der Definition (2.17) können wir für die Energie W eines Energiesignals schreiben:

$$W = \|x\|^2 = \langle x, x \rangle \tag{2.24}$$

und analog dazu für die Energie eines periodischen Signals während der Periode T_0:

$$W = \|x_p\|^2 = \langle x_p, x_p \rangle_{T_0} \; . \tag{2.25}$$

Daraus ergibt sich für die mittlere Leistung P des T_0-periodischen Signals:

$$P = \frac{1}{T_0} \|x_p\|^2 = \frac{1}{T_0} \langle x_p, x_p \rangle_{T_0} \; . \tag{2.26}$$

Um sinnvolle physikalische Ergebnisse zu erhalten, müssen die Formeln (2.24) bis (2.26) noch mit R oder mit $\frac{1}{R}$ multipliziert werden, je nachdem ob $x(t)$ einen Strom oder eine Spannung darstellt (siehe dazu Aufgabe 1).

Im nächsten Unterkapitel werden wir sehen, wie man mithilfe von orthogonalen Elementarsignalen beliebige periodische Signale zusammensetzen kann.

2.2 Fourier-Reihe und Fourier-Transformation

2.2.1 Fourier-Reihe

1807 hat Jean Baptiste J. Fourier herausgefunden, dass sich jede reellwertige, T_0-periodische Funktion $x_p(t)$ als Linearkombination von Sinus- und Cosinusschwingungen ausdrücken lässt:

$$x_p(t) = \frac{a_0}{2} + \sum_{k=1}^{\infty} [a_k \cos(2\pi k f_0 t) + b_k \sin(2\pi k f_0 t)] \; . \tag{2.27}$$

Die Koeffizienten a_k und b_k heissen Fourier-Koeffizienten und der Parameter f_0 Grundfrequenz (engl: fundamental frequency) der Fourier-Reihe. Die Grundfrequenz ist gleich dem Inversen der Periode T_0:

$$f_0 = \frac{1}{T_0} \; . \tag{2.28}$$

Fasst man Sinus- und Cosinusschwingungen gleicher Frequenz zusammen, so erhält man die Fourier-Reihe in der anschaulichen Form:

$$x_p(t) = A_0 + \sum_{k=1}^{\infty} A_k \cos(2\pi k f_0 t + \alpha_k) \; . \tag{2.29}$$

Eine Cosinus-Schwingung der Frequenz $f = kf_0$ heisst Harmonische der Ordnungszahl k oder einfach k-te Harmonische. Die erste Harmonische nennt man auch Grundschwingung, die zweite Harmonische erste Oberschwingung, die dritte Harmonische zweite Oberschwingung, etc. Der Term A_0 wird in Anlehnung an die Elektrotechnik DC-Term oder DC-Wert genannt. Zusammengefasst:

> *Ein periodisches Signal setzt sich zusammen aus einem DC-Anteil,*
> *einer Grundschwingung und aus Oberschwingungen.*

In der Praxis können die Oberschwingungen bei hohen Frequenzen meistens vernachlässigt werden.

Beispiel : Die Rechteckschwingung in Bild 2.7 links kann man wie folgt in eine Fourier-Reihe zerlegen [OW97]: $x_p(t) = \frac{1}{2} + \frac{2}{\pi 1}\cos(2\pi f_0 t) - \frac{2}{\pi 3}\cos(2\pi 3 f_0 t) + \frac{2}{\pi 5}\cos(2\pi 5 f_0 t) - \cdots$. In Worten: die Rechteckschwingung setzt sich zusammen aus einem DC-Anteil von 0.5, einer Grundschwingung mit der Amplitude von $\frac{2}{\pi}$, einer 3. Harmonischen mit der Amplitude von $\frac{2}{\pi 3}$, etc. Bemerkenswert ist, dass alle ungeraden Oberschwingungen des periodischen Rechtecks Null sind.

Im Bild 2.7 rechts ist die Approximation der Rechtschwingung durch die ersten fünfzehn Harmonischen dargestellt. Das Überschwingen bei den Flanken um ca. 9% ist eine unerwünschte Eigenschaft der Fourier-Reihe und wird Gibbsches Phänomen genannt.

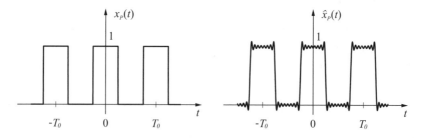

Bild 2.7: Rechteckschwingung und ihre Approximation durch eine Fourier-Reihe

Ersetzt man in Gl.(2.27) die Cosinus- und Sinusfunktionen durch die Ausdrücke $\frac{1}{2}e^{j2\pi kf_0 t} + \frac{1}{2}e^{-j2\pi kf_0 t}$ und $\frac{1}{2j}e^{j2\pi kf_0 t} - \frac{1}{2j}e^{-j2\pi kf_0 t}$, dann erhält man die mathematisch eleganteste Form der Fourier-Reihe:

$$x_p(t) = \sum_{k=-\infty}^{\infty} c_k e^{jk2\pi f_0 t} \ . \tag{2.30}$$

Diese Form heisst komplexe Fourier-Reihe und die Koeffizienten c_k nennt man komplexe Fourier-Koeffizienten. Über einen Koeffizientenvergleich lassen sich daraus die Amplituden und Phasen der Harmonischen wie folgt bestimmen:[3]

$$A_0 = c_0 \, , \quad A_k = 2|c_k| \quad \text{und} \quad \alpha_k = \angle c_k \, . \tag{2.31}$$

Um die komplexen Fourier-Koeffizienten eines T_0-periodischen Signals zu bestimmen, gehen wir wie folgt vor: Zuerst multiplizieren wir beide Seiten der Gl.(2.30) mit der komplexen Exponentialfunktion $e^{-jn2\pi f_0 t}$:

$$x_p(t)e^{-jn2\pi f_0 t} = \sum_{k=-\infty}^{\infty} c_k e^{jk2\pi f_0 t} e^{-jn2\pi f_0 t} \, .$$

Anschliessend integrieren wir beide Seiten von $-T_0/2$ bis $T_0/2$:

$$
\begin{aligned}
\int_{-T_0/2}^{T_0/2} x_p(t)e^{-jn2\pi f_0 t} \, dt &= \int_{-T_0/2}^{T_0/2} \sum_{k=-\infty}^{\infty} c_k e^{jk2\pi f_0 t} e^{-jn2\pi f_0 t} \, dt \, , \\
&= \sum_{k=-\infty}^{\infty} c_k \int_{-T_0/2}^{T_0/2} e^{jk2\pi f_0 t} e^{-jn2\pi f_0 t} \, dt \, , \\
&= \sum_{k=-\infty}^{\infty} c_k \int_{-T_0/2}^{T_0/2} e^{j(k-n)2\pi f_0 t} \, dt \, , \\
&= c_n T_0 \, .
\end{aligned}
$$

Der letzte Schritt wird aufgrund der Orthogonalität (2.22) verständlich: Alle Integrale auf der rechten Seite mit $k \neq n$ sind gleich Null, das Integral für $k = n$ hingegen ist gleich T_0. Als Bestimmungsgleichung für den k-ten komplexen Fourier-Koeffizienten erhalten wir somit:

$$c_k = \frac{1}{T_0} \int_{-T_0/2}^{T_0/2} x_p(t)e^{-jk2\pi f_0 t} \, dt \, . \tag{2.32}$$

Diese Bestimmungsgleichung wird häufig als Analyse-Gleichung bezeichnet, währenddem Gl.(2.30) Synthese-Gleichung heisst. Die Synthese-Gleichung besagt, dass man jedes[4] T_0-periodische Signal durch eine gewichtete Summe von orthogonalen, komplexen Sinusschwingungen zusammensetzen kann, deren Gewichte c_k durch die Analyse-Gleichung gegeben sind. (Eine gewichtete Summe von Funktionen oder Vektoren nennt man in der Mathematik *Linearkombination*.)

In der Praxis ist es sehr mühsam, die komplexen Fourier-Koeffizienten c_k über eine Integration zu bestimmen. Wir werden später sehen, dass es mit der FFT (Fast Fourier Transform) eine viel einfachere und effizientere Methode zur Berechnung dieser Koeffizienten gibt.

---

[3]Das Zeichen $\angle$ bedeutet Winkel der komplexen Zahl.
[4]Es gibt Ausnahmen, siehe dazu Lit [OW97].

2.2.2   Fourier-Transformation

Die Anwendung der Fourier-Reihe ist auf periodische Signale beschränkt. Wie wir in Kap. 2.1.1 gesehen haben, gibt es viele Signale, die nicht periodisch sind und deshalb aperiodisch genannt werden. Um auch von einem aperiodischen Signal $x(t)$ die „frequenzmässige" Zusammensetzung zu finden, definiert man die Fourier-Transformation. Diese lässt sich herleiten, indem man zunächst in der Synthese-Gleichung (2.30) $x_p(t)$ durch $x(t)$ und c_k durch das entsprechende Integral aus der Analyse-Gleichung (2.32) ersetzt:

$$
\begin{aligned}
x(t) &= \sum_{k=-\infty}^{\infty} \left[\frac{1}{T_0} \int_{-T_0/2}^{T_0/2} x(t) e^{-jk2\pi f_0 t}\, dt \right] e^{jk2\pi f_0 t}\,, \\
&= \sum_{k=-\infty}^{\infty} \left[\int_{-T_0/2}^{T_0/2} x(t) e^{-j2\pi k f_0 t}\, dt \right] e^{j2\pi k f_0 t} \frac{1}{T_0}\,. \quad (2.33)
\end{aligned}
$$

Man kann unter einem aperiodischen Signal eine Funktion verstehen, deren Periode T_0 unendlich ist. Die Grundfrequenz $f_0 = 1/T_0$ wird demzufolge unendlich klein und wird deshalb durch df ersetzt; kf_0 entspricht einem Punkt auf der Frequenzachse und wird daher als f geschrieben. Aus der Summation entsteht dann eine Integration:

$$
x(t) = \int_{-\infty}^{\infty} \left[\int_{-\infty}^{\infty} x(t) e^{-j2\pi ft}\, dt \right] e^{j2\pi ft}\, df\,. \quad (2.34)
$$

Das Integral in den eckigen Klammern ist eine Funktion von f und wird Fourier-Transformierte $X(f)$ genannt:

$$
X(f) = \int_{-\infty}^{\infty} x(t) e^{-j2\pi ft}\, dt\,. \quad (2.35)
$$

Eingesetzt in Gl.(2.34) führt zur Bestimmungsgleichung für $x(t)$:

$$
x(t) = \int_{-\infty}^{\infty} X(f) e^{j2\pi ft}\, df\,. \quad (2.36)
$$

Diese Transformation heisst *inverse Fourier-Transformation*. $X(f)$ und $x(t)$ bilden ein sogenanntes Transformationspaar, d.h. $X(f)$ ist die Fourier-Transformierte von $x(t)$ und $x(t)$ wiederum ist die inverse Fourier-Transformierte von $X(f)$. Graphisch verdeutlicht man diese Paarbeziehung durch das Transformationssymbol ○—●:

$$
x(t) \quad \circ\!\!-\!\!\bullet \quad X(f)\,. \quad (2.37)
$$

Gl.(2.35) bezeichnet man als Analyse-Gleichung und Gl.(2.36) heisst Synthese-Gleichung. Gemäss dem Integral der Synthese-Gleichung kann man sich das Signal $x(t)$ aus einem Continuum von komplexen Sinusschwingungen $e^{j2\pi ft}$

mit der komplexen „Amplitude" $X(f)df$ zusammengesetzt denken. $X(f)$ sagt aus, mit welcher Stärke und mit welcher Phase im Signal $x(t)$ eine komplexe Sinusschwingung mit der Frequenz f vorhanden ist.

$X(f)$ nennt man auch das Spektrum des Signals $x(t)$. $X(f)$ ist eine komplexwertige Funktion der reellen Variablen f und kann deshalb in ein reelles und imaginäres Spektrum, respektive in ein Betrags- und Phasen-Spektrum aufgeteilt werden:

$$X(f) = \Re\{X(f)\} + j\Im\{X(f)\} = |X(f)|\, e^{j\angle X(f)} \,. \tag{2.38}$$

Um dem Leser ein Gefühl für die Fourier-Transformierte zu vermitteln, sollen im Folgenden einige Beispiele präsentiert werden. Die Spektren können über die Definitionsgleichung (2.35) und die Eigenschaften der Fourier-Transformation hergeleitet werden.

Beispiel 1: DC-Funktion

Eine Funktion, deren Wert für alle Punkte auf der Zeitachse 1 ist, nennt man DC-Funktion (engl: Direct Current) und bezeichnet sie mit $1(t)$. Für die skalierte DC-Funktion findet man:

$$x(t) = K1(t) \quad \circ\!\!-\!\!\bullet \quad X(f) = K\delta(f) \,. \tag{2.39}$$

Das Spektrum eines DC-Signals mit dem Wert K ist ein Dirac-Impuls mit dem Gewicht K. Dieses Ergebnis stimmt mit unserem Gefühl überein, das uns sagt, dass die DC-Funktion eine „Schwingung" mit der Frequenz Null ist. Das Spektrum ist somit überall Null, ausser bei der Frequenz $f = 0$.

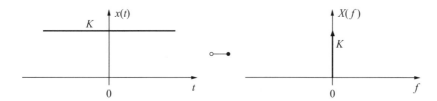

Bild 2.8: DC-Funktion mit Spektrum

Beispiel 2: Dirac-Impuls

Das Gegenstück zur DC-Funktion ist der Dirac-Impuls. Er ist der Extremfall für einen sehr kurzen und sehr hohen Puls und es interessiert, welche Frequenzen in einem solchen blitzartigen Puls vorhanden sind. Mit Gl.(2.35) und Gl.(2.5) finden wir sofort:

$$x(t) = K\delta(t) \quad \circ\!\!-\!\!\bullet \quad X(f) = K1(f) \,. \tag{2.40}$$

Das Spektrum des Diracpulses mit dem Gewicht K ist eine DC-Funktion mit dem Wert K, d. h. der Diracpuls enthält alle Frequenzen mit konstanter Amplitude. Man sagt deshalb auch, dass der Dirac-Impuls ein weisses Spektrum hat.

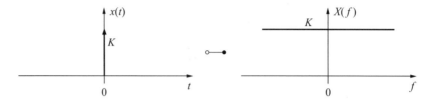

Bild 2.9: Dirac-Impuls mit Spektrum

Beispiel 3: Rechteckpuls

Ein Mittelding zwischen DC-Funktion und Dirac-Impuls ist der Rechteckpuls, auch Rechteck-Funktion genannt. Sein Spektrum ist die Sinc-Funktion:

$$x(t) = A\mathrm{rect}(\frac{t}{T_0}) \quad \circ\!\!-\!\!\bullet \quad X(f) = AT_0\mathrm{sinc}(\frac{f}{1/T_0}) \,. \tag{2.41}$$

Bild 2.10 zeigt das Spektrum $X(f)$ und das Betragsspektrum $|X(f)|$ in linearer und in logarithmischer Darstellung (in der logarithmischen Darstellung wurde das Maximum auf 1 normiert).

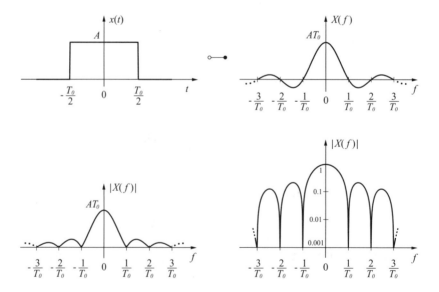

Bild 2.10: Rechteckpuls mit Spektrum

Aus den Bildern 2.10 wird ersichtlich, dass der Hauptlappen des Spektrums schmäler wird, wenn der Rechteckpuls breiter wird. Macht man den Rechteckpuls schmäler, dann wird sein Spektrum breiter. Allgemein lässt sich folgende Aussage machen: Breite Signale haben schmale Spektren und schmale Signale haben breite Spektren. Diese Aussage sieht man bestätigt bei Betrachtung der Bilder 2.8 und 2.9. Wie wir später sehen werden, lässt sich dieser Sachverhalt durch die Heisenbergsche Unschärferelation präzisieren.

Beispiel 4: Komplexe Exponentialfunktion

Wie wir bereits wissen, besteht die komplexe Exponentialfunktion aus einer Cosinusschwingung als Realteil und einer Sinusschwingung als Imaginärteil. Dies ist der Grund, weshalb die komplexe Exponentialfunktion auch komplexe Sinusschwingung genannt wird. Das Spektrum besteht aus einem Diracstoss an der Stelle $f = f_0$, wobei f_0 die Frequenz der komplexen Sinusschwingung ist.

$$x(t) = \hat{X}e^{j2\pi f_0 t} \quad \circ\!\!-\!\!\bullet \quad X(f) = \hat{X}\delta(f - f_0). \tag{2.42}$$

Die komplexe Sinusschwingung hat das gleiche Spektrum wie die DC-Funktion, nur tritt die Spektrallinie nicht bei 0 sondern bei f_0 auf. Gl.(2.42) bestätigt somit, dass eine DC-Funktion nichts anderes ist als eine komplexe Exponentialfunktion mit der Frequenz 0.

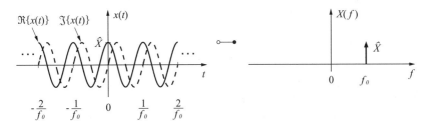

Bild 2.11: Komplexe Exponentialfunktion mit Spektrum

Die komplexe Exponentialfunktion ist ein analytisches Signal. Darunter versteht man ein komplexwertiges Signal, dessen Spektrum auf der negativen Frequenzachse Null ist.

Beispiel 5: Phasenverschobene Cosinusschwingung

Ein in der Praxis häufig vorkommendes Signal ist die phasenverschobene Cosinusschwingung. Als Beispiel denke man an die Netzspannung mit der Amplitude $\hat{X} = 325$ V, der Frequenz $f_0 = 50$ Hz und der Phase φ. Von einer sinusförmigen Schwingung mit der Frequenz f_0 erwartet man natürlich, dass sie im Spektrum ebenfalls bei $f = f_0$ eine Linie hat. Erstaunlicherweise hat sie aber sowohl bei

$+f_0$ wie auch bei $-f_0$ eine Spektrallinie (Bild 2.12):

$$x(t) = \hat{X}\cos(2\pi f_0 t + \varphi) \quad \circ\!\!-\!\!\bullet \quad X(f) = \frac{\hat{X}}{2}e^{j\varphi}\delta(f - f_0) + \frac{\hat{X}}{2}e^{-j\varphi}\delta(f + f_0) \,.$$
$$(2.43)$$

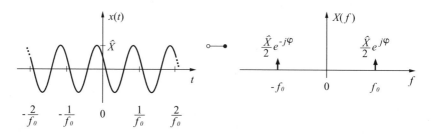

Bild 2.12: Phasenverschobene Cosinusschwingung mit Spektrum

Eine Spektrallinie repräsentiert eben nicht eine Cosinusschwingung, sondern eine komplexe Eponentialfunktion, auch Drehzeiger oder komplexe Sinusfunktion genannt (siehe Bild 2.11). Die Linie auf der positiven Frequenzachse steht für einen Drehzeiger, der mit der Frequenz f_0 in positiver Richtung dreht und die Linie auf der negativen Frequenzachse steht für einen Drehzeiger, der mit der Frequenz f_0 in negativer Richtung dreht. Die Gewichte der Diracstösse sind komplex und entsprechen den komplexen Amplituden der Drehzeiger. Verständlich wird der Sachverhalt, wenn wir die Eulersche Formel auf die Cosinusfunktion anwenden:

$$\hat{X}\cos(2\pi f_0 t + \varphi) = \frac{\hat{X}}{2}e^{j\varphi}e^{j2\pi f_0 t} + \frac{\hat{X}}{2}e^{j(-\varphi)}e^{j2\pi(-f_0)t} \,. \qquad (2.44)$$

Zerlegen wir das Spektrum gemäss Gl.(2.38) in ein Betrags- und Phasenspektrum, respektive in ein reelles und imaginäres Spektrum, so erhalten wir die Darstellungen in Bild 2.13.

Beispiel 6: Modulierter Rechteckpuls

Ein weiterer interessanter Fall tritt ein, wenn wir die Cosinusschwingung mit dem Rechteckpuls kombinieren, indem wir die beiden Funktionen miteinander multiplizieren. Ein solches Signal heisst modulierter Rechteckpuls (Bild 2.14) und tritt in der Praxis z. B. in der Tonpulsübertragung auf.

$$x(t) = A\mathrm{rect}(\frac{t}{T_r})\cos(2\pi f_c t) \quad \circ\!\!-\!\!\bullet \quad X(f) = A\frac{T_r}{2}\mathrm{sinc}(\frac{f - f_c}{1/T_r}) + A\frac{T_r}{2}\mathrm{sinc}(\frac{f + f_c}{1/T_r}) \,.$$
$$(2.45)$$

Hier erwarten wir als Spektrum ein Mittelding zwischen dem Sinc-Spektrum des Rechteckpulses und dem Linienspektrum der Cosinusschwingung. Tatsächlich

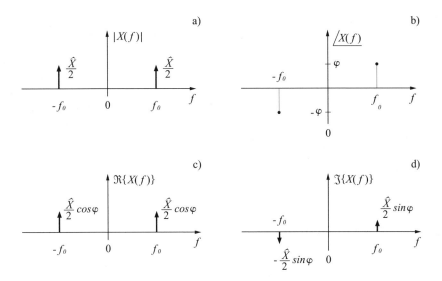

Bild 2.13: Spektren der phasenverschobenen Cosinusschwingung:
a) Betragsspektrum, b) Phasenspektrum, c) Realteil und
d) Imaginärteil des Spektrums

kann man das Resultat in Bild 2.14 interpretieren als zwei Diracpulse bei $f = f_c$ und $f = -f_c$, die mit dem Sinc-Spektrum verschmiert sind.

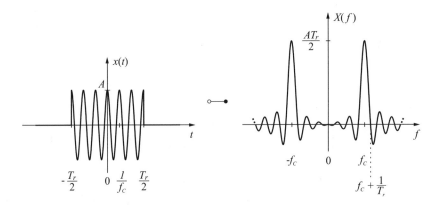

Bild 2.14: Modulierter Rechteckpuls mit Spektrum

Das Spektrum des modulierten Rechteckpulses ist kontinuierlich. Ein Signal mit einem kontinuierlichen Spektrum kann man sich gemäss dem Integral (2.36) aus einer Summe von unendlich vielen Drehzeigern der Form $X(f)df\,e^{j2\pi ft}$ zusammengesetzt denken. Da das Frequenzintervall df unendlich klein ist, sind auch die Drehzeiger $X(f)df\,e^{j2\pi ft}$ unendlich kurz. Dividiert man die komplexe Amplitude $X(f)df$ durch das Frequenzintervall df, dann bekommt man die Grösse $X(f)$, die man als Amplituden*dichte* des Drehzeigers interpretieren kann und die entsprechend die Einheit 1/Hz hat. Es wäre deshalb im Allgemeinen genauer, bei der Fourier-Transformierten von einem Dichtespektrum[5] anstelle eines Spektrums zu sprechen.

Machen wir den Tonpuls unendlich lang, dann werden die Sinc-Pulse unendlich hoch und unendlich dünn. Von einem vorherigen Beispiel wissen wir, dass man ein solches Spektrum mittels zweier Diracpulse mit den Gewichten $A/2$ darstellt und dass das dazugehörige Signal eine Cosinusschwingung mit der Amplitude A, der Frequenz f_c und der Phase 0 ist.

Beispiel 7: Abtastfunktion

Für die Herleitung und das Verständnis des Abtasttheorems ist das Spektrum der Abtastfunktion (periodischer Diracpuls) von entscheidender Bedeutung. Das Fourier-Transformationspaar lautet:

$$x(t) = \sum_{n=-\infty}^{+\infty} \delta(t - nT) \quad \circ\!\!-\!\!\bullet \quad X(f) = \frac{1}{T} \sum_{k=-\infty}^{+\infty} \delta(f - k\frac{1}{T}) \,. \qquad (2.46)$$

Das Spektrum eines periodischen Diracpulses ist wiederum ein periodischer Diracpuls, wobei folgende Unterschiede zu beachten sind: 1. Die Periode im Zeitbereich ist T und im Frequenzbereich $1/T$. 2. Das Gewicht der einzelnen Diracpulse im Zeitbereich ist 1 und im Frequenzbereich $1/T$.

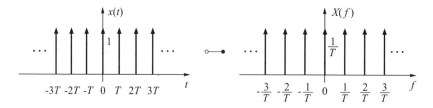

Bild 2.15: Abtastfunktion mit Spektrum

Häufig wird der periodische Diracpuls im Zeit- und im Frequenzbereich auch mit $\delta_T(t)$ und $\Delta_T(f)$ bezeichnet.

---

[5]Ein Analogie-Beispiel dazu aus der Mechanik: Wenn wir in Gedanken eine Eisenstange in unendliche dünne Scheiben aufteilen, so ist die Masse einer einzelnen Scheibe unendlich klein, d.h. Null. Was hingegen ungleich Null bleibt, ist die Dichte jeder einzelnen Scheibe.

2.2.3 Eigenschaften der Fourier-Transformation

Wir wollen in diesem Abschnitt die wichtigsten Eigenschaften der Fourier-Transformation kennen lernen und sie anhand von Beispielen überprüfen. Die Herleitungen beruhen auf der Definition der Fourier- und der inversen Fourier-Transformation und können z. B. in Lit.[Pap84], [Bri88] oder [Fli91] nachgelesen werden.

Linearität

Die Fourier-Transformation ist eine lineare Transformation, d.h. sind $x_1(t)$o—•
$X_1(f)$ und $x_2(t)$o—•$X_2(f)$ zwei Fourier-Transformationspaare und sind k_1 und k_2 zwei Konstanten, dann gilt:

$$k_1 x_1(t) + k_2 x_2(t) \quad \circ\!\!-\!\!\bullet \quad k_1 X_1(f) + k_2 X_2(f)\,. \tag{2.47}$$

In Worten: Die Fourier-Transformierte einer Linearkombination von Signalen ist gleich der Linearkombination ihrer Fourier-Transformierten.

Beispiel: Mithilfe des Linearitätstheorems lässt sich sofort die Fourier-Transformierte der phasenverschobenen Cosinusschwingung herleiten.
Aus Gl.(2.42) wissen wir:

$$\begin{aligned}
x_1(t) &= e^{j2\pi f_0 t} \quad &\circ\!\!-\!\!\bullet \quad & X_1(f) = \delta(f - f_0)\,, \\
x_2(t) &= e^{j2\pi(-f_0)t} \quad &\circ\!\!-\!\!\bullet \quad & X_2(f) = \delta(f + f_0)\,.
\end{aligned}$$

Aus

$$\hat{X}\cos(2\pi f_0 t + \varphi) = \frac{\hat{X}}{2}e^{j\varphi}x_1(t) + \frac{\hat{X}}{2}e^{-j\varphi}x_2(t)$$

folgt dann:

$$X(f) = \frac{\hat{X}}{2}e^{j\varphi}\delta(f - f_0) + \frac{\hat{X}}{2}e^{-j\varphi}\delta(f + f_0)\,.$$

Dualität

Unter *Dualität* — auch als Symmetrie bezeichnet — verstehen wir folgende Beziehung:

$$X(t) \quad \circ\!\!-\!\!\bullet \quad x(-f)\,. \tag{2.48}$$

In Worten: Ersetzt man in der Frequenzfunktion $X(f)$ die Frequenzvariable f durch die Zeitvariable t, und umgekehrt in der Zeitfunktion $x(t)$ die Zeitvariable t durch die negative Frequenzvariable $-f$, so erhält man wiederum ein Transformationspaar.

Beispiel: Mithilfe der Dualität lässt sich leicht die Fourier-Transformierte der DC-Funktion herleiten.

Aus Gl.(2.40) wissen wir: $x(t) = K\delta(t)$ ○—● $X(f) = K1(f)$. Aus der Dualität folgt dann: $K1(t)$ ○—● $K\delta(-f)$. Da der Diracpuls eine gerade Funktion ist, folgt: $K1(t)$ ○—● $K\delta(f)$.

Zeit- und Frequenzskalierung

Wird bei einer Zeitfunktion die Zeitachse mit einer reellen Konstanten k skaliert, dann resultiert folgendes Transformationspaar:

$$x(kt) \quad \circ\!\!-\!\!\bullet \quad \frac{1}{|k|} X(\frac{f}{k}) \,. \tag{2.49}$$

Beispiel: Schaltet man ein Kasettengerät auf Schnellgang, dann tönt der Lautsprecher höher, verlangsamt man das Gerät, dann tönt er tiefer. Oder mit anderen Worten: Beim Schnellgang ($k > 1$) wird die Zeitfunktion gestaucht und damit die Frequenzfunktion gedehnt, beim langsamen Betrieb ($0 < k < 1$) wird die Zeitfunktion gedehnt und die Frequenzfunktion gestaucht.

Das Skalierungs-Theorem macht auch die Aussage verständlich, dass „breite" Signale „schmale" Spektren und „schmale" Signale „breite" Spektren haben. Diese Aussage werden wir später durch die Heisenbergsche Unschärferelation präzisieren.

Zeit- und Frequenzverschiebung

Verschiebt man die Zeitfunktion $x(t)$ um t_0, dann erhält man folgendes Transformationspaar:

$$x(t - t_0) \quad \circ\!\!-\!\!\bullet \quad X(f)e^{-j2\pi f t_0} \,. \tag{2.50}$$

Bei einer zeitlichen Verschiebung des Signals verändert sich der Betrag $|X(f)|$ des Spektrums nicht, die Phase $\angle X(f)$ hingegen erfährt eine zusätzliche Verschiebung mit dem Winkel $\theta = -2\pi f t_0$.

Beispiel: Wie wir später sehen werden, kann die Digital-Analog-Umwandlung mit der Halte-Funktion (engl: zero order hold Function) beschrieben werden. Unter dieser Funktion versteht man den kausalen Rechteckpuls (Bild 2.16), der aus dem symmetrischen Rechteckpuls durch Verzögerung um $T_0/2$ entsteht. Seine Fourier-Transformierte und daraus das Betrags- und Phasenspektrum findet man leicht über das Zeitverschiebungstheorem.

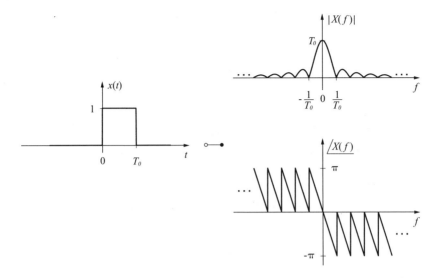

Bild 2.16: Kausaler Rechteckpuls mit Betrags- und Phasenspektrum

Verschiebt man die Frequenzfunktion $X(f)$ um f_0, dann ergibt sich das Transformationspaar

$$x(t)e^{-j2\pi f_0 t} \quad \circ\!\!-\!\!\bullet \quad X(f - f_0) \,. \tag{2.51}$$

Die Multiplikation — oder wie man auch sagt — die Modulation eines Signals mit der komplexen Exponentialfunktion $e^{-j2\pi f_0 t}$ verschiebt das Spektrum auf der Frequenzachse um f_0. Ein klassisches Anwendungsbeispiel dafür ist die Amplitudenmodulation (AM).

Beispiel: Bei der Amplitudenmodulation [Tre95] wird die Amplitude $\hat{U}_T$ einer Trägerschwingung $u_T(t) = \hat{U}_T \cos(2\pi f_T t)$ von einem Modulationssignal $mx(t)$ überlagert ($0 < m < 1$):

$$s(t) = \hat{U}_T[1 + mx(t)] \cos(2\pi f_T t) \,.$$

Die Trägerschwingung lässt sich gemäss Eulerschem Theorem wie folgt zerlegen:

$$u_T(t) = \frac{\hat{U}_T}{2} e^{j2\pi f_T t} + \frac{\hat{U}_T}{2} e^{-j2\pi f_T t} \,.$$

Das modulierte Signal kann man jetzt wie folgt schreiben:

$$s(t) = \frac{\hat{U}_T}{2} e^{j2\pi f_T t} + \frac{\hat{U}_T}{2} e^{-j2\pi f_T t} + \frac{m\hat{U}_T}{2} x(t) e^{j2\pi f_T t} + \frac{m\hat{U}_T}{2} x(t) e^{-j2\pi f_T t} \,.$$

Gemäss dem Linearitäts- und dem Frequenzverschiebungs-Theorem erhalten wir daraus folgende Fourier-Transformierte $S(f)$:

$$S(f) = \frac{\hat{U}_T}{2}\delta(f - f_T) + \frac{\hat{U}_T}{2}\delta(f + f_T) + \frac{m\hat{U}_T}{2}X(f - f_T) + \frac{m\hat{U}_T}{2}X(f + f_T).$$

In Bild 2.17 links ist das Spektrum eines Signals $x(t)$ dargestellt und rechts davon das zugehörige Spektrum des amplitudenmodulierten Signals $s(t)$ (aus Gründen der einfachen Darstellung wurde angenommen, dass das Spektrum des Signals $x(t)$ reell und dreieckförmig ist).

Das AM-Spektrum ist sozusagen der praktische Beweis, dass negative Frequenzen existieren. Hätte das Basissignal $x(t)$ nämlich keine negativen Frequenzen, dann wäre das AM-Spektrum $S(f)$ Null im Frequenzbereich von 0 bis f_T. Dass dies nicht der Fall ist, kann jeder Mittelwellenkenner bestätigen. Obwohl das Audiosignal eine maximale Grenzfrequenz von 4.5 kHz hat, belegt ein Mittelwellensender 9 kHz Bandbreite auf der Frequenzskala.

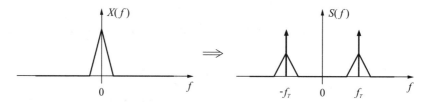

Bild 2.17: Signal- und AM-Spektrum

Symmetrieeigenschaften

Reelle Signale haben die Eigenschaft, dass ihr Spektrum symmetrisch ist:

$$x(t) \quad : \quad \text{reell} \quad \circ\!\!-\!\!\bullet \quad \left\{ \begin{array}{llll} |X(f)| & : & \text{gerade,} & \angle X(f) & : & \text{ungerade} \\ \Re\{X(f)\} & : & \text{gerade,} & \Im\{X(f)\} & : & \text{ungerade} \end{array} \right.$$

$$(2.52)$$

Anschaulich ausgedrückt: Das Betragsspektrum und der Realteil des Spektrums sind spiegelsymmetrisch, das Phasenspektrum und der Imaginärteil des Spektrums hingegen sind punktsymmetrisch.

Beispiel: Mit Ausnahme der Fourier-Transformierten der komplexen Exponentialfunktion waren alle bisherigen Spektren symmetrisch.

Wegen der Symmetrie wird das Spektrum von reellen Signalen vielfach nur auf der positiven Frequenzachse dargestellt. Dies verleitet dann hin und wieder zur irrtümlichen Ansicht, dass das Spektrum nur auf der positiven Frequenzachse existiert.

Ist ein Signal nicht nur reell, sondern zusätzlich gerade oder ungerade, dann gilt:

$$x(t) \text{ reell und gerade} \quad \circ\!\!-\!\!\bullet \quad X(f) \text{ reell und gerade} \qquad (2.53)$$
$$x(t) \text{ reell und ungerade} \quad \circ\!\!-\!\!\bullet \quad X(f) \text{ imaginär und ungerade} \ (2.54)$$

Beispiel: Bild 2.18 zeigt ein Sägezahnsignal $x(t)$ als Beispiel eines reellen, ungeraden Signals. Sein Spektrum ist imaginär und ungerade, d.h., $\Re\{X(f)\} = 0$ und $\Im\{X(-f)\} = -\Im\{X(f)\}$.

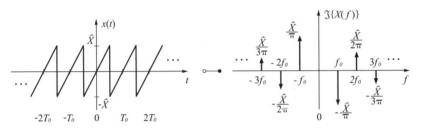

Bild 2.18: Sägezahnsignal mit Spektrum

Gemäss Gl.(2.12) lässt sich jedes Signal in ein gerades und ungerades Teilsignal zerlegen: $x(t) = x_e(t) + x_o(t)$. Aufgrund der Theoreme (2.53) und (2.54) gilt, dass $\Re\{X(f)\}$ das Spektrum des geraden Teilsignals und $\Im\{X(f)\}$ das Spektrum des ungeraden Teilsignals ist:

$$\Re\{X(f)\} = X_e(f) \quad \text{und} \quad \Im\{X(f)\} = X_o(f)\,. \qquad (2.55)$$

Der Realteil, respektive der Imaginärteil des Spektrums sagt aus, ob im reellen Signal Cosinusschwingungen, respektive Sinusschwingungen enthalten sind. Diese Aussage beruht auf der untenstehenden Zerlegung der Fourier-Transformierten

$$\begin{aligned}
X(f) &= \int_{-\infty}^{\infty} x(t)e^{-j2\pi ft}\,dt\,, \\
&= \int_{-\infty}^{\infty} x(t)\cos(2\pi ft)\,dt - j\int_{-\infty}^{\infty} x(t)\sin(2\pi ft)\,dt\,, \qquad (2.56)
\end{aligned}$$

sowie auf der Tatsache, dass Sinus- und Cosinusfunktionen orthogonal sind zueinander.

Fourier-Transformierte eines periodischen Signals

Wir haben gesehen, dass man jedes periodische Signal in eine Summe von komplexen Exponentialfunktionen zerlegen kann und wir wissen aus Gl.(2.42), dass die komplexe Exponentialfunktion einen Diracstoss als Fourier-Transformierte hat. Aus der Linearität folgt dann für das Spektrum eines periodischen Signals $x_p(t)$:

$$x_p(t) = \sum_{k=-\infty}^{\infty} c_k e^{jk2\pi f_0 t} \quad \circ\!\!-\!\!\bullet \quad X_p(f) = \sum_{k=-\infty}^{\infty} c_k \delta(f - kf_0)\,. \qquad (2.57)$$

Die Fourier-Transformierte eines periodischen Signals ist ein Linienspektrum, d. h. es besteht aus Diracpulsen, deren Gewichte gleich den komplexen Fourierkoeffizienten sind. Ein Beispiel dafür ist in Bild 2.18 dargestellt.

Periodizität und Diskretizität

Ein Linienspektrum nennt man auch ein diskretes Spektrum, da es nur in diskreten Punkten auf der Frequenzachse ungleich Null ist. Wie wir gerade gesehen haben, gilt:

$$x(t) \quad \text{periodisch} \quad \circ\!\!-\!\!\bullet \quad X(f) \quad \text{diskret}\,. \qquad (2.58)$$

Aufgrund der Dualität gilt auch das Umgekehrte:

$$x(t) \quad \text{diskret} \quad \circ\!\!-\!\!\bullet \quad X(f) \quad \text{periodisch}\,. \qquad (2.59)$$

Zwei Beispiele zu diesen Theoremen sind in den Bildern 2.9 und 2.15 illustriert.

Parceval-Theorem

Das Parceval-Theorem besagt, dass die totale Energie eines Signals im Zeitbereich gleich der totalen Energie des Signals im Frequenzbereich ist:

$$\int_{-\infty}^{\infty} |x(t)|^2\, dt = \int_{-\infty}^{\infty} |X(f)|^2\, df\,. \qquad (2.60)$$

Die Funktion $|X(f)|^2$ wird als Energiedichte-Spektrum des Signals $x(t)$ bezeichnet.

Das Parceval-Theorem in der obigen Form ist nur gültig für Energie-Signale. Für T_0-periodische Signale gilt:

$$\frac{1}{T_0} \int_{-T_0/2}^{T_0/2} |x(t)|^2\, dt = \sum_{k=-\infty}^{\infty} |c_k|^2\,. \qquad (2.61)$$

D. h. die Leistung eines periodischen Signals ist gleich der Summe der Leistungen seiner harmonischen Komponenten.

Beispiel: Ein Strom $i(t) = I_{DC} + \hat{I}\cos(2\pi f_0 t)$ fliesse durch einen Ohmschen Widerstand R. Für die mittlere Leistung $P = RI^2$ erhalten wir gemäss dem Parceval- und Euler-Theorem:

$$P = R(|\hat{I}/2|^2 + |I_{DC}|^2 + |\hat{I}/2|^2) = R(I_{DC}^2 + \hat{I}^2/2)\,.$$

Unschärferelation

Wir haben schon vielfach davon gesprochen, dass „breite" Signale „schmale" Spektren und umgekehrt „schmale" Signale „breite" Spektren haben. Diese Aussage soll im Folgenden mithilfe der Unschärferelation präzisiert werden.

Zunächst wollen wir den Schwerpunkt (Mittelpunkt) t_0 eines Energiesignals erklären. Dieser wird analog zum Erwartungswert in der Wahrscheinlichkeitsrechnung wie folgt definiert:

$$t_0 = \int_{-\infty}^{\infty} t|\acute{x}(t)|^2\, dt\,, \qquad \text{wobei:} \quad \acute{x}(t) = \frac{x(t)}{\|x\|}\,. \tag{2.62}$$

$\acute{x}(t)$ ist das normierte Signal und hat demnach aufgrund von Gl.(2.24) die Energie $W = 1$.

Analog dazu definieren wir den Schwerpunkt des dazugehörigen Spektrums:

$$f_0 = \int_{-\infty}^{\infty} f|\acute{X}(f)|^2\, df\,, \qquad \text{wobei:} \quad \acute{X}(f) = \frac{X(f)}{\|X\|}\,. \tag{2.63}$$

Entsprechend zur Standardabweichung in der Wahrscheinlichkeitsrechnung definieren wir die Dauer Δt eines Energiesignals und die Bandbreite Δf des dazugehörigen Spektrums:

$$\Delta t = \left(\int_{-\infty}^{\infty} (t - t_0)^2 |\acute{x}(t)|^2\, dt\right)^{\frac{1}{2}}\,, \tag{2.64}$$

$$\Delta f = \left(\int_{-\infty}^{\infty} (f - f_0)^2 |\acute{X}(f)|^2\, df\right)^{\frac{1}{2}}\,. \tag{2.65}$$

Wie bereits erwähnt, kann ein Signal nicht sowohl eine kurze Dauer Δt und eine kleine Bandbreite Δf haben. Vielmehr ist es so [Mer96], dass das Produkt eine gewisse Grenze nicht unterschreiten kann:

$$\Delta t \Delta f \geq \frac{1}{4\pi}\,. \tag{2.66}$$

Dieses Theorem heisst Unschärferelation; es hat in der Signalverarbeitung eine ähnliche Bedeutung, wie der Energiesatz in der Energietechnik.

Beispiel: Ein kausales Signal $x(t)$ und sein Spektrum $X(f)$ sind wie folgt gegeben:

$$x(t) = e^{-akt}\sin(\beta kt)u(t) \quad \circ\!\!-\!\!\bullet \quad X(f) = \frac{1}{k}\frac{\beta}{(j2\pi f/k + a)^2 + \beta^2}$$

In Bild 2.19 oben ist ein Beipiel für $k = 1.5$ dargestellt. Der Schwerpunkt des Signals ist bei $t_0 = 0.35\,$s und seine Dauer beträgt $\Delta t = 0.33\,$s. Der Schwerpunkt des Spektrums liegt aus Symmetriegründen bei $f_0 = 0$ und seine Bandbreite hat den Wert $\Delta f = 1.47\,$Hz. Das Produkt aus Signaldauer und Bandbreite hat demnach den Betrag von $\Delta t \Delta f = 0.48$ und ist somit ca. 6 mal grösser als die untere Grenze von $1/4\pi$. In Bild 2.19 unten ist das gleiche Beipiel für $k = 1/1.5$ dargestellt. Sein Schwerpunkt liegt bei

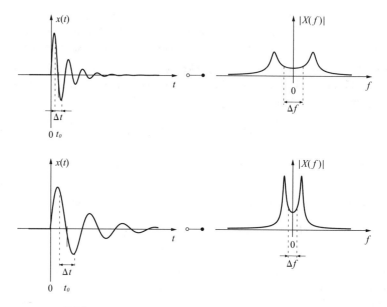

Bild 2.19: Dauer und Bandbreite eines Signals

$t_0 = 0.79\,$s, seine Dauer hat den Wert $\Delta t = 0.74\,$s und seine Bandbreite beträgt $\Delta f = 0.65\,$Hz. Da es sich, abgesehen von der Zeitachsenskalierung, um das gleiche Signal handelt, bleibt das Produkt aus Signaldauer und Bandbreite konstant, nämlich $\Delta t \Delta f = 0.48$.

Sehr schön sehen wir hier wiederum illustriert, dass ein „schmales" Signal ein „breites" Spektrum und ein „breites" Signal ein „schmales" Spektrum hat.

Laplace-Transformation

Die Laplace-Transformation eines kausalen Signals $x(t)$ ist wie folgt definiert:

$$X(s) = \int_0^\infty x(t) e^{-st}\, dt\,. \tag{2.67}$$

Die Laplace-Transformierte $X(s)$ und die Fourier-Transformierte $X(f)$ sind identisch, falls:

1. Das Signal $x(t)$ kausal ist und endliche Energie hat.

2. Die Laplace-Variable s (komplexe Frequenz) durch $j2\pi f$ ersetzt wird.

Beispiel: Das Signal $x(t) = e^{-\frac{t}{\tau}}u(t)$ hat folgende Laplace-Transformierte: $X(s) = \frac{\tau}{1+s\tau}$. Daraus folgt für die Fourier-Transformierte:

$$x(t) = e^{-\frac{t}{\tau}}u(t) \quad \circ\!\!-\!\!\bullet \quad X(f) = \frac{\tau}{1 + j2\pi f\tau} \qquad (2.68)$$

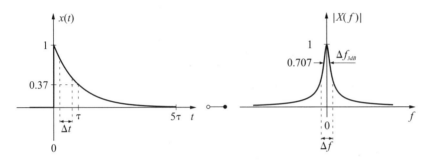

Bild 2.20: Abklingende Exponentialfunktion mit Betragsspektrum

In Bild 2.20 ist das Signal mit dazugehörigem Spektrum dargestellt. Den Parameter τ nennt man Zeitkonstante. Nach der Zeit $t = \tau$ ist das Signal auf ca. 37% und nach $t = 5\tau$ auf unter 1% des Anfangswertes abgeklungen. Die Signaldauer beträgt deshalb ca. 5τ. Eine so definierte Signaldauer ist viel grösser als die Signaldauer, welche über Gl.(2.64) definiert wird. Dagegen ist die Bandbreite, welche über Gl.(2.65) definiert wird, grösser als die 3dB-Bandbreite.

2.3 Faltung und Korrelation von Signalen

2.3.1 Impulsantwort und Faltung

Unter der Impulsantwort $h(t)$ eines kontinuierlichen linearen zeitinvarianten Systems (abg: kontinuierliches LTI-System), verstehen wir das Ausgangssignal des Systems, wenn an seinen Eingang ein Dirac-Impuls angelegt wird (Bild 2.21).

Bild 2.21: Impulsantwort eines kontinuierlichen LTI-Systems

Legt man an ein kontinuierliches LTI-System mit der Impulsantwort $h(t)$ ein Eingangssignal $x(t)$, dann ist sein Ausgangssignal $y(t)$ gegeben durch den Ausdruck [Fli91]:

$$y(t) = \int_{-\infty}^{\infty} x(\tau)h(t-\tau)\,d\tau \; . \tag{2.69}$$

Dieses Integral heisst Faltungsintegral und man sagt, das Eingangssignal $x(t)$ wird mit der Impulsantwort $h(t)$ gefaltet. Die Faltung (2.69) ist eine grundlegende Beziehung in der Theorie der zeitkontinuierlichen Systeme. Mit ihr lässt sich das Ausgangssignal $y(t)$ für ein beliebiges Eingangssignal $x(t)$ berechnen, falls die Impulsantwort $h(t)$ des LTI-Systems bekannt ist.

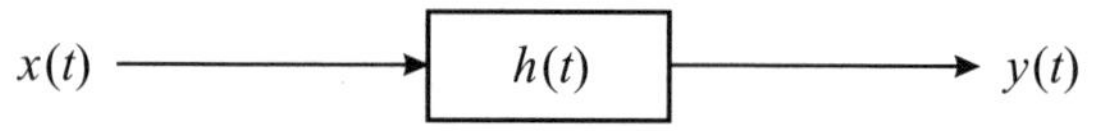

$$x(t) \longrightarrow \boxed{\; h(t) \;} \longrightarrow y(t)$$

Bild 2.22: Eingangs- und Ausgangssignal eines Systems mit der Impulsantwort $h(t)$

Da die Faltungsoperation in der Signalverarbeitung häufig vorkommt, hat man für sie ein spezielles Symbol eingeführt. Man schreibt: [6]

$$y(t) = x(t) * h(t) \tag{2.70}$$

In Worten: *Das Signal $y(t)$ ist gleich $x(t)$ gefaltet mit $h(t)$.*

Die Faltung ist kommutativ, d. h. es gilt:

$$x(t) * h(t) = h(t) * x(t) \; . \tag{2.71}$$

Erregt man ein System mit der komplexen Exponentialfunktion $e^{j2\pi ft}$, dann erhalten wir für das Ausgangssignal $y(t)$:

$$y(t) = \int_{-\infty}^{\infty} h(\tau)e^{j2\pi f(t-\tau)}\,d\tau = e^{j2\pi ft}\int_{-\infty}^{\infty} h(\tau)e^{-j2\pi f\tau}\,d\tau \; . \tag{2.72}$$

D. h., das Ausgangssignal $y(t)$ ist gleich dem Eingangssignal $e^{j2\pi ft}$ multipliziert mit dem komplexen Faktor

$$H(f) = \int_{-\infty}^{\infty} h(t)e^{-j2\pi ft}\,dt \; . \tag{2.73}$$

Den komplexen Faktor $H(f)$ nennt man *Frequenzgang* des zeitkontinuierlichen LTI-Systems und er ist, wie man in Gl.(2.73) sieht, gleich der Fourier-Transformierten der Impulsantwort $h(t)$. Die inverse Fourier-Transformierte liefert

---

[6]In moderner Notation [Por97] schreibt man $y(t) = \{x * h\}(t)$ und will damit sagen: y an der Stelle t ist gleich der Faltung der beiden Signale x und h ausgewertet an der Stelle t. Da sich diese Notation nicht durchgesetzt hat, bleiben wir bei der alten, aber nicht ganz korrekten Schreibweise.

daraus wiederum die Impulsantwort, d. h. $h(t)$ und $H(f)$ bilden ein Transformationspaar:

$$h(t) \quad \circ\!\!-\!\!\bullet \quad H(f) \, . \tag{2.74}$$

Der Zusammenhang zwischen der Übertragungsfunktion $H(s)$ und dem Frequenzgang $H(f)$ eines zeitkontinuierliches LTI-Systems ist gemäss der Laplace-Transformation (Seite 43) wie folgt gegeben:

$$H(f) = H(s)|_{s=j2\pi f} \, . \tag{2.75}$$

In Worten: *Der Frequenzgang ist gleich der Übertragungsfunktion ausgewertet auf der imaginären Achse der s-Ebene.*

Eine wichtige Beziehung ergibt sich, wenn wir die Faltung (2.69) in den Frequenzbereich transformieren:

$$
\begin{aligned}
Y(f) &= \int_{-\infty}^{\infty} \left[\int_{-\infty}^{\infty} x(\tau) h(t - \tau) \, d\tau \right] e^{-j2\pi f t} \, dt \, , \\
&= \int_{-\infty}^{\infty} x(\tau) \left[\int_{-\infty}^{\infty} h(t - \tau) e^{-j2\pi f t} \, dt \right] d\tau \, .
\end{aligned}
$$

Die eckige Klammer in der zweiten Zeile erkennen wir als Fourier-Transformierte des Signals $h(t - \tau)$. Gemäss dem Zeitverschiebungs-Theorem (2.50) ist die Fourier-Transformierte eines um τ verzögerten Signals $h(t)$ gleich $H(f)$ multipliziert mit dem Phasenfaktor $e^{-j2\pi f \tau}$:

$$
\begin{aligned}
Y(f) &= \int_{-\infty}^{\infty} x(\tau) H(f) e^{-j2\pi f \tau} \, d\tau \\
&= H(f) \int_{-\infty}^{\infty} x(\tau) e^{-j2\pi f \tau} \, d\tau
\end{aligned}
$$

Das Integral identifizieren wir als Fourier-Transformierte von $x(t)$, somit:

$$Y(f) = H(f) X(f) \, . \tag{2.76}$$

In Worten:

Das Spektrum am Ausgang eines LTI-Systems ist gleich dem Eingangsspektrum multipliziert mit dem Frequenzgang des LTI-Systems.

Die Verformung des Eingangsspektrums durch den Frequenzgang (engl: spectral shaping) ist der Grund, weshalb man ein LTI-System auch als lineares Filter bezeichnet.

Wendet man die inverse Fourier-Transformation auf das Produkt $H(f)X(f)$ an, so erhält man wiederum die Faltung. D. h. die Faltung und die Multiplikation bilden ein Transformationspaar:

$$h(t) * x(t) \quad \circ\!\!-\!\!\bullet \quad H(f) \cdot X(f) \tag{2.77}$$

Daraus folgt aus der Dualität (2.48):

$$h(t) \cdot x(t) = H(f) * X(f) \tag{2.78}$$

Die beiden Theoreme (2.77) und (2.78), Faltungstheoreme genannt, stellen zwei grundlegende Beziehungen in der Systemtheorie dar. In Worten:

Eine Faltung im Zeitbereich entspricht einer Multiplikation im Frequenzbereich und eine Multiplikation im Zeitbereich entspricht einer Faltung im Frequenzbereich.

Die beiden Theoreme erlauben die aufwendige Faltungsoperation im einen Bereich durch eine einfache Multiplikation im anderen Bereich zu ersetzen. Bild 2.23 zeigt schematisch die beiden Möglichkeiten, zwei Signale miteinander zu falten.

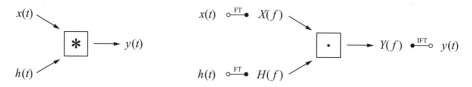

Bild 2.23: Direkte und indirekte Methode zur Durchführung der Faltung

Beispiel

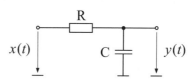

Bild 2.24: RC-Glied

Ein RC-Glied gemäss Bild 2.24 hat die Impulsantwort [Lue85]

$$h(t) = \frac{1}{RC} u(t) e^{-\frac{t}{RC}} \; ,$$

wobei $u(t)$ die Schrittfunktion und RC die Zeitkonstante ist. An den Eingang des RC-Gliedes legen wir einen kausalen Rechteckpuls

$$x(t) = \hat{U} \mathrm{rect}(\frac{t - T_0/2}{T_0})$$

mit dem Scheitelwert $\hat{U}$ und der Pulsdauer $T_0 = 2RC$. Das Ausgangssignal $y(t)$ erhalten wir als Faltung des Eingangssignals $x(t)$ mit der Impulsantwort $h(t)$. Der Faltungsprozess lässt sich graphisch für einen Zeitpunkt t_1 wie folgt erläutern (Bild 2.25):

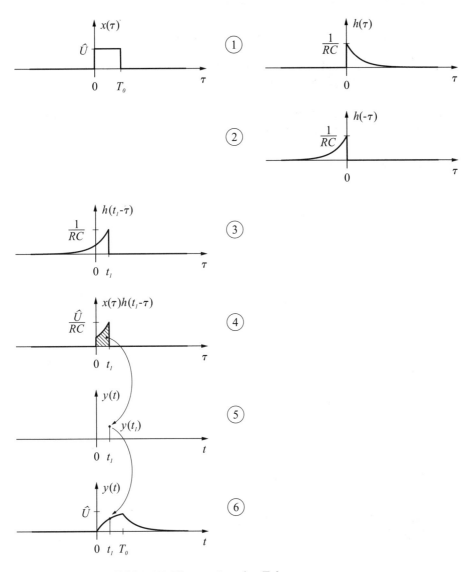

Bild 2.25: Illustration des Faltungsprozesses

1. Ersetze die Zeitvariable t durch die Integrationsvariable τ.

2. Falte $h(\tau)$ um die Ordinate, dies ergibt das gespiegelte Signal $h(-\tau)$. [7]

3. Verschiebe $h(-\tau)$ um t_1 nach rechts: Dies ergibt $h(t_1 - \tau)$.

4. Multipliziere $x(\tau)$ mit $h(t_1 - \tau)$: Dies ergibt $x(\tau)h(t_1 - \tau)$.

5. Integriere die Funktion $x(\tau)h(t_1 - \tau)$ über die ganze τ-Achse: Dies ergibt den Wert $y(t_1)$ als Flächeninhalt des schraffierten Bereichs.

6. Führe die Schritte 1. bis 5. für alle Punkte auf der Zeitachse t aus: Dies ergibt die Faltung $y(t) = x(t) * h(t)$.

In Bild 2.26 ist der Faltungsprozess zusammengefasst.

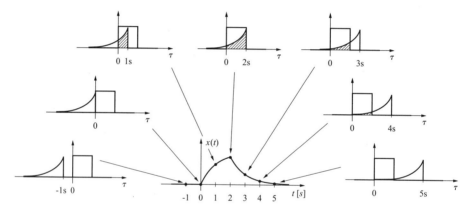

Bild 2.26: Zusammenfassung des Faltungsprozesses

Analytisch finden wir das Ausgangssignal $y(t)$ wie folgt:

$$y(t) = x(t) * h(t) = \int_{-\infty}^{\infty} \hat{U} \text{rect}(\frac{\tau - T_0/2}{T_0}) \frac{1}{RC} u(t - \tau) e^{-\frac{t-\tau}{RC}} \, d\tau \, .$$

Wie man in Bild 2.26 sieht, überlappen sich die beiden Funktionen $x(\tau)$ und $h(t - \tau)$ für $t < 0$ nicht, daher:

$$y(t) = 0 \quad \text{für} \quad t < 0 \, .$$

Im Bereich $0 \le t \le T_0$ ist die Produktefunktion $x(\tau)h(t - \tau)$ nur im Intervall $0 < \tau < t$ ungleich Null, wie aus Bild 2.26 ersichtlich ist. Die Integrationsgrenzen sind deshalb durch 0 und t gegeben. Ausserdem sind in diesem Intervall die

---

[7] Es ist dieses Falten, das dem Prozess den Namen Faltung gegeben hat.

Rechteckfunktion rect($\frac{\tau - T_0/2}{T_0}$) und die Schrittfunktion $u(t - \tau)$ konstant gleich 1 und man kann deshalb schreiben:

$$
\begin{aligned}
y(t) &= \int_0^t \hat{U} \frac{1}{RC} e^{-\frac{t-\tau}{RC}} \, d\tau \\
&= \left[\hat{U} e^{-\frac{t-\tau}{RC}} \right]_0^t \\
&= \hat{U}[1 - e^{-\frac{t}{RC}}] \quad \text{für} \quad 0 \le t \le T_0 \, .
\end{aligned}
$$

Im Bereich $T_0 < t$ ist die Produktefunktion $x(\tau)h(t - \tau)$ oberhalb von $\tau = T_0$ Null (siehe Bild 2.26). Die obere Integrationsgrenze ist infolgedessen durch T_0 gegeben. Die Rechteckfunktion und die Schrittfunktion bleiben im Intervall $0 < \tau < T_0$ konstant gleich 1 und man kann daher schreiben:

$$
\begin{aligned}
y(t) &= \int_0^{T_0} \hat{U} \frac{1}{RC} e^{-\frac{t-\tau}{RC}} \, d\tau \, , \\
&= \left[\hat{U} e^{-\frac{t-\tau}{RC}} \right]_0^{T_0} \, , \\
&= \hat{U}[e^{-\frac{t-T_0}{RC}} - e^{-\frac{t}{RC}}] \, , \\
&= \hat{U}[e^{\frac{T_0}{RC}} - 1]e^{-\frac{t}{RC}} \quad \text{für} \quad T_0 < t \, .
\end{aligned}
$$

Wir haben das Ausgangssignal $y(t)$ im Zeitbereich gefunden und möchten nun noch sein Spektrum $Y(f)$ bestimmen. Gemäss Gl.(2.76) müssen wir zuerst die Spektren $H(f)$ und $X(f)$ berechnen und anschliessend das Produkt $H(f)X(f)$ bilden. Wir bestimmen zuerst $H(f)$, indem wir auf $h(t)$ die Definition der Fourier-Transformation anwenden:

$$
\begin{aligned}
H(f) &= \int_{-\infty}^{\infty} h(t)e^{-j2\pi ft} \, dt \, , \\
&= \int_{-\infty}^{\infty} \frac{1}{RC} u(t)e^{-\frac{t}{RC}} e^{-j2\pi ft} \, dt \, , \\
&= \int_0^{\infty} \frac{1}{RC} e^{-(\frac{1}{RC}+j2\pi f)t} \, dt \, , \\
&= \frac{1}{RC} \left[-\frac{1}{\frac{1}{RC} + j2\pi f} e^{-(\frac{1}{RC}+j2\pi f)t} \right]_0^{\infty} \, , \\
&= \frac{1}{1 + j2\pi fRC} \, .
\end{aligned}
$$

Aus Gl.(2.41) und dem Zeitverschiebungstheorem (2.50) finden wir für das Eingangsspektrum:

$$
X(f) = \hat{U}T_0 \text{sinc}(fT_0)e^{-j2\pi fT_0/2} \, .
$$

Damit ergibt sich für das Ausgangsspektrum $Y(f)$:

$$
Y(f) = \hat{U}T_0 \frac{e^{-j2\pi fT_0/2}}{1 + j2\pi fRC} \text{sinc}(fT_0) \, .
$$

In Bild 2.27 sind das Betragsspektrum des Eingangssignals, der Amplitudengang des RC-Gliedes und das Betragsspektrum des Ausgangssignals dargestellt.
Man sieht, das Spektrum $X(f)$ des Rechteckpulses wird mit dem Frequenzgang $H(f)$ des RC-Gliedes verformt. $H(f)$ hat Tiefpass-Charakteristik, d. h. die
tiefen Frequenzanteile des Eingangsspektrums werden durchgelassen die hohen
Frequenzanteile werden unterdrückt. Dies ist ein schönes Beispiel zur Aussage,
dass ein LTI-System als Filter wirkt.

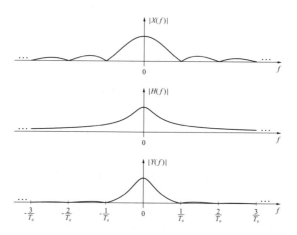

Bild 2.27: Eingangsspektrum, Frequenzgang und Ausgangsspektrum des RC-
        Gliedes

2.3.2   Korrelation von Signalen

Unter der Korrelation zweier Signale versteht man die Integraloperation

$$r_{xy}(\tau) = \int_{-\infty}^{\infty} x(t)y(t + \tau)\, dt \,, \qquad (2.79)$$

wobei $x(t)$ und $y(t)$ zwei reelle Energiesignale sind. Die Korrelation führt zu einer
Funktion $r_{xy}(\tau)$, welche die *Übereinstimmung* der beiden Signale in Abhängigkeit der Verschiebungszeit τ beschreibt. τ ist die Zeit, mit der das zweite Signal
gegenüber dem ersten nach links verschoben wird, bevor das Produkt der beiden
Signale integriert wird.

In Bild 2.28 ist der Korrelationsprozess graphisch dargestellt. Er lässt sich für einen Verschiebungszeitpunkt τ_1 wie folgt erläutern:

1. Verschiebe $y(t)$ um τ_1 nach links: Dies ergibt $y(t + \tau_1)$.

2. Multipliziere $x(t)$ mit $y(t + \tau_1)$: Dies ergibt $x(t)y(t + \tau_1)$.

3. Integriere die Produktefunktion $x(t)y(t+\tau_1)$ über die ganze t-Achse: Dies ergibt den Wert $r_{xy}(\tau_1)$ als Flächeninhalt der schraffierten Bereichs.

4. Führe die Schritte 1. bis 3. für alle Punkte auf der τ-Achse aus: Daraus resultiert die Korrelationsfunktion $r_{xy}(\tau)$.

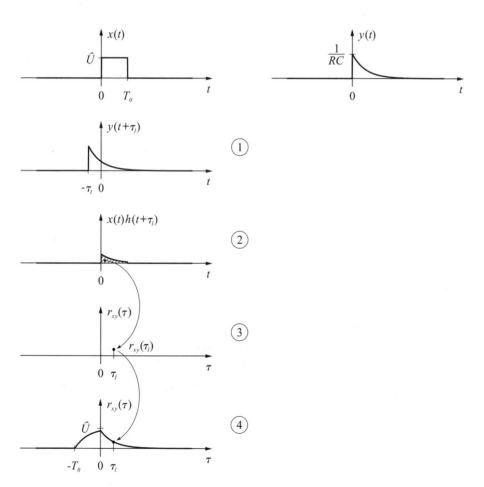

Bild 2.28: Illustration des Korrelationsprozesses

Die Korrelation ist verwandt mit der Faltung und unterscheidet sich von ihr nur durch die Integrationsvariable und ein positives Vorzeichen. Wegen des positiven Vorzeichens entfällt im Korrelationsprozess die Spiegelung der zweiten Funktion an der Ordinate. Die Verwandtschaft zwischen Korrelation und Faltung lässt sich durch folgende Beziehung ausdrücken (siehe Aufgabe 4):

$$r_{xy}(\tau) = x(-t) * y(t)|_{t=\tau} \ . \tag{2.80}$$

In Worten: Die Korrelationsfunktion zweier Signale erhalten wir, indem man das erste Signal spiegelt, danach mit dem zweiten Signal faltet und anschliessend die Zeitvariable t durch die Zeitverschiebungsvariable τ substituiert.

Im Gegensatz zur Faltung ist die Korrelation nicht kommutativ. Aus $r_{xy}(\tau) = x(-t) * y(t)|_{t=\tau} = y(t) * x(-t)|_{t=\tau}$ folgt:

$$r_{xy}(\tau) = r_{yx}(-\tau) \ . \tag{2.81}$$

Wird ein Signal $x(t)$ mit sich selbst korreliert, dann spricht man von der *Autokorrelationsfunktion* $r_{xx}(\tau)$, abgekürzt AKF. Aus Gl.(2.81) folgt, dass die AKF eine gerade Funktion ist:

$$r_{xx}(\tau) = r_{xx}(-\tau) \ . \tag{2.82}$$

Der Wert der AKF bei $\tau = 0$ ist gleich der Energie W des Signals $x(t)$:

$$W = r_{xx}(0) \ . \tag{2.83}$$

Dies folgt sofort aus Definition (2.17) der Energie.

Sind die beiden Signale $x(t)$ und $y(t)$ voneinander verschieden, dann spricht man von der Kreuzkorrelationsfunktion $r_{xy}(\tau)$, abgekürzt mit KKF.

Ein zum Faltungstheorem analoges Theorem, das so genannte Korrelations-Theorem, kann aus Gl.(2.80) hergeleitet werden:

$$r_{xy}(\tau) = x(-\tau) * y(\tau) \quad \circ\!\!\!-\!\!\bullet \quad X^*(f) \cdot Y(f) \ , \tag{2.84}$$

wobei $X^*(f)$ das zu $X(f)$ konjugiert komplexe Spektrum ist.

Mehr zum Thema der Korrelation wird in Kap. 3.2 berichtet.

2.4 Abtastung und Rekonstruktion

2.4.1 Abtastung

Um ein Signal digital verarbeiten zu können, muss es zuerst abgetastet werden. Ein idealer Abtaster besteht aus einem Multiplizierer, der das zeitkontinuierliche Signal $x(t)$ mit der Abtastfunktion $\delta_T(t)$ multipliziert (Bild 2.29).

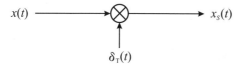

Bild 2.29: Idealer Abtaster

Für das abgetastete (engl: sampled) Signal $x_s(t)$ erhalten wir dann:

$$
\begin{aligned}
x_s(t) &= x(t) \cdot \delta_T(t) \,, \\
&= x(t) \sum_{n=-\infty}^{+\infty} \delta(t - nT) \,, \\
&= \sum_{n=-\infty}^{+\infty} x(nT)\delta(t - nT) \,.
\end{aligned}
\tag{2.85}
$$

Das abgetastete Signal $x_s(t)$ besteht demnach aus einer zeitkontinuierlichen Dirac-Impulsfolge, deren Gewichte gleich den Abtastwerten $x(nT)$ sind. T ist die Abtastperiode oder das Abtastintervall und

$$
f_s = \frac{1}{T}
\tag{2.86}
$$

ist die Abtastfrequenz.

Wir stellen uns nun die Frage, wie das Spektrum $X_s(f)$ des abgetasteten Signals $x_s(t)$ aussieht. Zu diesem Zweck transformieren wir Gl.(2.85) in den Frequenzbereich, indem wir das Faltungstheorem (2.78) anwenden:

$$
x_s(t) = x(t) \cdot \delta_T(t) \quad \circ\!\!-\!\!\bullet \quad X_s(f) = X(f) * \Delta_T(f) \,.
$$

Wir erinnern uns, dass die Fourier-Transformierte $\Delta_T(f)$ des periodischen Diracpulses $\delta_T(t)$ gemäss Gl.(2.46) ebenfalls ein periodischer Diracpuls ist. Daraus folgt:

$$
X_s(f) = X(f) * \frac{1}{T} \sum_{k=-\infty}^{+\infty} \delta(f - kf_s) \,.
$$

Nach Gl.(2.69) ist die Faltung definiert als

$$X_s(f) = \int_{-\infty}^{\infty} X(\nu) \cdot \frac{1}{T} \sum_{k=-\infty}^{+\infty} \delta(f - kf_s - \nu) \, d\nu \, ,$$

wobei ν hier die Integrationsvariable bezeichnet.
Integration und Summation dürfen vertauscht werden:

$$X_s(f) = \frac{1}{T} \sum_{k=-\infty}^{+\infty} \int_{-\infty}^{\infty} X(\nu) \delta(f - kf_s - \nu) \, d\nu \, .$$

Wegen der Abtasteigenschaft (2.6) des Diracpulses lässt sich das Integral leicht auswerten und wir erhalten:

$$X_s(f) = \frac{1}{T} \sum_{k=-\infty}^{+\infty} X(f - kf_s) \, . \tag{2.87}$$

Das Spektrum des mit der Abtastfrequenz f_s abgetasteten Signals besteht somit aus dem Spektrum des Originalsignals ($k = 0$) und aus Vielfachen von f_s verschobenen Kopien (Bild 2.30).

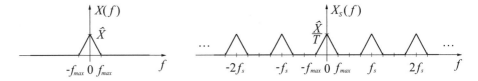

Bild 2.30: Ursprüngliches Spektrum und Spektrum des abgetasteten Signals

Das Spektrum des abgetasten Signals in Abhängigkeit der Abtastwerte $x(nT)$ finden wir wie folgt:

$$
\begin{aligned}
X_s(f) &= \int_{-\infty}^{\infty} x_s(t) e^{-j2\pi ft} \, dt \, , \\
&= \int_{-\infty}^{\infty} \sum_{n=-\infty}^{+\infty} x(nT) \delta(t - nT) e^{-j2\pi ft} \, dt \, , \\
&= \sum_{n=-\infty}^{+\infty} x(nT) \int_{-\infty}^{\infty} \delta(t - nT) e^{-j2\pi ft} \, dt \, , \\
&= \sum_{n=-\infty}^{+\infty} x(nT) e^{-j2\pi fnT} \, , \\
&= \sum_{n=-\infty}^{+\infty} x(nT) e^{-j2\pi n \frac{f}{f_s}} \, . \tag{2.88}
\end{aligned}
$$

Die Funktion $e^{-j2\pi n \frac{f}{f_s}}$ und somit auch $X_s(f)$ ist f_s-periodisch. Diese Periodizität, die in Einklang mit der Eigenschaft (2.59) steht, ist ein fundamentales Resultat und wir wollen es deshalb nochmals zusammenfassen:

> *Das Spektrum eines mit der Frequenz f_s abgetasteten Signals ist f_s-periodisch.*

2.4.2 Rekonstruktion und Abtasttheorem

Hier geht es um die Frage, unter welchen Bedingungen das ursprüngliche Signal aus dem abgetasteten Signal rekonstruiert werden kann. Diese Frage ist ganz leicht zu beantworten, wenn wir Bild 2.31 betrachten. Das ursprüngliche Signal mit dem Spektrum $Y(f) = X(f)$ erhalten wir, indem wir das abgetastete Signal mit einem idealen Tiefpass der Amplitude T und der Eckfrequenz $0.5f_s$ filtern. Ein solches Filter, in Bild 2.31 gestrichelt eingezeichnet, nennt man ideales Rekonstruktions-Tiefpassfilter.

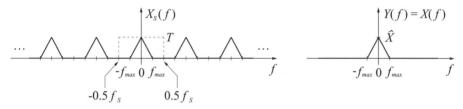

Bild 2.31: Spektrum des abgetasteten und Spektrum des rekonstruierten Signals

Aus dem Bild 2.31 ist zudem ersichtlich, dass eine Rekonstruktion nur möglich ist, wenn sich die einzelnen Teilspektren nicht überlappen. Überlappen sie sich wie in Bild 2.32, d. h. ist die Grenzfrequenz f_{max} grösser als die halbe Abtastfrequenz, dann ist eine fehlerfreie Rekonstruktion nicht möglich. Das heisst, es muss gelten:

$$f_s > 2f_{max} \, . \tag{2.89}$$

Diese Bedingung, *Abtasttheorem* genannt, ist ein zentrales Theorem der digitalen Signalverarbeitung. In Worten gefasst:

> *Ein Signal ist eindeutig durch seine Abtastwerte $x(nT)$ bestimmt, wenn die Abtastfrequenz f_s grösser ist als das Doppelte der Grenzfrequenz f_{max}.*

Die Grenzfrequenz f_{max} ist die höchste im ursprünglichen Signal $x(t)$ vorkommende Frequenz, d. h. :

$$X(f) = 0 \quad \text{für} \quad |f| > |f_{max}| \, . \tag{2.90}$$

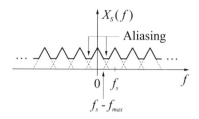

Bild 2.32: Spektrum eines unterabgetasteten Signals

Bei rechteckförmigem Frequenzgang $H_{rec}(f)$ des Rekonstruktions-Tiefpassfilters finden wir folgendes Ausgangsspektrum $Y(f)$:

$$
\begin{aligned}
Y(f) &= H_{rec}(f)X_s(f)\,, & (2.91) \\
&= T\mathrm{rect}(\frac{f}{f_s})X_s(f)\,, \\
&= T\mathrm{rect}(\frac{f}{f_s}) \cdot \frac{1}{T}\sum_{k=-\infty}^{+\infty} X(f - kf_s)\,, \\
&= X(f)\,.
\end{aligned}
$$

Der letzte Schritt wird verständlich bei Betrachtung von Bild 2.31: Die Rechteckfunktion schneidet aus der Summe der f_s-verschobenen Spektren das Grundspektrum, d. h. das Spektrum bei $k = 0$, heraus.

Bild 2.32 zeigt das Spektrum des abgetasteten Signals, wenn das Abtasttheorem verletzt wird: Die periodisch wiederholten Spektren überlappen sich gegenseitig. Diese Bandüberlappung wird im Englischen Aliasing genannt, ein Wort, das sich auch im Deutschen eingebürgert hat. Wegen dieser Bandüberlappung kann das ursprüngliche Signal nicht mehr fehlerlos rekonstruiert werden und es entsteht ein so genannter Unterabtastfehler. Wie sich dieser Fehler im Zeitbereich auswirkt, ist in Bild 2.33 anhand einer unterabgetasteten Cosinusschwingung mit der Frequenz $(2/3)f_s$ dargestellt.

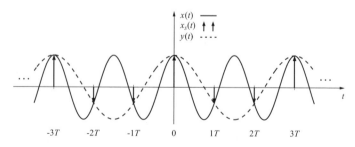

Bild 2.33: Aliasing im Zeitbereich: $x(t)$: ursprüngliches Signal,
$x_s(t)$: abgetastetes Signal, $y(t)$: rekonstruiertes Signal

Das rekonstruierte Signal ist zwar wiederum eine Cosinusschwingung, aber nicht mit der ursprünglichen Frequenz, sondern mit der Frequenz $(1/3)f_s$. Warum gerade diese Frequenz auftritt, kann anhand des Spektrums $X_s(f)$ überlegt werden (siehe Aufgabe 6).

Durch Anwenden des Faltungstheorems auf Gl.(2.91) finden wir für das Ausgangssignal im Zeitbereich (siehe dazu Aufgabe 5):

$$
\begin{aligned}
y(t) &= h_{rec}(t) * x_s(t) , \\
&= \mathrm{sinc}(\frac{t}{T}) * x_s(t) , \\
&= \sum_{n=-\infty}^{+\infty} x(nT)\mathrm{sinc}(\frac{t-nT}{T}) .
\end{aligned}
\tag{2.92}
$$

Dies ist ein erstaunliches Resultat, denn es besagt, dass sich jedes bandbeschränkte Signal durch eine Linearkombination von zeitverschobenen Sinc-Funktionen darstellen lässt.

2.4.3 Antialiasingfilter und Abtastfrequenz

Aliasingfehler sind Fehler, welche sich nicht korrigieren lassen. Signale müssen vor ihrer Abtastung deshalb bandbeschränkt sein, wenn man Unterabtastfehler vermeiden will. Ist ein Signal nicht genügend bandbeschränkt, dann muss es vor seiner Abtastung mit einem so genannten Antialiasingfilter (AAF) tiefpassgefiltert werden (Bild 2.34). Nach der Tiefpassfilterung wird das Signal auf einen Analog-Digital-Wandler geführt, dessen Eingangsteil man sich aus einem idealen Abtaster und einem Halteglied (engl: Hold) zusammengesetzt denken kann.

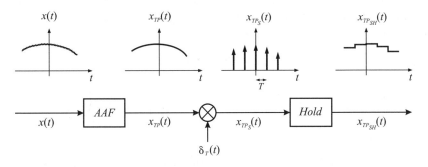

Bild 2.34: Antialiasingfilter mit Abtast-Halteglied

Wir wollen uns nun überlegen, wie man die Durchlassfrequenz f_{pass} (engl: passband frequency) und die Sperrfrequenz f_{stop} (engl: stop frequency) des Antialiasingfilters festlegen kann. Zu diesem Zweck nehmen wir an, dass das Eingangssignal eine Grenzfrequenz von f_{max} hat und einen Nutzfrequenzbereich von 0 bis f_u aufweist (Bild 2.35 oben). Der Nutzfrequenzbereich ist definiert als der Frequenzbereich, in dem sich die interessierenden Frequenzanteile des zu verarbeitenden Signals befinden (bei einem Gesprächssignal in der Telefonie erstreckt sich dieser Bereich beispielsweise von 300 Hz bis 3400 Hz). Der Frequenzbereich von f_u bis f_{max} enthalte unerwünschte Frequenzkomponenten wie z. B. Rauschen oder andere Störungen. Er ist in Bild 2.35 oben schraffiert gezeichnet.

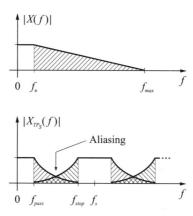

Bild 2.35: Spektrum des Eingangssignals und Spektrum des bandbeschränkten und abgetasteten Eingangssignals

Bild 2.35 unten zeigt das Spektrum des mit dem AAF gefilterten und mit der Frequenz f_s abgetasteten Eingangssignals. Wählen wir die Durchlassfrequenz $f_{pass} = f_u$ und die Sperrfrequenz $f_{stop} = f_s - f_u$, dann bleibt das Nutzfrequenzspektrum von 0 bis f_u gerade noch aliasfrei, wie das Bild 2.35 unten zeigt. Allgemein gilt daher für die Wahl der Parameter f_{pass} und f_{stop} des Antialiasingfilters:

$$f_{pass} \geq f_u \quad \text{und} \quad f_{stop} \leq f_s - f_u . \tag{2.93}$$

Über die erforderliche Dämpfung im Sperrbereich und die zulässige Dämpfung im Durchlassbereich lässt sich hier nichts aussagen. Die Wahl dieser Parameter hängt vom Eingangsspektrum und der betreffenden Anwendung ab (siehe dazu Aufgabe 7).

Selbstverständlich können wir auf ein Antialiasingfilter verzichten, wenn man die Abtastfrequenz grösser als das Doppelte von f_{max} wählt. Da in praktischen Anwendungen die Grenzfrequenz f_{max} eines Signals sehr hoch sein kann, muss dann auch die Abtastfrequenz f_s sehr hoch gewählt werden. Wir werden später sehen, dass eine hohe Abtastfrequenz für die digitale Verarbeitung von Signalen im Allgemeinen ungünstig ist, unter anderem deshalb, weil damit die Geschwindigkeitsanforderungen an den digitalen Rechner und an den AD- und DA-Wandler unzulässig hoch werden können. Wählt man andererseits die Abtastfrequenz tief, dann muss entsprechend Ungleichung (2.93) auch die Sperrfrequenz f_{stop} des Antialiasingfilters tief gewählt werden. Daraus resultiert ein steilflankiges Filter, das, wie jeder Analogtechniker weiss [MH83], nur schwer realisiert werden kann. Die Wahl der Abtastfrequenz ist deshalb ein Kompromiss, der von der betreffenden Anwendung und der vorhandenen Hardware abhängt.

2.4.4 Rekonstruktion und Glättungsfilter

Ein klassisches Echtzeit-System der digitalen Signalverarbeitung (DSV) besteht aus 5 Blöcken (Bild 2.36).

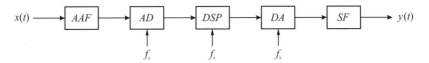

Bild 2.36: DSV-System zur zeitkontinuierlichen Signalverarbeitung

Der erste Block ist ein Antialiasingfilter, an dessen Ausgang ein AD-Wandler angeschlossen ist. Die Abtastwerte des AD-Wandlers werden in einem digitalen Signalprozessor (DSP) verarbeitet und auf einen DA-Wandler geführt. Der DA-Wandler liefert ein zeitkontinuierliches, treppenförmiges Ausgangssignal, dessen Treppenstufen mit einem Glättungsfilter geglättet werden. Den Ausgangsteil des DA-Wandlers kann man sich als Halteglied vorstellen, das Diracpulse in rechteckförmige Pulse überführt, deren Höhe durch die Gewichte der Diracpulse und deren Breite durch das Abtastintervall T gegeben sind (Bild 2.37).

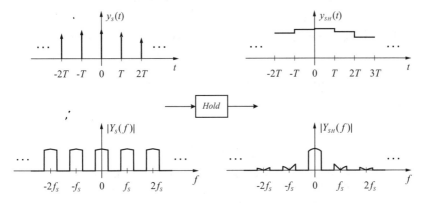

Bild 2.37: Halte-Glied 'Hold' mit Eingangs- und Ausgangssignal

Der Frequenzgang $H_{Hold}(f)$ des Halte-Glieds ist gemäss Gl.(2.73) gleich der Fourier-Transformierten der Impulsantwort. Da diese rechteckförmig ist, erhalten wir aus Anwendung der Gleichungen (2.41) und (2.50):

$$H_{Hold}(f) = T \mathrm{sinc}(\frac{f}{f_s}) e^{j\pi f T} \ . \tag{2.94}$$

Der Amplitudengang des Halte-Glieds hat die Tiefpass-Charakteristik der Sinc-Funktion, was das Ausgangsspektrum in Bild 2.37 erklärbar macht. In der Praxis ist dem DA-Wandler vielfach noch ein Glättungsfilter (engl: smoothing filter oder reconstruction filter) SF gemäss Bild 2.36 angeschlossen. Wie der Name sagt, hat dieses Filter die Aufgabe, das treppenförmige Signal zu glätten. In der Treppenform stecken hochfrequente Signalanteile, die durch die Restspektren bei $f = \cdots, -2f_s, -f_s, f_s, 2f_s, \cdots$ repräsentiert werden (Bild 2.37). Das Basisspektrum zwischen $-0.5f_s$ und $0.5f_s$ wird ebenfalls abgeschwächt. Einem Glättungsfilter können deshalb zwei Aufgaben übertragen werden: 1. Es soll die Restspektren bei natürlichen Vielfachen der Abtastfrequenz unterdrücken und 2. es soll die Abschwächung des Basisspektrums durch eine entsprechende Verstärkung kompensieren. Das Glättungsfilter ist deshalb wie das Antialiasingfilter ein Tiefpassfilter. Selbstverständlich kann man auf den Einsatz eines Glättungsfilters verzichten, wenn die erwähnte Abschwächung und die Restspektren toleriert werden können. Dies ist insbesondere dann der Fall, wenn der DA-Wandler mit einer hohen Abtastfrequenz betrieben wird. Bei einer hohen Abtastfrequenz werden die Treppenstufen des Signals sehr klein, so dass sie vielfach toleriert oder beispielsweise mit einem einfachen RC-Glied geglättet werden können. Auch hier gilt der Grundsatz, dass eine hohe Abtastfrequenz die Anforderungen an das zeitkontinuierliche Filter herabsetzt.

2.5 Aufgaben

1. **Leistungsberechnung an einem Widerstand**

   Ein Widerstand R wird vom periodischen Strom $i_p = \hat{I}\sin(2\pi f_0 t)$ durchflossen. Bestimmen Sie die mittlere Leistung P in diesem Widerstand, indem Sie die modifizierte Formel (2.26) anwenden: $P = R\frac{1}{T_0}\|i_p\|^2$.

2. **Spektrum eines periodischen Rechtecksignals**

   Gegeben ist ein T_0-periodisches Rechtecksignal $x_p(t)$ gemäss Bild 2.38 mit einem Tastverhältnis (engl: duty cycle) von T_1/T_0.

   (a) Bestimmen Sie das Spektrum $X_p(f)$.

   (b) Zeichnen Sie das Spektrum im Frequenzbereich von $-10\,\mathrm{Hz}$ bis $+10\,\mathrm{Hz}$ für $T_0 = 1\,\mathrm{s}$ und $T_1 = 0.25\,\mathrm{s}$ und bestimmen Sie das Gewicht des Diracpulses bei $f = 0$.

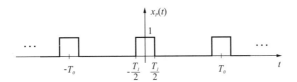

Bild 2.38: Periodisches Rechtecksignal mit dem Tastverhältnis T_1/T_0

3. **Verzögerungsglied als LTI-System**

   Ein Verzögerungsglied (engl: delay) ist ein LTI-System, dessen Ausgangs-signal gleich dem um Δt verzögerten Eingangssignal ist (Bild 2.39). Be-stimmen Sie die Übertragungsfunktion $H(s)$, den Amplitudengang $|H(f)|$, den Phasengang $\angle H(f)$ und die Impulsantwort $h(t)$ des Verzögerungs-glieds.

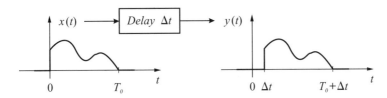

Bild 2.39: Verzögerungsglied

4. **Korrelation als Faltung**

   Beweisen Sie die Formel $r_{xy}(\tau) = x(-t) * y(t)|_{t=\tau}$ für die Korrelation, indem Sie in der Definition (2.79) t durch $t - \tau$ substituieren und nachher die Definition (2.69) für die Faltung anwenden.

5. **Herleitung des rekonstruierten Ausgangssignals**

   Leiten Sie die Rekonstruktionsformel (2.92) analog zu Gl.(2.87) und Gl. (2.88) her.

6. **Aliasing einer Cosinusschwingung**

   Erklären Sie, wie die Cosinusschwingung $y(t)$ mit der Frequenz $f_s/3$ in Bild 2.33 zustande kommt. Hinweis: Spektrum des Originalsignals $x(t)$, des abgetasteten Signals $x_s(t)$ und des ideal rekonstruierten Signals $y(t)$ skizzieren.

7. **Dimensionierung eines Antialiasingfilters**

   Ein reelles Nutzsignal $x_1(t)$ mit einem rechteckförmigen Betragspektrum $|X_1(f)| = U_1 T_1 \text{rect}(\frac{f}{2f_{max}})$ und ein sägezahnförmiges Störsignal mit der Fourierreihe $x_2(t) = -\Sigma_{k=1}^{\infty} (-1)^k U_2 \sin(2\pi k f_0 t)/(\pi k)$ bilden das Ein-gangssignal $x(t) = x_1(t) + x_2(t)$ des Systems in Bild 2.34.

(a) Unter der Annahme, dass der Amplitudengang des Antialiasingfilters stückweise gerade gemäss Bild 2.40 ist, skizziere man die Spektren $|X(f)|$, $|X_{TP}(f)|$, $|X_{TP_S}(f)|$ und $|X_{TP_{SH}}(f)|$ für folgende Parameter: $f_0 = 1\,\text{kHz}$, $f_{max} = 0.5\,\text{kHz}$ und $f_s = 3.25\,\text{kHz}$.

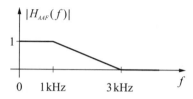

Bild 2.40: Antialiasingfilter zu Aufgabe 7a

(b) Als Antialiasingfilter werde ein RC-Glied eingesetzt. Bestimmen Sie dessen Zeitkonstante RC so, dass die Dämpfung bei f_{max} 0.5 dB ist. Hinweis: Der Amplitudengang in dB ist definiert als $|H(f)|_{in\,dB} = 20log\,(|H(f)|)$, wobei $H(f)$ der Frequenzgang des Filters ist. Die Dämpfung (engl: attenuation) ist definiert als das Reziproke des Amplitudengangs: $A(f) = \frac{1}{|H(f)|}$. Daraus folgt für die Dämpfung in dB: $A(f)_{in\,dB} = -20log\,(|H(f)|)$.

(c) Überprüfen Sie den Amplitudengang des RC-Glieds mithilfe des MATLAB-Befehls bode.

(d) Bei einer Abtastfrequenz von $f_s = 1\,\text{MHz}$ und einer Sägezahnfrequenz von $f_0 = 10.10\,\text{kHz}$ tritt im Nutzfrequenzbereich von $0\ldots$ 500 Hz Aliasing auf. Bei welcher Frequenz f_a tritt der Alias auf und wie gross ist seine Amplitude $\hat{U}_a$?   ($U_2 = 12\,\text{V}$ und $RC = 111\,\mu\text{s}$.)

8. **Demonstration des Aliasing-Effekts**

Für diese Aufgabe benötigen Sie LabVIEW, eine analoge Datenerfassungs-Einsteckkarte und einen Sinus-Generator.

Starten Sie das Vi Signal and Spectrum, variieren Sie die Frequenz des Sinus-Generators und beobachten Sie den Aliasing-Effekt.

Kapitel 3

Zeitdiskrete Signale und Systeme

Bevor wir uns der diskreten Fourier-Transformation und den Digitalfiltern zuwenden, wollen wir uns mit der zugrunde liegenden Theorie auseinander setzen. Dieses Kapitel bietet ebenfalls eine Basis, um sich später in weiterführende Gebiete der DSV, wie Dezimatoren, Interpolatoren, Adaptivfilter, Filterbänke etc. einzuarbeiten [SN96], [Vas96], [vG03].

3.1 Zeitdiskrete Signale

Unter einem *diskreten* oder *zeitdiskreten* Signal versteht man eine Folge (engl: sequence) von reellen oder komplexen Zahlen:

$$\{x[n]\}_{n \in \mathbb{Z}} = \{\ldots, x[-2], x[-1], x[0], x[1], x[2], \ldots\} \ . \tag{3.1}$$

Mit $n \in \mathbb{Z}$ (sprich n in $\mathbb{Z}$) will man ausdrücken, dass n eine ganze Zahl ist und den Bereich von Minus bis Plus unendlich durchläuft: $-\infty < n < \infty$. Da dies als Selbstverständlichkeit betrachtet wird, lässt man die Mengenbezeichnung meistens weg, so dass alleine die geschweiften Klammern eine Folge charakterisieren.

Eine Folge oder eine Sequenz entsteht in der Praxis beispielsweise durch die Abtastung eines zeitkontinuierlichen Signals $x(t)$:

$$x[n] = x(t)|_{t=nT} \ . \tag{3.2}$$

Der n-te Abtastwert $x[n]$ ist identisch mit dem Gewicht $x(nT)$ des abgetasteten Signals in Gl.(2.85). Der Wert $x[n]$ wird aber auch dann Abtastwert genannt, wenn er nicht durch Abtastung gewonnen wurde. T ist das Abtastintervall und gleich dem Reziproken der Abtastfrequenz f_s:

$$T = \frac{1}{f_s} \, . \tag{3.3}$$

Da die Schreibweise mit den geschweiften Klammern unhandlich ist, hat sich eingebürgert, mit $x[n]$ nicht nur den n-ten Abtastwert zu bezeichnen, sondern *auch* die ganze Sequenz. Dies in Analogie zum zeitkontinuierlichen Signal, wo man unter $x(t)$ entweder den Signalwert zum Zeitpunkt t oder das Signal auf der ganzen Zeitachse versteht. Es wird dann jeweils aus dem Zusammenhang klar, ob mit $x[n]$ ein Abtastwert oder die ganze Sequenz gemeint ist. Auf alle Fälle ist daran zu denken, dass $x[n]$ nur für ganzzahlige Werte von n definiert ist. Dies im Gegensatz zum abgetasteten Signal $x_s(t)$, das zwischen den Abtastzeitpunkten Null ist. Um ein diskretes Signal von einem kontinuierlichen Signal unterscheiden zu können, hat sich zudem eingebürgert, die unabhängige Variable n — Zeitindex oder diskrete Zeitvariable genannt — zwischen eckige Klammern [ ] zu setzen.

Zeitdiskrete Signale lassen sich ähnlich einteilen wie zeitkontinuierliche Signale. Wir können die Klassifizierung kontinuierlicher Signale auf die Klassifizierung diskreter Signale übertragen und betrachten im Folgenden deshalb nur diejenigen Beispiele, bei denen diese Übertragung nicht trivial ist.

3.1.1   Zeitdiskrete Elementarsignale

Zu den zeitdiskreten Elementarsignalen zählen wir die Impulsfolge, die Sprungfolge und die komplexe Exponentialfolge.

Die Impulsfolge (Einheitspuls, diskreter Diracpuls) ist wie folgt definiert:

$$\delta[n] = \left\{ \begin{array}{ccc} 0 & : & n \neq 0 \\ 1 & : & n = 0 \end{array} \right. \, . \tag{3.4}$$

Analog zur Schrittfunktion definieren wir die Sprungfolge oder den Einheitsschritt:

$$\mathrm{u}[n] = \left\{ \begin{array}{ccc} 0 & : & n < 0 \\ 1 & : & n \geq 0 \end{array} \right. \, . \tag{3.5}$$

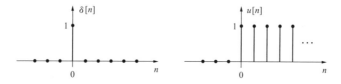

Bild 3.1: Einheitspuls und Einheitsschritt

Unter $\delta[n-i]$ versteht man den um i Abtastintervalle verschobenen Einheitspuls. Mit seiner Hilfe lässt sich jedes diskrete Signal $x[n]$ wie folgt zerlegen:

$$x[n] = \sum_{i=-\infty}^{\infty} x[i]\delta[n-i] \,. \tag{3.6}$$

Wir werden sehen, dass uns diese Zerlegung bei der Herleitung der zeitdiskreten Faltung wichtige Dienste leisten wird. Zur Illustration ist in Bild 3.2 die Zerlegung eines Sägezahnpulses dargestellt.

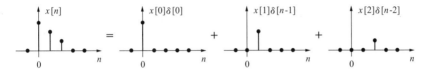

Bild 3.2: Zerlegung eines Sägezahnpulses in zeitverschobene Einheitspulse

Die komplexe Exponentialfolge, auch unter dem Namen „diskrete, komplexe Sinusschwingung" bekannt, definiert sich als Abtastung der komplexen Exponentialfunktion:

$$x[n] = \hat{X}e^{j2\pi f_0 nT} \,, \tag{3.7}$$

wobei $\hat{X}$ der Scheitelwert und f_0 die Frequenz der komplexen Exponentialfunktion ist.[1]

Bildet man den Real- und den Imaginärteil der komplexen Exponentialfolge, so erhält man die Cosinus- und die Sinusfolge:

$$\Re\{\hat{X}e^{j2\pi f_0 nT}\} = \hat{X}\cos(2\pi f_0 nT) \quad \text{und} \quad \Im\{\hat{X}e^{j2\pi f_0 nT}\} = \hat{X}\sin(2\pi f_0 nT) \,. \tag{3.8}$$

3.1.2 Periodische und kausale diskrete Signale

Ein diskretes Signal $x_p[n]$ heisst periodisch mit der Periode N, wenn es folgende Bedingung erfüllt:

$$x_p[n] = x_p[n+N] \,. \tag{3.9}$$

N ist eine natürliche Zahl, d. h. $N \in \mathbb{N}$ und die fundamentale Periode (engl: fundamental period) ist die kleinste natürliche Zahl N, die die Bedingung (3.9) erfüllt. I. allg. ist mit dem Begriff Periode dieser Wert gemeint.

---

[1]Viele Autoren definieren die komplexe Exponentialfolge mit $x[n] = \hat{X}e^{j\omega_0 n}$ und bezeichnen ω_0 als Frequenz. Diese Definition der Frequenz ist aber irreleitend, weil ω_0 hier die Einheit eines Winkels hat und deshalb besser „Winkel pro Abtastwert" oder normierte Kreisfrequenz heissen sollte.

Beispiel 1 : Die diskrete Sinusschwingung $x[n] = \sin(2\pi f_0 nT)$ ist i. Allg. kein periodisches diskretes Signal, wie das Bild 3.3 links ($f_0 = 95\,\text{Hz}$, $T = 1\,\text{ms}$) zeigt. Hingegen ist die Sinusschwingung $x_p[n]$ rechts ($f_0 = 100\,\text{Hz}$, $T = 1\,\text{ms}$) periodisch mit der Periode $N = 10$, da die Bedingung für die Periodizität erfüllt ist (siehe dazu Aufgabe 1).

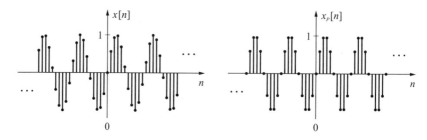

Bild 3.3: Nichtperiodische und periodische diskrete Sinusschwingung

Beispiel 2 : Ein weiteres diskretes Signal, das periodisch ist und im Zusammenhang mit der diskreten Fourier-Transformation eine wichtige Rolle spielt, ist die N-periodische Exponentialfolge:

$$x_p[n] = W^{kn}, \qquad \text{wobei:} \quad W = e^{-j2\pi/N} \ . \tag{3.10}$$

W heisst Drehfaktor und k ist eine ganze Zahl, d. h. $k \in \mathbb{Z}$.

Unter einem kausalen diskreten Signal $x_{cs}[n]$ verstehen wir ein diskretes Signal, das auf der negativen Zeitachse Null ist:

$$x_{cs}[n] = \left\{ \begin{array}{ll} x[n] & : \quad n \geq 0 \\ 0 & : \quad n < 0 \end{array} \right. \ . \tag{3.11}$$

Das bekannteste kausale diskrete Signal ist der Einheitsschritt $u[n]$ (Bild 3.1). Mit ihm kann man mittels Multiplikation jedes Signal kausal machen.

3.1.3   Diskrete Energie- und Leistungssignale

Wie in der Definitionsgleichung (3.1) angedeutet, können wir ein zeitdiskretes Signal auch als Vektor betrachten. Vektoren können endlich oder unendlich viele Elemente enthalten und in Form einer Zeile oder Kolonne dargestellt werden. Wenn nichts anderes gesagt wird, versteht man unter einem Vektor $\boldsymbol{x}$ oder $\boldsymbol{y}$ immer einen Kolonnenvektor. Das Umwandeln eines Zeilenvektors in einen Kolonnenvektor und umgekehrt nennt man Transponierung und braucht dafür das Symbol ^{T}. Für die diskreten Signale $\boldsymbol{x}$ und $\boldsymbol{y}$ in Vektorform kann man daher schreiben:

$$x = [\cdots, x[-1], x[0], x[1], \cdots]^T ,$$

$$(3.12)$$

$$y = [\cdots, y[-1], y[0], y[1], \cdots]^T .$$

Für zwei Signale können wir jetzt ein Skalarprodukt $\langle x, y \rangle$ wie folgt definieren:

$$\langle x, y \rangle = \sum_{n=-\infty}^{\infty} x[n] y^*[n] , \qquad (3.13)$$

wobei $y^*[n]$ der konjugiert komplexe Wert von $y[n]$ ist. Für reelle Signale, wie sie in der Praxis meistens vorkommen, sind die beiden Werte identisch, d.h. es gilt: $y^*[n] = y[n]$.

Bei Signalen endlicher Dauer, d.h. bei Signalen, welche Null sind unterhalb einer Grenze n_1 und oberhalb einer Grenze n_2, besteht das Skalarprodukt aus einer Summe mit endlich vielen Summanden:

$$\langle x, y \rangle = \sum_{n=n_1}^{n_2} x[n] y^*[n] . \qquad (3.14)$$

Das Skalarprodukt lässt sich eleganter als Produkt eines Zeilenvektors mit einem Kolonnenvektor ausdrücken:

$$\langle x, y \rangle = y^H x . \qquad (3.15)$$

Darin ist y^H der Hermitische Vektor, d.h. ein Vektor, der durch Konjugation und Transponierung aus y entstanden ist:

$$y^H = [y^*]^T . \qquad (3.16)$$

Bei reellen Signalen ist der Imaginärteil Null und es gilt daher $y^H = y^T$.

Beispiel 1: $x = [1 - j, 1 + j]^T$ und $y = [1, j]^T$.

$$
\begin{aligned}
\langle x, y \rangle &= y^H x , \\
&= [1, \quad -j] \begin{bmatrix} 1 - j \\ 1 + j \end{bmatrix} , \\
&= (1 - j) + (-j)(1 + j) , \\
&= 2 - j2 .
\end{aligned}
$$

Beispiel 2: $x = [1, -1]^T$ und $y = [-1, 1]^T$.

$$
\begin{aligned}
\langle x, y \rangle &= y^T x , \\
&= [-1, \quad 1] \begin{bmatrix} 1 \\ -1 \end{bmatrix} , \\
&= (-1) + (-1) \\
&= -2
\end{aligned}
$$

Die Energie W eines diskreten Signals $x[n]$ ist definiert als

$$W = \sum_{n=-\infty}^{\infty} |x[n]|^2 \,. \tag{3.17}$$

In Vektorform:

$$W = \langle \boldsymbol{x}, \boldsymbol{x} \rangle = \boldsymbol{x}^H \boldsymbol{x} \,. \tag{3.18}$$

Ist die Energie W endlich, d. h. $0 < W < \infty$, dann spricht man von einem *Energiesignal*. Ein Beispiel dafür ist der Einheitspuls in Bild 3.1.

Viele Signale mit unendlicher Energie haben eine endliche mittlere Leistung P, definiert als:

$$P = \lim_{N \to \infty} \frac{1}{2N+1} \sum_{n=-N}^{N} |x[n]|^2 \,. \tag{3.19}$$

Für periodische Signale $x_p[n]$ mit der Periode N folgt daraus:

$$P = \frac{1}{N} \sum_{n=0}^{N-1} |x_p[n]|^2 \,. \tag{3.20}$$

Für stochastische Signale, d. h. für Signale, deren Abtastwerte $x[n]$ vom Zufall abhängen, ist die Leistung definiert als Erwartungswert:

$$P = E\{|x[n]|^2\} \,. \tag{3.21}$$

Wenn die mittlere Leistung endlich und ungleich Null ist, spricht man von einem diskreten *Leistungssignal*. Beispiele dafür sind die Sprungfolge (Bild 3.1), Sinusschwingungen und Rauschen.

Die Energie eines Signals kann man auch durch seine Norm ausdrücken. Unter der Norm eines diskreten Energiesignals versteht man folgenden Ausdruck:

$$\|\boldsymbol{x}\| = \sqrt{\langle \boldsymbol{x}, \boldsymbol{x} \rangle} \,. \tag{3.22}$$

Unter der Norm kann man sich die Länge eines Vektors oder eines diskreten Signals vorstellen.

Aus Gl.(3.18) folgt jetzt für die Energie:

$$W = \|\boldsymbol{x}\|^2 \,. \tag{3.23}$$

Mithilfe der Norm lässt sich auch der Abstand $d(\boldsymbol{x}, \boldsymbol{y})$ zweier Signale definieren [Mer96]:

$$d(\boldsymbol{x}, \boldsymbol{y}) = \|\boldsymbol{x} - \boldsymbol{y}\| \,. \tag{3.24}$$

Die beiden Definitionen (3.23) und (3.24) führen auf eine elegante Darstellung des Signal-Geräusch-Verhältnisses, (engl: signal to noise ratio, SNR), einem wichtigen Qualitätsmass in der Nachrichtentechnik:

$$\text{SNR} = \frac{\|x\|}{\|\hat{x} - x\|} \; .$$ (3.25)

Dabei verstehen wir unter x das Nutzsignal und unter $\hat{x}$ das gestörte Nutzsignal. Die Differenz $e = \hat{x} - x$ der beiden Signale kann man dann als Fehlersignal (engl: error signal) e interpretieren und die Norm $\|\hat{x} - x\|$ als Abstand des gestörten Nutzsignals zum ungestörten Nutzsignal.

Das SNR in dB lässt sich mithilfe zweier Skalarprodukte einfach berechnen (siehe dazu Aufgabe 3.):

$$\text{SNR in dB} = 10 \log(\frac{x^H x}{e^H e}) \; .$$ (3.26)

Die Darstellung zeitdiskreter Signale in Form von Vektoren bringt eine Reihe von Vorteilen mit sich:

- Signale und Operationen mit Signalen lassen sich kompakt und elegant darstellen.

- Das ganze Instrumentarium der linearen Algebra (das Rechnen mit Vektoren und Matrizen) kann für die DSV eingesetzt werden.

- Programmsysteme, welche in der DSV verwendet werden, wie z. B. MATLAB und LabVIEW, stellen diskrete Signale ebenfalls in Form von Vektoren dar.

- Der Trend in der DSV — sowohl in der Theorie wie in der Praxis — geht eindeutig in Richtung Matrizenrechnung [SN96].

3.2 Korrelation zeitdiskreter Signale

Die Korrelation diskreter Signale hat in vielen Gebieten der DSV grosse Bedeutung, wie z. B. in der Messtechnik [Weh80], [Cla93], in der Sprachverarbeitung [VHH98], [BE93] und in der digitalen Nachrichtenübertragung [Kam96], [Skl88]. Sie ist eine Operation, die auf zwei Sequenzen angewandt wird und als Resultat die sogenannte Korrelationsfunktion liefert. Diese ist ein Mass für die *Übereinstimmung* der beiden Signale. Wie die Korrelation definiert ist, wie sie berechnet werden kann und wo sie in der Messtechnik eingesetzt wird, soll im Folgenden erläutert werden.

3.2.1 Definition und grafische Interpretation

In Kap. 2.3.2 haben wir gesehen, dass man unter der Korrelation zweier zeit-kontinuierlicher Signale $x(t)$ und $y(t)$ folgende Integraloperation versteht:

$$r_{xy}(\tau) = \int_{-\infty}^{\infty} x(t)y(t+\tau)\, dt \, .$$

Die Korrelationsfunktion in Abhängigkeit von τ erhalten wir also, indem wir das zweite Signal gegenüber dem ersten um τ nach links verschieben und anschliessend das Produkt der beiden über die ganze Zeitachse integrieren.

Bei der diskreten Korrelation ersetzt man das Integral durch eine Summe und die zeitkontinuierlichen durch zeitdiskrete Signale. Unter der Korrelation zweier diskreter und reeller Energiesignale versteht man dann folgende Summenoperation:

$$r_{xy}[m] = \sum_{n=-\infty}^{\infty} x[n]y[n+m] \, . \tag{3.27}$$

Die zeitdiskrete Variable m übernimmt hier die Rolle der Zeitverschiebungsvariablen τ. Anstelle von Korrelationsfunktion spricht man vielfach nur von Korrelation. Es wird dann aus dem Zusammenhang heraus klar, ob damit der Korrelationsprozess oder das Ergebnis des Korrelationsprozesses, nämlich die Korrelationsfunktion, gemeint ist. Genauer wäre es übrigens — wegen der Diskretizität von $r_{xy}[m]$ — von Korrelationsfolge anstatt von Korrelationsfunktion zu sprechen. Um eine Näherung für die zeitkontinuierliche Korrelation zu erhalten, müsste die zeitdiskrete Korrelation zusätzlich mit dem Abtastintervall T multipliziert werden, was aber selten gemacht wird.

Aufgrund von Gl.(3.13) kann man die Korrelation auch als Skalarprodukt des Signals $x[n]$ mit dem zeitverschobenen Signal $y[n+m]$ definieren. Eine solche Definition führt zudem auf eine schöne Interpretation des Skalarprodukts, nämlich als ein Mass für die Übereinstimmung zweier Signale.

Der Korrelationsprozess lässt sich anhand von Bild 3.4 grafisch wie folgt erläutern:

1. Verschiebe $y[n]$ um m_2 nach links: Dies ergibt $y[n+m_2]$. (In Bild 3.4 wurde $m_2 = 2$ gesetzt und deshalb die 2 als Index gewählt.)

2. Multipliziere $x[n]$ mit $y[n + m_2]$: Dies ergibt $x[n]y[n + m_2]$.

3. Summiere die Abtastwerte der Produktefunktion $x[n]y[n + m_2]$ über die ganze n-Achse: Dies ergibt den Wert $r_{xy}[m_2]$.

4. Führe die Schritte 1. bis 3. für alle diskreten Zeitpunkte m aus: Dies ergibt die gewünschte Korrelationsfolge $r_{xy}[m]$, wie sie in Gl. (3.27) definiert ist.

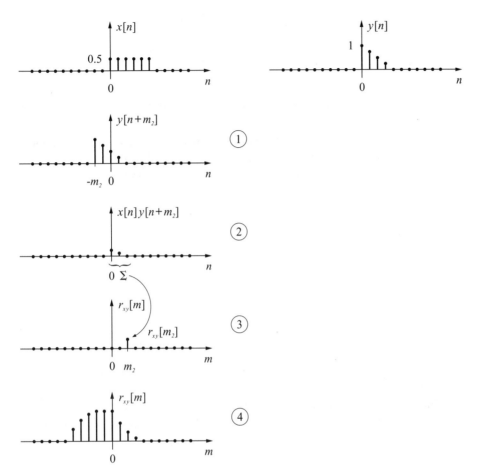

Bild 3.4: Illustration des diskreten Korrelationsprozesses

3.2.2 Alternative Definitionen der diskreten Korrelation

Ein Signal endlicher Dauer ist ein Signal, das ausserhalb eines endlich langen Zeitintervalls Null ist. Signale endlicher Dauer der Länge M können wie folgt beschrieben werden:

$$\{x[n]\} = \{x[0], x[1], \dots, x[M-1]\} ,$$

$$\{y[n]\} = \{y[0], y[1], \dots, y[M-1]\} .$$

(3.28)

Meistens ist die Dauer des einen Signals kürzer als die Dauer des anderen. Das kürzere Signal wird dann mit Nullen aufgefüllt, bis es ebenfalls die Länge M hat.

Aus Gl.(3.27) folgt für die zugehörige Korrelationsfolge:

$$r_{xy}[m] = \sum_{n=0}^{M-1} x[n]y[n+m]\,, \qquad m = -(M-1),\dots,0,\dots,M-1\,. \tag{3.29}$$

Die Korrelationsfolge ist ebenfalls endlich lang und besteht aus $2M-1$ Folgewerten.

Die Anzahl Summanden in der Summe von Gl.(3.29) ist nicht M sondern $M - |m|$, wie man sich anhand von Bild 3.5 überzeugen kann. Dementsprechend kann man die obere Grenze der Summation herabsetzen und schreiben:

$$r_{xy}[m] = \sum_{n=0}^{M-|m|-1} x[n]y[n+m]\,, \qquad m = -(M-1),\dots,0,\dots,M-1\,.$$

$$\tag{3.30}$$

Sind die Signale $x[n]$ und $y[n]$ verschieden, dann spricht man von der diskreten *Kreuz*korrelationsfunktion $r_{xy}[m]$. Es kann gezeigt werden [SD96], dass gilt:

$$r_{xy}[m] = r_{yx}[-m]\,. \tag{3.31}$$

Das heisst, eine Vertauschung der Sequenzen bewirkt eine Spiegelung der Korrelationsfunktion.

Sind die Sequenzen identisch, wie beispielsweise in Bild 3.5, dann spricht man von der diskreten *Auto*korrelationsfunktion und schreibt $r_{xx}[m]$. Aus Gl. (3.31) folgt:

$$r_{xx}[m] = r_{xx}[-m]\,. \tag{3.32}$$

Die Autokorrelationsfunktion ist demnach, wie Bild 3.5 bestätigt, eine gerade Funktion.

In der digitalen Verarbeitung stochastischer Signale definiert man die Korrelationsfunktion als Erwartungswert:

$$r_{xy}[m] = E\{x[n]y[n+m]\}\,, \tag{3.33}$$

der wie folgt geschätzt werden kann [Cla93]:

$$\hat{r}_{xy}[m] = k_i \sum_{n=0}^{M-|m|-1} x[n]y[n+m]\,, \qquad k_i = \left\{ \begin{array}{lll} \frac{1}{M} & : & i = 1 \\[2mm] \frac{1}{M-|m|} & : & i = 2 \end{array} \right.\,. \tag{3.34}$$

Die Schätzung $\hat{r}_{xy}[m]$ der Korrelationsfunktion stimmt — abgesehen vom Faktor k_i — mit der Definition (3.30) überein. Die Schätzung ist umso besser, je grösser M und je kleiner $|m|$ ist. In der Praxis sollte m etwa im Bereich zwischen $-\frac{M}{4}$ und $+\frac{M}{4}$ liegen und k_1 sollte i. Allg. gegenüber k_2 bevorzugt werden. Der

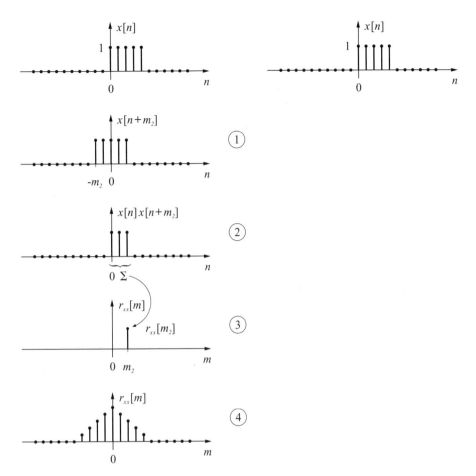

Bild 3.5: Korrelation zweier Sequenzen der Länge $M = 5$

Faktor k_2 wird verständlich, wenn man $\hat{r}_{xy}[m]$ als Mittelwert des Produktes $x[n]y[n+m]$ definiert. Um einen Mittelwert zu erhalten, muss man bekanntlich eine Summe durch die Anzahl Summanden dividieren. Diese Anzahl beträgt — wie wir weiter oben festgestellt haben — $(M - |m|)$. Folglich ist die Anzahl Summanden klein, wenn $|m|$ in der Grössenordnung von M ist. Bei einer kleinen Anzahl von Summanden wird jedoch eine Schätzung ungenau. Mit der Wahl des Faktors $k_i = k_1$ sorgt man dafür, dass die Korrelationsfunktion für grosse Werte von $|m|$ klein wird, was für viele Anwendungen vorteilhaft ist. Für grosse M und $|m| \ll M$ sind beide Schätzungen gut und ihre Unterschiede sind gering (die Lösung von Aufgabe 13 bestätigt diese Aussagen).

Eine Korrelationsfolge besteht gemäss Gl.(3.30) aus einer Summe von Produkten und kann deshalb auf einem DSP oder einem anderen Computer einfach berechnet werden. Für grosse M, z. B. grösser als 100, kann es empfehlenswert sein, ein schnelleres Verfahren als die direkte Auswertung der Summe anzuwenden. Solche Verfahren reduzieren die Anzahl Multiplikationen und Additionen ganz beträchtlich. Sie beruhen auf dem Korrelationstheorem und der schnellen Fourier-Transformation (Kap. 4.4) und sind in den meisten DSV-Programmen implementiert. Die Einzelheiten dazu können z. B. in [Bri82] nachgelesen werden.

3.2.3 Mittelwert und Varianz

Zwei wichtige Kenngrössen stochastischer Signale sind der Mittelwert μ und die Varianz σ^2. Den Mittelwert kann man auch als Gleich- oder DC-Wert des Signals bezeichnen und die Varianz als Leistung des Wechselanteils. Für ein stochastisches Signal $x[n]$ sind sie wie folgt als Erwartungswerte definiert:

$$\mu = E\{x[n]\}\,, \tag{3.35}$$

$$\sigma^2 = E\{(x[n] - \mu)^2\}\,. \tag{3.36}$$

Die Wurzel σ aus der Varianz nennt man Standardabweichung (engl: standard deviation) oder Effektivwert des AC-Anteils.

Unter der Momentanleistung eines zeitdiskreten Signals versteht man das Produkt $x[n]x[n]$. Analog zu den obigen Definitionen definiert man den Mittelwert P der Leistung als Erwartungswert der Momentanleistung:

$$P = E\{x^2[n]\}\,. \tag{3.37}$$

Gemäss Gl.(3.33) ist P demnach nichts anderes als die Autokorrelationsfunktion, ausgewertet an der Stelle $m = 0$:

$$P = r_{xx}[0]\,. \tag{3.38}$$

Aus den Definitionen (3.35) und (3.36) ergibt sich folgender schöne Zusammenhang:

$$P = \mu^2 + \sigma^2\,. \tag{3.39}$$

Die mittlere Leistung P eines Signals setzt sich also zusammen aus dessen DC- und dessen AC-Leistung.

In der Signalverarbeitung sind viele Signale mittelwertfrei, wie z. B. Rauschen und Audiosignale. Die mittlere Leistung dieser Signale ist somit gleich ihrer Varianz σ^2.

Sind M Abtastwerte eines stochastischen Signals $x[n]$ bekannt, dann kann man eine Schätzung $\hat{\mu}$ des Mittelwerts und eine Schätzung $\hat{\sigma}^2$ der Varianz wie folgt berechnen [Sch90], [Sch84]:

$$\hat{\mu} = \frac{1}{M} \sum_{n=0}^{M-1} x[n]\,, \tag{3.40}$$

$$\hat{\sigma}^2 = \frac{1}{M-1} \sum_{n=0}^{M-1} (x[n] - \hat{\mu})^2\,. \tag{3.41}$$

Zur Schätzung des Mittelwertes, der Varianz und der Korrelation stehen in MATLAB die Funktionen `mean`, `cov` und `xcorr` zur Verfügung. Die Schätzungen sind umso besser, je grösser die Anzahl M von Abtastwerten ist (siehe dazu Aufgabe 13).

3.2.4 Anwendungsbeispiel

Eine häufige Anwendung der Korrelation ist die berührungslose Geschwindigkeitsmessung [Weh80]. Das Prinzip dieser Messmethode sei am Beispiel eines rollenden Schienenfahrzeugs (Bild 3.6) erläutert.

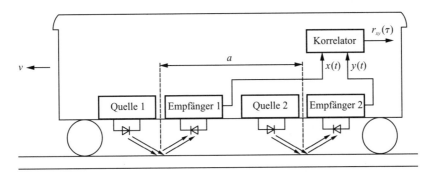

Bild 3.6: Prinzip der berührungslosen Geschwindigkeitsmessung

Zwei Lichtquellen, die an der Unterseite des Fahrzeugs angebracht sind, beleuchten in einem festen Abstand a die Schiene. Das Licht wird von der Schienenoberfläche je nach Oberflächenzustand mehr oder weniger reflektiert. Die reflektierten und in ihrer Helligkeit modulierten Lichtstrahlen werden von den Photodioden detektiert, in den Empfängern analog vorverarbeitet und im Korrelator kreuzkorreliert.

Da die zweite Photodiode zeitverschoben die gleiche Oberflächenstruktur wie die erste Photodiode abtastet, ist das Signal $y(t)$ des zweiten Empfängers, abgesehen von Störungen, gleich dem zeitverzögerten Signal $x(t)$ des ersten Empfängers:

$$y(t) \approx x(t - T_v) \,. \tag{3.42}$$

Dabei bezeichnet T_v die Zeitverzögerung. Die Gleichheit der beiden Signale drückt sich in ihrer Korrelationsfunktion durch ein Maximum bei $\tau = T_v$ aus (Bild 3.7 unten). Aus der Lage dieses Maximums und aus dem Abstand a der beiden Reflexionsstellen (Bild 3.6) kann dann über die Gleichung

$$v = \frac{a}{T_v} \tag{3.43}$$

die gesuchte Geschwindigkeit v bestimmt werden.

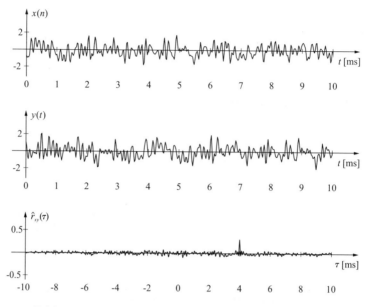

Bild 3.7: Die beiden Messignale und ihre Korrelation

Bild 3.7 zeigt die Ausgangssignale $x(t)$ und $y(t)$ der beiden Empfänger und die Schätzung $\hat{r}_{xy}(\tau)$ ihrer Kreuzkorrelierten. In Wirklichkeit sind diese drei Signale natürlich nicht zeitkontinuierlich, wie Bild 3.7 suggeriert. Bei allen drei handelt es sich um zeitdiskrete Signale mit einer Abtastfrequenz von $f_s = 40\text{kHz}$. $x[n]$ und $y[n]$ bestehen aus je $M = 512$ Abtastwerten und das Ergebnis, das nach Gl. (3.34) mit $k_i = k_1$ berechnet wurde, umfasst 1023 Abtastwerte. Die zeitkontinuierliche Graphik wurde allein der besseren Darstellungsweise wegen gewählt.

Verschiebt man das y-Signal um 4 ms nach links, dann stellt man die Ähnlichkeit der beiden Signalen fest. In der Korrelationsfunktion drückt sich diese Ähnlichkeit durch das Maximum bei $T_v = 4$ ms aus. Für $a = 0.1$ m ergibt sich damit aus Gl.(3.43) eine Geschwindigkeit von $v = 25$ m/s.

3.3   Lineare zeitinvariante diskrete Systeme

3.3.1   Grundlagen

Digitalfilter sind Realisierungen linearer zeitinvarianter diskreter Systeme. Diese Klasse von Systemen, kurz zeitdiskrete LTI-Systeme (engl: *linear time invariant discrete-time systems*) genannt, stellen deshalb die wichtigste Klasse zeitdiskreter Systeme dar. Unter einem zeitdiskreten System wollen wir ein System verstehen, das ein zeitdiskretes Eingangssignal $x[n]$ zu einem zeitdiskreten Ausgangs-

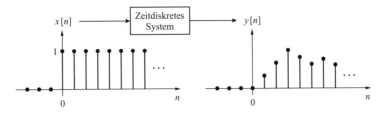

Bild 3.8: Beispiel eines zeitdiskreten Systems

signal $y[n]$ verarbeitet (Bild 3.8). Ein zeitdiskretes LTI-System ist ein diskretes System, das zusätzlich die Bedingungen der Linearität und der Zeitinvarianz erfüllt.

Die Linearitätsbedingung lautet:

$$x[n] = k_1 x_1[n] + k_2 x_2[n] \quad \Rightarrow \quad y[n] = k_1 y_1[n] + k_2 y_2[n] \,. \tag{3.44}$$

In Worten:

Ein System ist linear, falls das Eingangssignal $x[n] = k_1 x_1[n] + k_2 x_2[n]$ das Ausgangssignal $y[n] = k_1 y_1[n] + k_2 y_2[n]$ bewirkt.

Dabei sind $x_1[n]$ und $x_2[n]$ zwei beliebige Eingangssignale und $y_1[n]$ und $y_2[n]$ die dazugehörigen Ausgangssignale. Die Grössen k_1 und k_2 sind zwei Konstanten.

Die Zeitinvarianzbedingung lautet:

$$x[n - i] \quad \Rightarrow \quad y[n - i] \,. \tag{3.45}$$

In Worten:

Ein System ist zeitinvariant, falls ein um i Abtastintervalle verzöger-tes Eingangssignal $x[n-i]$ ein um i Abtastintervalle verzögertes Aus-gangssignal $y[n - i]$ bewirkt.

Dabei ist i eine beliebige ganze Zahl und $y[n]$ das zum Eingangssignal $x[n]$ zugehörige Ausgangssignal.

3.3.2 Impulsantwort

Ein LTI-System können wir durch seine Impulsantwort $h[n]$ charakterisieren. Darunter versteht man das Ausgangssignal $y[n]$ eines LTI-Systems, wenn an seinen Eingang der Einheitpuls $x[n] = \delta[n]$ angelegt wird (siehe Bild 3.9):

$$x[n] = \delta[n] \quad \Rightarrow \quad y[n] = h[n] \,. \tag{3.46}$$

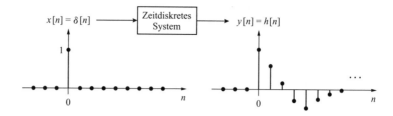

Bild 3.9: Impulsantwort $h[n]$ eines zeitdiskreten LTI-Systems

    Die Impulsantwort ist eine Beschreibungsmöglichkeit eines zeitdiskreten LTI-Systems und sie hat darüber hinaus eine praktische Bedeutung: Die Form und die Dauer eines Einschwing- oder eines Übergangvorgangs hat Ähnlichkeit mit der Impulsantwort. Zur Illustration dieser Aussage ist in Bild 3.10 oben links die Impulsantwort $h[n]$ und rechts davon die Schrittantwort eines LTI-Systems dargestellt. Der untere Teil des Bildes zeigt links ein Eingangssignal und rechts davon das zugehörige Ausgangssignal.

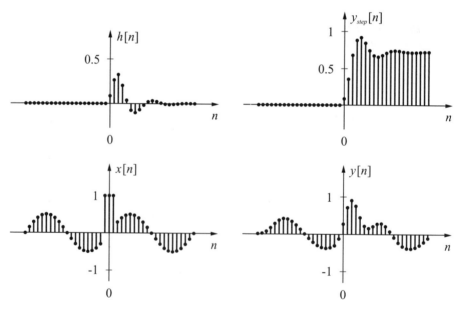

Bild 3.10: Impulsantwort, Schrittantwort und Übergangsvorgang bei einem LTI-System

    Mithilfe der Impulsantwort lässt sich auch die Kausalität und Stabilität eines zeitdiskreten LTI-Systems definieren. Ein zeitdiskretes LTI-System heisst *kausal*, wenn seine Impulsantwort kausal ist:

$$h[n] = 0 \quad \text{für} \quad n < 0. \tag{3.47}$$

Alle Echtzeitsysteme in der DSV sind kausal und sie kommen in der Praxis deshalb am häufigsten vor. Ein nichtkausales System ist ein hellseherisches System, weil sein Ausgang auf einen Impuls antwortet, der erst in der Zukunft liegt. Nichtkausale Systeme spielen vor allem in der Theorie der linearen Systeme eine Rolle, in der Praxis hingegen können sie nur in Form von Offline-Anwendungen vorkommen (siehe dazu Aufgabe 4).

Ein zeitdiskretes LTI-System heisst *stabil*, wenn seine Impulsantwort absolut summierbar ist:

$$\sum_{n=-\infty}^{\infty} |h[n]| < \infty \, . \tag{3.48}$$

Alle Digitalfilter, die als zeitdiskrete LTI-Systeme realisiert werden, müssen stabil sein. Gegenbeispiele dazu sind LTI-Systeme als Signalgeneratoren, wie wir sie im letzten Kapitel kennenlernen werden.

3.3.3 Die diskrete Faltung

Gegeben sei ein zeitdiskretes LTI-System mit der Impulsantwort $h[n]$. Gemäss Definition verursacht dann ein Einheitspuls $\delta[n]$ an seinem Eingang die Impulsantwort $h[n]$ an seinem Ausgang:

$$\delta[n] \quad \Rightarrow \quad h[n] \, .$$

Aufgrund der Zeitinvarianz folgt daraus:

$$\delta[n-i] \quad \Rightarrow \quad h[n-i] \, .$$

Gewichten wir den Einheitspuls, der zum Zeitpunkt $n = i$ auftritt, mit dem dazugehörigen Abtastwert $x[i]$, dann folgt aus der Linearität:

$$x[i]\delta[n-i] \quad \Rightarrow \quad x[i]h[n-i] \, .$$

Legen wir eine gewichtete Summe von zeitverschobenen Einheitimpulsen an, dann folgt ebenfalls aufgrund der Linearität:

$$\underbrace{\sum_{i=-\infty}^{\infty} x[i]\delta[n-i]}_{x[n]} \quad \Rightarrow \quad \underbrace{\sum_{i=-\infty}^{\infty} x[i]h[n-i]}_{y[n]} \, .$$

Wir haben in Gl.(3.6) gesehen, dass die gewichtete Summe links nichts anderes als das Eingangssignal $x[n]$ ist. Das zeitdiskrete Ausgangssignal $y[n]$ des LTI-Systems ist somit durch die Summe

$$y[n] = \sum_{i=-\infty}^{\infty} x[i]h[n-i] \tag{3.49}$$

gegeben. Diese Summe heisst Faltungssumme oder diskrete Faltung (engl: discrete convolution) und man stellt sie in abgekürzter Form wie folgt dar:[2]

$$y[n] = x[n] * h[n] \,. \tag{3.50}$$

In Worten:

> *Das Ausgangsignal eines linearen zeitinvarianten Systems ist gleich dem Eingangsignal, gefaltet mit der Impulsantwort des Systems.*

Die diskrete Faltung ist wie die kontinuierliche Faltung kommutativ:

$$x[n] * h[n] = h[n] * x[n] \,. \tag{3.51}$$

Um den Faltungsprozess zu verstehen, ist es wichtig, zwischen einem Signal und einem Abtastwert unterscheiden zu können. Für ein Signal y, das auf der diskreten n-Achse definiert ist, schreiben wir im Folgenden der Klarheit wegen $\{y[n]\}$ und für den n-ten Abtastwert schreiben wir $y[n]$. Analog dazu verfahren wir mit den restlichen Signalen. Der Faltungsprozess kann dann durch folgende sechs Schritte veranschaulicht werden (Bild 3.11):

1. Ersetze die diskrete Zeitvariable n durch die Summationsvariable i.

2. Falte, d. h. klappe $\{h[i]\}$ um die Ordinate: Dies ergibt das gespiegelte Signal $\{h[-i]\}$.

3. Verschiebe $\{h[-i]\}$ um n_2 Abtastpunkte nach rechts: Dies ergibt $\{h[n_2 - i]\}$. (In Bild 3.11 ist $n_2 = 2$.)

4. Multipliziere $\{x[i]\}$ mit $\{h[n_2 - i]\}$: Dies ergibt $\{x[i]h[n_2 - i]\}$.

5. Addiere für $i = -\infty$ bis $i = +\infty$ alle Werte $x[i]h[n_2 - i]$ zusammen: Dies ergibt $y[n_2]$.

6. Führe die Schritte 3 bis 5 für alle Punkte n auf der diskreten Zeitachse aus: Dies ergibt das zeitdiskrete Ausgangssignal $\{y[n]\}$.

Wenn wir das Ausgangssignal in Bild 3.11 betrachten, könnte man etwas salopp sagen, dass das Eingangssignal mit der Impulsantwort des LTI-Systems verschmiert worden ist. Diese Ausdrucksweise begründet sich auch durch die Tatsache, dass das Ausgangsignal um $(N_h - 1)$ Abtastintervalle länger geworden ist. Allgemein gilt für die Faltung von zwei endlich langen, zeitdiskreten Signalen:

$$N_y = N_x + N_h - 1 \,. \tag{3.52}$$

---

[2]Korrekterweise sollte man $y[n] = \{x * h\}[n]$ schreiben. In Worten: Das diskrete Ausgangssignal y an der Stelle n ist gleich der Faltung der beiden diskreten Signale x und h, ausgewertet an der Stelle n. Diese Schreibweise hat sich allerdings bis jetzt noch nicht durchgesetzt.

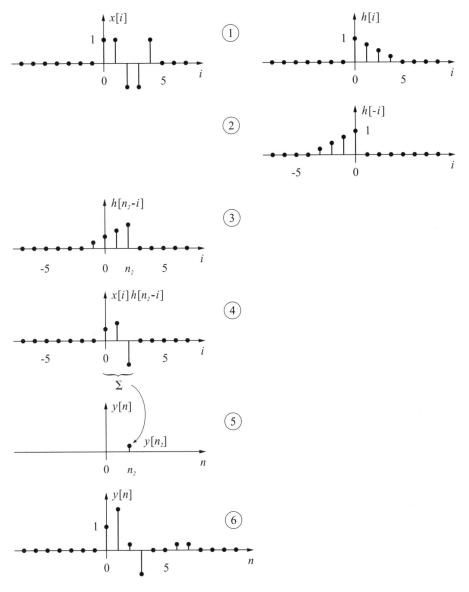

Bild 3.11: Illustration des Faltungsprozesses

In Worten: Die Länge N_y des Ausgangssignals ist gleich der Länge N_x des Eingangssignals plus die Länge N_h der Impulsantwort minus 1.

Die Faltungssumme (3.49) kann auch als Rechenvorschrift zur Bestimmung des Ausgangssignals betrachtet werden. Wir werden im übernächsten Unterkapitel allerdings sehen, dass es i. Allg. effizientere Verfahren gibt, um das Ausgangssignal eines LTI-Systems zu berechnen.

3.4 Die z-Transformation

3.4.1 Von der Fourier- zur z-Transformation

Für die Fourier-Transformierte eines abgetasteten Signals haben wir auf Seite 54 gefunden:

$$X_s(f) = \sum_{n=-\infty}^{+\infty} x(nT)e^{-j2\pi fnT} \ . \tag{3.53}$$

Da gemäss Gl.(3.2) die Abtastwerte $x(nT)$ gleich den Werten $x[n]$ des zeitdiskreten Signals sind, kann man $X_s(f)$ auch als die Fourier-Transformierte des zeitdiskreten Signals bezeichnen. Dabei wird normalerweise der Index $_s$ weggelassen und die Frequenzvariable f durch die normierte Kreisfrequenzvariable

$$\Omega = 2\pi fT \tag{3.54}$$

ersetzt. Wir erhalten dann:

$$X(\Omega) = \sum_{n=-\infty}^{+\infty} x[n]e^{-j\Omega n} \ . \tag{3.55}$$

Dies ist die übliche Definition der Fourier-Transformierten eines zeitdiskreten Signals. Sie wird auch *zeitdiskrete Fourier-Transformierte* DTFT (Discrete-Time Fourier-Transform) genannt. Ihre wichtigsten Eigenschaften lauten:

> *Die zeitdiskrete Fourier-Transformierte (DTFT) beschreibt das zeitdiskrete Signal im Frequenzbereich. Sie ist eine kontinuierliche Funktion von Ω und hat die Periode 2π.*

Aus Gl.(3.55) findet man wiederum $x[n]$ (siehe Aufgabe 6):

$$x[n] = \frac{1}{2\pi} \int_{-\pi}^{\pi} X(\Omega)e^{j\Omega n} \, d\Omega \ . \tag{3.56}$$

Diese Transformation heisst *inverse zeitdiskrete Fourier-Transformation* (IDTFT) und wird im Gegensatz zur Analyse-Gleichung (3.55) als Synthese-Gleichung bezeichnet. Zusammen bilden das zeitdiskrete Signal $x[n]$ und seine Fourier-Transformierte $X(\Omega)$ ein Transformationspaar:

$$x[n] \quad \circ\!\!-\!\!\bullet \quad X(\Omega) \tag{3.57}$$

Zur zeitdiskreten Fourier-Transformation gibt es eine ganze Reihe von Eigenschaften und Theoremen. Da wir diese bei der zeitkontinuierlichen Fourier-Transformation schon diskutiert haben, verzichten wir hier auf ihre Aufzählung und verweisen den interessierten Leser auf die Literatur [OS95]. Wir wollen uns hingegen der z-Transformation zuwenden, die für die Theorie der diskreten LTI-Systeme die grössere Bedeutung hat als die zeitdiskrete Fourier-Transformation.

Es gibt zeitdiskrete Signale, wie z. B. der Einheitschritt, die keine Fourier-Transformierte haben, weil die unendliche Summe in Gl.(3.55) nicht konvergiert. Multipliziert man solche Signale mit der Exponentialfolge r^{-n}, dann kann man durch eine geeignete Wahl von r dafür sorgen, dass die unendliche Summe

$$\sum_{n=-\infty}^{+\infty} x[n] r^{-n} e^{-j\Omega n}$$

konvergiert. Wir vereinfachen diese Summe, indem wir den Ausdruck $re^{j\Omega}$ durch die komplexe Variable z ersetzen:

$$\sum_{n=-\infty}^{+\infty} x[n] r^{-n} e^{-j\Omega n} = \sum_{n=-\infty}^{+\infty} x[n] (re^{j\Omega})^{-n} = \sum_{n=-\infty}^{+\infty} x[n] z^{-n} .$$

Der Ausdruck rechts ist eine komplexwertige Funktion von z und wird z-*Transformierte* $X(z)$ des diskreten Signals $x[n]$ genannt:

$$X(z) = \sum_{n=-\infty}^{+\infty} x[n] z^{-n} . \tag{3.58}$$

Der Bereich von r, in dem die unendliche Summe konvergiert, heisst Konvergenzgebiet ROC (Region of Convergence).

Mithilfe des Cauchy Integral Theorems [PM96] kann aus $X(z)$ das zeitdiskrete Signal $x[n]$ zurückgewonnen werden:

$$x[n] = \frac{1}{2\pi j} \oint X(z) z^{n-1} dz . \tag{3.59}$$

Diese Transformation heisst inverse z-Transformation.

Das zeitdiskrete Signal $x[n]$ und die komplexe Funktion $X(z)$ bilden ein Transformationspaar. D. h. aus $x[n]$ findet man über Gl.(3.58) $X(z)$ und aus $X(z)$ findet man über Gl.(3.59) wiederum $x[n]$. Graphisch drücken wir diese Beziehung bekanntlich durch das Transformationssymbol aus:

$$x[n] \quad \circ\!\!\!-\!\!\bullet \quad X(z) \tag{3.60}$$

Die z-Transformation kann man als Verallgemeinerung der Fourier-Transformation betrachten. Sie spielt für zeitdiskrete Signale und Systeme die gleiche Rolle, wie die Laplace-Transformation für zeitkontinuierliche Signale und Systeme.

Um ein Gefühl für die z-Transformation zu bekommen, betrachten wir im Folgenden einige Beispiele.

Beispiel 1: z-Transformierte des Einheitspulses $\delta[n]$

$$\Delta(z) = \sum_{n=-\infty}^{\infty} \delta[n]z^{-n} = z^0 = 1 \,. \tag{3.61}$$

Die z-Transformierte des Einheitspulses lautet somit gleich wie die Laplace-Transformierte des Diracstosses $\delta(t)$.

Beispiel 2: z-Transformierte des Einheitsschrittes $u[n]$

$$U(z) = \sum_{n=-\infty}^{\infty} u[n]z^{-n} = \sum_{n=0}^{\infty} z^{-n} \,.$$

Der Ausdruck $\sum_{n=0}^{\infty} z^{-n}$ heisst unendliche geometrische Reihe. Für $|z| > 1$ konvergiert sie zu folgendem Wert [Fli91]:

$$U(z) = \frac{1}{1 - z^{-1}} \,, \qquad \text{ROC: } |z| > 1 \,. \tag{3.62}$$

Die z-Transformierte des Einheitsschrittes unterscheidet sich somit wesentlich von der Laplace-Transformierten $\frac{1}{s}$ der Schrittfunktion $u(t)$.

Beispiel 3: z-Transformierte der komplexen Exponentialfolge
Die z-Transformierte der komplexen Exponentialfolge $x[n] = e^{j\Omega n}$ existiert nicht, da die Reihe $\sum_{n=-\infty}^{+\infty} e^{j\Omega n} z^{-n}$ nicht konvergiert. Hingegen existiert die z-Transformierte der kausalen komplexen Exponentialfolge $x[n] = e^{j\Omega n}u[n]$ und damit der kausalen Cosinus- und Sinusschwingung (siehe Aufgabe 7).

Beispiel 4: z-Transformierte der kausalen Exponentialfolge
Die kausale Exponentialfolge $x[n] = ka^n u[n]$ ist ein diskretes Signal, das recht häufig in der DSV vorkommt. Ihre z-Transformierte finden wir analog zur z-Transformierten des Einheitsschrittes:

$$X(z) = \frac{k}{1 - az^{-1}} \,, \qquad \text{ROC: } |z| > |a| \,. \tag{3.63}$$

Beispiel 5: Inverse z-Transformierte eines Polynoms
Gemäss der Definitionsgleichung der z-Transformierten gilt folgendes Transformationspaar:

$$\cdots + b_{-2}z^2 + b_{-1}z^1 + b_0 + b_1 z^{-1} + b_2 z^{-2} + \cdots$$

$$\updownarrow$$

$$\{\ldots, b_{-2}, b_{-1}, \underset{\underset{n=0}{\uparrow}}{b_0}, b_1, b_2, \ldots \} \,.$$

Daraus folgt für die inverse z-Transformierte des Polynoms $H(z) = \sum_{n=0}^{N} b_n z^{-n}$:

$$\{h[n]\} = \{b_0, b_1, \ldots, b_N\} \,. \tag{3.64}$$

Anstatt in Sequenzschreibweise können wir unter Verwendung von Gl.(3.6) $h[n]$ auch als Linearkombination von zeitverschobenen Einheitspulsen schreiben:

$$h[n] = b_0\delta[n] + b_1\delta[n-1] + \cdots + b_N\delta[n-N] \,. \tag{3.65}$$

In der Praxis werden die z- und die inversen z-Transformierten nicht über die Definitionsgleichungen (3.58) und (3.59) bestimmt. Vielmehr verwendet man dazu Tabellen [SH94] oder Programme für symbolisches Rechnen (siehe dazu Aufgabe 7). Zur Bestimmung der inversen z-Transformierten wird $X(z)$ häufig auch in einen Partialbruch mit Termen der Form $\frac{k_i}{z-p_i}$ zerlegt, die dann einfach in den diskreten Zeitbereich zurücktransformiert werden können. Auch hier gibt es einen MATLAB-Befehl (`residuez`), der uns die Zerlegungsarbeit abnimmt.

Im nächsten Unterkapitel wollen wir die wichtigsten Eigenschaften der z-Transformation beschreiben. Der vollständige Satz von Eigenschaften inklusive ihrer Herleitung können z. B. in Lit.[OS95], [PM96] oder [Fli91] nachgelesen werden.

3.4.2 Eigenschaften der z-Transformation

Linearität

Die z-Transformation ist eine lineare Transformation, d. h. sind $x_1[n]$, $X_1(z)$ und $x_2[n]$, $X_2(z)$ zwei z-Transformationspaare und sind k_1 und k_2 zwei Konstanten, dann gilt:

$$k_1 x_1[n] + k_2 x_2[n] \quad \circ\!\!-\!\!\bullet \quad k_1 X_1(z) + k_2 X_2(z) \,. \tag{3.66}$$

In Worten: Die z-Transformierte einer Linearkombination von Signalen ist gleich der Linearkombination ihrer z-Transformierten.

Zeitverschiebung

Verzögert man das zeitdiskrete Signal $x[n]$ um i-Abtastintervalle, dann erhält man folgendes z-Transformationspaar:

$$x[n-i] \quad \circ\!\!-\!\!\bullet \quad z^{-i}X(z) \,. \tag{3.67}$$

Die Multiplikation mit z^{-i} entspricht somit einer Verzögerung um i Abtastintervalle.

Faltung

Die Faltung im diskreten Zeitbereich geht über in eine Multiplikation im z-Bereich:

$$h[n] * x[n] \quad \circ\!\!-\!\!\bullet \quad H(z)X(z) \,. \tag{3.68}$$

Diese Eigenschaft heisst *Faltungstheorem.*

Fourier-Transformierte

Gemäss Gl.(3.55) gilt:

$$X(\Omega) = X(z)|_{z=e^{j\Omega}} \,. \tag{3.69}$$

Die Gleichung $z = e^{j\Omega}$ mit Ω als Variable beschreibt einen Kreis mit dem Radius 1 in der komplexen z-Ebene. Die Fourier-Transformierte eines zeitdiskreten Signals ist also gleich der z-Transformierten, ausgewertet auf dem Einheitskreis.

Beispiel: Der kausale diskrete Rechteckpuls crect$[\frac{n}{N}]$ der Länge N setzt sich aus zwei Einheitsschritten zusammen:

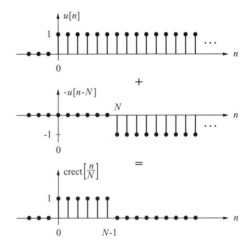

Bild 3.12: Zusammensetzung des diskreten Rechteckpulses

$$\text{crect}[\frac{n}{N}] = u[n] - u[n - N] \,. \tag{3.70}$$

Bei Anwendung des Linearitäts- und Zeitverschiebungs-Theorems finden wir daraus für die z-Transformierte:

$$CRECT(z) = \frac{1}{1 - z^{-1}} - \frac{z^{-N}}{1 - z^{-1}} = \frac{1 - z^{-N}}{1 - z^{-1}} \,. \tag{3.71}$$

Aus dem Rechteckpuls der Länge N kann man einen symmetrischen Dreieckpuls der Länge $2N - 1$ erzeugen (Bild 3.13 links), indem man den
Rechteckpuls mit sich selber faltet und durch N dividiert:

$$x[n] = \frac{1}{N}\text{crect}[\frac{n}{N}] * \text{crect}[\frac{n}{N}] \,. \tag{3.72}$$

Faltungstheorem und Auswertung auf dem Einheitskreis führen zur Fourier-
Transformierten des Dreieckpulses:

$$X(\Omega) = \frac{1}{N} \left(\frac{1 - e^{-j\Omega N}}{1 - e^{-j\Omega}} \right)^2 \,. \tag{3.73}$$

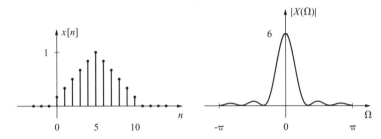

Bild 3.13: Diskreter Dreieckpuls der Länge 11 und dazugehöriges Betrags-
          Spektrum

3.4.3   Frequenzgang und Übertragungsfunktion

Frequenzgang

Wir haben in Kap. 3.3.3 gesehen, dass das Ausgangssignal eines zeitdiskreten
LTI-Systems durch die Faltung der Impulsantwort mit dem Eingangssignal gegeben ist:

$$y[n] = h[n] * x[n] \,. \tag{3.74}$$

Ist das Eingangssignal eine komplexe Exponentialfolge mit der normierten Kreisfrequenz Ω, so folgt daraus:

$$
\begin{aligned}
y[n] &= h[n] * e^{j\Omega n} \,, \\
&= \sum_{i=-\infty}^{\infty} h[i]e^{j\Omega(n-i)} \,, \\
&= \left[\sum_{i=-\infty}^{\infty} h[i]e^{-j\Omega i} \right] e^{j\Omega n} \,, \\
&= H(\Omega)e^{j\Omega n} \,. \tag{3.75}
\end{aligned}
$$

Die Funktion

$$H(\Omega) = \sum_{i=-\infty}^{\infty} h[i]e^{-j\Omega i} \qquad (3.76)$$

heisst *Frequenzgang* (engl: frequency response) des LTI-Systems. Wir stellen fest, dass er gleich der Fourier-Transformierten der Impulsantwort $h[n]$ ist. Die Impulsantwort und der Frequenzgang bilden daher ein Fourier-Transformationspaar:

$$h[n] \quad \circ\!\!-\!\!\bullet \quad H(\Omega)\,. \qquad (3.77)$$

Die Funktion $e^{j\Omega}$ ist 2π-periodisch. Daraus folgt, dass der Frequenzgang ebenfalls 2π-periodisch ist[3]:

$$H(\Omega) = H(\Omega + 2\pi)\,. \qquad (3.78)$$

Diese Eigenschaft deckt sich mit der Aussage (2.59), die besagt, dass zeitdiskrete Signale immer ein periodisches Spektrum haben.

Amplituden- und Phasengang

Der Frequenzgang eines zeitdiskreten LTI-Systems ist eine komplexe Grösse und kann daher in der Betrags-Phasenform geschrieben werden:

$$H(\Omega) = |H(\Omega)|e^{j\angle H(\Omega)}\,. \qquad (3.79)$$

Den Betrag $|H(\Omega)|$ des Frequenzgangs nennt man *Amplitudengang* (engl: amplitude response oder magnitude response) und das Argument $\angle H(\Omega)$ des Frequenzgangs heisst *Phasengang* (engl: phase response).

Reelle LTI-Systeme, d. h. LTI-Systeme mit einer reellen Impulsantwort, haben die typische Eigenschaft, dass ein sinusförmiges Eingangssignal zu einem sinusförmigen Ausgangssignal verarbeitet wird (siehe Aufgabe 8):

$$x[n] = \cos(\Omega n) \quad \Rightarrow \quad y[n] = |H(\Omega)|\cos(\Omega n + \angle H(\Omega))\,. \qquad (3.80)$$

Dabei erfährt das sinusförmige Ausgangssignal eine Amplitudenänderung mit dem Faktor $|H(\Omega)|$ und eine Phasenverschiebung um den Wert $\angle H(\Omega)$. Mithilfe eines Sinus-Generators und eines Amplituden- und Phasen-Messgerätes lässt sich daher der Frequenzgang eines LTI-Systems praktisch ermitteln.

Der Amplituden- und der Phasengang sind ebenfalls 2π-periodisch und aus Gl.(2.52) folgt, dass der Amplitudengang eine gerade und der Phasengang eine ungerade Funktion ist:

$$|H(\Omega)| = |H(-\Omega)| \quad \text{und} \quad \angle H(\Omega) = -\angle H(-\Omega)\,. \qquad (3.81)$$

---

[3]Dies ist der Grund, weshalb viele Autoren $H(e^{j\Omega})$ anstatt $H(\Omega)$ schreiben.

Der Amplitudengang kann auch in dB angegeben werden:

$$|H(\Omega)| \text{ in dB } = 20\log\left(|H(\Omega)|\right) . \tag{3.82}$$

Beim Phasengang sind zwei Einheiten gebräuchlich: das rad und °. Wenn nichts anderes gesagt wird, versteht man unter $\angle H(\Omega)$ immer den Phasengang in rad.[4] Wünscht man den Phasengang in °, muss folgende Umrechnungsformel angewandt werden:

$$\angle H(\Omega) \text{ in } ° = \frac{180}{\pi}\angle H(\Omega) . \tag{3.83}$$

Beispiel: Gegeben sei ein zeitdiskretes LTI-System mit der Impulsantwort $h[n]$ und dem Frequenzgang $H(\Omega)$:

$$h[n] = e^{-\frac{nT}{\tau}} \sin(2\pi f_0 nT)u[n]$$

$$\circ\!\!-\!\!\bullet$$

$$H(\Omega) = \frac{e^{j\Omega}e^{-\frac{T}{\tau}} \sin(2\pi f_0 T)}{e^{j2\Omega} - 2e^{j\Omega}e^{-\frac{T}{\tau}} \cos(2\pi f_0 T) + e^{-\frac{2T}{\tau}}} ,$$

wobei $T = 1\,\mathrm{s}$, $\tau = 5\,\mathrm{s}$ und $f_0 = 0.08\,\mathrm{Hz}$. In Bild 3.14 ist die Impulsantwort, der Amplituden- und der Phasengang des zeitdiskreten LTI-Systems dargestellt.

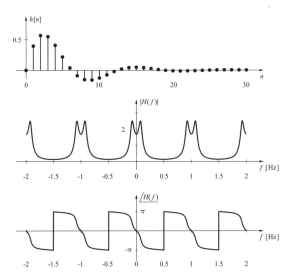

Bild 3.14: Impulsantwort, Amplituden- und Phasengang eines LTI-Systems

---

[4]Eigentlich handelt es sich beim dB, rad und ° um Pseudoeinheiten, d. h. sie sagen nur aus, wie man die betreffende einheitlose Grösse definiert hat.

Dämpfung, Phasen- und Gruppenlaufzeit

Vielfach arbeiten Filterspezialisten lieber mit der *Dämpfung* $A(\Omega)$ (engl: atte-nuation) statt mit dem Amplitudengang. Diese wird meistens in dB angegeben und ist wie folgt definiert:

$$A(\Omega) \text{ in dB} = 20 \log \left(\frac{1}{|H(\Omega)|} \right) = -20 \log \left(|H(\Omega)| \right) . \qquad (3.84)$$

Um die Verzögerung eines LTI-Systems zu charakterisieren werden zwei Grössen gebraucht. Die gebräuchlichere ist die Gruppenlaufzeit (engl: group delay):

$$\tau_g(\Omega) = -\frac{d\angle H(\Omega)}{d\Omega} \qquad (3.85)$$

und die andere, weniger gebräuchliche, ist die Phasenlaufzeit (engl: phase delay):

$$\tau_p(\Omega) = -\frac{\angle H(\Omega)}{\Omega} . \qquad (3.86)$$

Diese Gleichung, aufgelöst nach $\angle H(\Omega)$ und eingesetzt in Gl.(3.80), ergibt:

$$x[n] = \cos(\Omega n) \quad \Rightarrow \quad y[n] = |H(\Omega)| \cos \left(\Omega(n - \tau_p) \right) . \qquad (3.87)$$

Die Phasenlaufzeit τ_p ist somit gleich der Anzahl Abtastintervalle, mit der eine Sinusschwingung beim Durchlaufen eines zeitdiskreten LTI-Systems verzögert wird. Im Gegensatz dazu ist die Gruppenlaufzeit τ_g gleich der Anzahl Ab-tastintervalle, mit der die Enveloppe eines Signals verzögert wird (Aufgabe 9). Möchte man die Laufzeiten in Sekunden ausdrücken, dann müssen die Werte in Gl.(3.85) und Gl.(3.86) noch mit dem Abtastintervall T multipliziert werden.

Übertragungsfunktion

Faltet man die komplexe Exponentialfolge $x[n] = z^n$ mit der Impulsantwort $h[n]$, dann erhalten wir analog zu Gl.(3.75):

$$y[n] = H(z)z^n , \qquad (3.88)$$

wobei

$$H(z) = \sum_{i=-\infty}^{\infty} h[i]z^{-n} . \qquad (3.89)$$

Die Funktion $H(z)$ heisst *Übertragungsfunktion* (engl: transfer function) des diskreten LTI-Systems. Sie ist gemäss Definitionsgleichung (3.58) nichts anderes als die z-Transformierte der Impulsantwort $h[n]$. Die Impulsantwort und die Übertragungsfunktion eines Systems bilden daher ein z-Transformationspaar:

$$h[n] \quad \circ\!\!-\!\!\bullet \quad H(z) . \qquad (3.90)$$

Wie wir gesehen haben, ist das Ausgangssignal $y[n]$ eines diskreten LTI-Systems gleich der Impulsantwort $h[n]$, gefaltet mit dem Eingangssignal $x[n]$. Aufgrund des Faltungstheorems (3.68) können wir dann schreiben:

$$y[n] = h[n] * x[n] \quad \circ\!\!-\!\!\bullet \quad Y(z) = H(z)X(z) \,. \tag{3.91}$$

Die beiden Gleichungen beschreiben den fundamentalen Zusammenhang zwischen dem Eingangs- und Ausgangssignal eines diskreten LTI-Systems. Der Deutlichkeit halber sind sie in Bild 3.15 nochmals graphisch dargestellt.

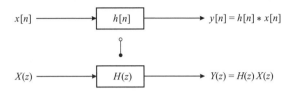

Bild 3.15: Übertragungsverhalten eines diskreten LTI-Systems im Zeit- und im z-Bereich

Bei kausalen und stabilen Systemen konvergiert die Übertragungsfunktion $H(z)$ auf dem Einheitskreis der komplexen z-Ebene. Aus Gl.(3.69) folgt dann:

$$H(\Omega) = H(z)|_{z=e^{j\Omega}} \,. \tag{3.92}$$

In Worten:

Der Frequenzgang eines diskreten LTI-Systems ist gleich der Übertragungsfunktion ausgewertet auf dem Einheitskreis der komplexen z-Ebene.

Kennt man das Abtastintervall T und möchte man den Frequenzgang H wie in Bild 3.14 in Abhängigkeit der Frequenzvariablen f darstellen, so muss man Ω durch $2\pi fT$ ersetzen:

$$H(f) = H(z)|_{z=e^{j2\pi fT}} \,. \tag{3.93}$$

Jeder Punkt auf der Frequenzachse zwischen 0 und f_s entspricht demnach einem Punkt auf dem Einheitskreis. Die Frequenz 0 entspricht dem Punkt 1, die Frequenz $0.25f_s$ dem Punkt j, die Frequenz $0.5f_s$ dem Punkt -1, etc.

Wegen der Periodizität (3.78) und der Symmetrie (3.81) wird der Frequenzgang meistens nur im Frequenzbereich von 0 bis $0.5f_s$ dargestellt. Diesen Frequenzbereich nennt man *Nyquistbereich* und die halbe Abtastfrequenz *Nyquistfrequenz*.

Die Übertragungsfunktion $H(z)$ ist die wichtigste Grösse eines diskreten LTI-Systems und wir werden im Kapitel über Digitalfilter erfahren, wie sie für eine gegebene Aufgabenstellung zu bestimmen ist.

Beispiel: Ein LTI-System mit der Impulsantwort $h[n] = \delta[n]$ und der Übertragungsfunktion $H(z) = 1$ bewirkt folgendes Ausgangssignal im Zeit- und im Bildbereich:

$$y[n] = \delta[n] * x[n] = x[n] \quad \circ\!\!-\!\!\bullet \quad Y(z) = X(z) .$$

Ein solches System verändert das Eingangssignal nicht und hat somit keine Filterwirkung. Je mehr die Impulsantwort vom Einheitspuls abweicht, desto grösser wird die Filterwirkung des Systems. Zur Illustration dieser Eigenschaft ist in Bild 3.16 der Amplitudengang der drei Systeme $\{h_1[n]\} = \{1\}$, $\{h_2[n]\} = \{1, 1\}$ und $\{h_3[n]\} = \{1, 1, 1\}$ dargestellt.

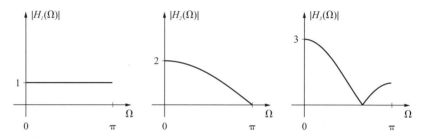

Bild 3.16: Amplitudengang dreier zeitdiskreter LTI-Systeme mit den Impulsantworten $\{1\}$, $\{1,1\}$ und $\{1,1,1\}$

3.5 Nichtrekursive und rekursive Systeme

3.5.1 Differenzengleichung

Die wichtigste Unterklasse zeitdiskreter LTI-Systeme besteht aus jenen kausalen Systemen, welche die lineare Differenzengleichung

$$y[n] = -\sum_{i=1}^{M} a_i y[n-i] + \sum_{i=0}^{N} b_i x[n-i] \tag{3.94}$$

erfüllen.[5] Der momentane Ausgangsabtastwert (Zeitpunkt n) ist gleich einer Linearkombination von vergangenen Ausgangs- und Eingangsabtastwerten plus dem momentanen Eingangsabtastwert gewichtet mit b_0. Die erste Summe repräsentiert den rekursiven Teil und die zweite Summe den nichtrekursiven Teil der Differenzengleichung. Sind alle Koeffizienten a_i gleich Null, dann spricht man von einem *nichtrekursiven*, andernfalls von einem *rekursiven* System. Die

---

[5]Die Funktion des Minuszeichens vor der ersten Summe wird später bei der Herleitung der Übertragungsfunktion ersichtlich.

grössere der beiden natürlichen Zahlen N und M heisst *Ordnung* der Differenzengleichung. Die Differenzengleichung hat für diskrete LTI-Systeme die gleiche Bedeutung wie die Differentialgleichung für kontinuierliche LTI-Systeme.

Nichtrekursive und rekursive LTI-Systeme haben die attraktive Eigenschaft, dass sie mit den drei Grundbausteinen „Addierer", „Multiplizierer" und „Verzögerungselement" (engl: delay element) gemäss Bild 3.17 aufgebaut werden können; alles Elemente, die auf einem digitalen Rechner einfach zu implementieren sind und einen Echtzeitbetrieb möglich machen.

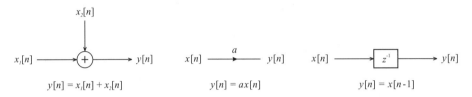

Bild 3.17: Addierer, Multiplizierer und Verzögerungselement

Die Differenzengleichung kann graphisch durch ein Blockdiagramm dargestellt werden, welches aus den drei Grundelementen zusammengesetzt ist.

Beispiel: Bild 3.18 zeigt das Blockdiagramm eines rekursiven LTI-Systems 2. Ordnung mit der Differenzengleichung

$$y[n] = -a_1 y[n-1] - a_2 y[n-2] + b_0 x[n] + b_1 x[n-1] + b_2 x[n-2].$$

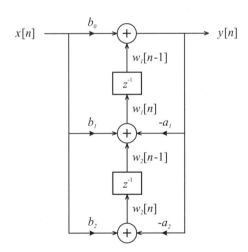

Bild 3.18: Blockdiagramm eines rekursiven LTI-Systems 2. Ordnung

Das Blockdiagramm dient der Veranschaulichung eines Systems. Zudem enthält es die Rechenanweisungen — in der Fachsprache *Algorithmus* genannt — nach denen ein Ausgangsabtastwert zu berechnen ist. Mit anderen Worten: Das Block-diagramm repräsentiert das Programm, das auf einem digitalen Rechner imple-mentiert werden muss, um ein Digitalfilter zu realisieren. Als Illustration dazu betrachten wir das nächste Beispiel.

Beispiel: Verzögerungselemente realisiert man durch Speicherzellen, in denen Zustandsvariablenwerte abgespeichert werden. In unserem Beispiel Bild 3.18 speichern wir in Zelle 1 die Zustandsvariable $w_1[n]$ und in Zelle 2 die Zustandsvariable $w_2[n]$ ab. Das Programm, das der Digitalrechner zum n-ten Zeitpunkt abzuarbeiten hat, besteht aus folgenden 3 Zeilen:

$$\begin{aligned} y[n] &= b_0 x[n] + w_1[n-1] \\ w_1[n] &= b_1 x[n] - a_1 y[n] + w_2[n-1] \\ w_2[n] &= b_2 x[n] - a_2 y[n] \end{aligned}$$

Erste Zeile: Nimm den Eingangsabtastwert $x[n]$, multipliziere ihn mit b_0 und addiere dazu den Wert in Zelle 1 $\Rightarrow$ dies ergibt den Ausgangsabtast-wert $y[n]$. Zweite Zeile: Nimm den Eingangsabtastwert, multipliziere ihn mit b_1, nimm den Ausgangsabtastwert und multipliziere ihn mit $-a_1$, ad-diere die beiden Produkte sowie den Inhalt von Zelle 2 $\Rightarrow$ dies ergibt den Abtastwert $w_1[n]$, der in Zelle 1 abzuspeichern ist. Dritte Zeile: Nimm den Eingangsabtastwert, multipliziere ihn mit b_2, nimm den Ausgangsabtast-wert und multipliziere ihn mit $-a_2$, addiere die beiden Produkte $\Rightarrow$ dies ergibt den Abtastwert $w_2[n]$, der in Zelle 2 abzuspeichern ist. Ein Com-puter, der diese 3-Zeilen-Prozedur für jeden Abtastpunkt durchzuführt, arbeitet als rekursives Digitalfilter 2. Ordnung.

Wir wollen im Folgenden überprüfen, ob die drei Zeilen tatsächlich auf eine Differenzengleichung 2. Ordnung führen. Zu diesem Zweck substituieren wir zuerst w_1 in Zeile 1 durch die rechte Seite von Zeile 2:

$$y[n] = b_0 x[n] + b_1 x[n-1] - a_1 y[n-1] + w_2[n-2] \,.$$

Danach substituieren wir w_2 durch die rechte Seite von Zeile 3 und finden so:

$$y[n] = b_0 x[n] + b_1 x[n-1] - a_1 y[n-1] + b_2 x[n-2] - a_2 y[n-2] \,.$$

Geordnet:

$$y[n] = -a_1 y[n-1] - a_2 y[n-2] + b_0 x[n] + b_1 x[n-1] + b_2 x[n-2] \,.$$

Somit haben wir die ursprüngliche Differenzengleichung wieder gefunden.

Sowohl aus dem Blockdiagramm wie auch aus der Differenzengleichung ist er-sichtlich, dass bei rekursiven Systemen das Ausgangssignal zurückgekoppelt wird. Diese Rückkoppplung führt dazu, dass die Antwort auf einen Einheitspuls theoretisch erst nach unendlich langer Zeit abklingt. Deshalb werden rekursive zeitdiskrete LTI-Systeme auch *IIR-Systeme* oder *IIR-Filter*, (engl: *infinite impulse response filter*) genannt. Im Gegensatz dazu nennt man nichtrekursive zeitdiskrete LTI-Systeme auch *FIR-Systeme* oder *FIR-Filter*, weil sie eine endlich lange Impulsantwort haben (engl: *finite impulse response*). Zur Illustration wollen wir im nächsten Beispiel ein solches System betrachten.

Beispiel: Bild 3.19 zeigt das Blockdiagramm eines nichtrekursiven LTI-Systems 3. Ordnung mit der Differenzengleichung

$$y[n] = b_0 x[n] + b_1 x[n-1] + b_2 x[n-2] + b_3 x[n-3]$$

und der Impulsantwort

$$\{h[n]\} = \{b_0, b_1, b_2, b_3\} \ .$$

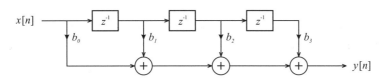

Bild 3.19: Blockdiagramm eines nichtrekursiven LTI-Systems 3. Ordnung

Allgemein gilt:

$$\{h[n]\} = \{b_0, b_1, \cdots, b_N\} \ . \tag{3.95}$$

In Worten:

Die Impulsantwort eines nichtrekursiven LTI-Systems N-ter Ordnung ist gleich den Koeffizienten der Differenzengleichung.

Man kann diese schöne Eigenschaft sofort anhand des Blockdiagramms in Bild 3.19 überprüfen, indem man sich vorstellt, dass zum Abtastzeitpunkt Null eine 1 eingespeisst wird. Diese 1 wandert im Takt der Abtastfrequenz durch die Kette von Verzögerungselementen (engl: *delay line*) und wird jeweils mit einem b_i-Koeffizienten multipliziert, so dass am Ausgang das Signal $\{b_0, b_1, b_2, \ldots, b_N\}$ entsteht. Nach N Abtastintervallen ist die 1 aus der Delay-Line verschwunden und die Impulsantwort bleibt Null.

Die Impulsantwort besteht demnach aus den $(N+1)$ b-Koeffizienten und man sagt deshalb, dass das FIR-Filter eine Länge von $N+1$ habe. Allgemein gilt:
Die Länge eines FIR-Filters der Ordnung N ist gleich N+1.

Bekanntlich ist das Ausgangssignal eines LTI-Systems gleich der Impulsantwort, gefaltet mit dem Eingangssignal:

$$y[n] = h[n] * x[n] = \sum_{i=-\infty}^{\infty} h[i]x[n-i] \ .$$

Daraus folgt für ein FIR-Filter N-ter Ordnung mit der Impulsantwort $\{h[n]\} = \{b_0, b_1, \cdots, b_N\}$:

$$y[n] = \sum_{i=0}^{N} b_i x[n-i]\,. \tag{3.96}$$

Dies ist aber nichts anderes als die Differenzengleichung eines nichtrekursiven LTI-Systems. Mit anderen Worten: Faltung und Differenzengleichung sind bei einem FIR-Filter identisch.

Definieren wir einen Datenvektor

$$\boldsymbol{x}[n] = [x[n], x[n-1], \cdots, x[n-N]]^T \tag{3.97}$$

und einen Filterkoeffizientenvektor

$$\boldsymbol{b} = [b_0, b_1, \cdots, b_N]^T\,, \tag{3.98}$$

beide der Länge $N+1$, dann kann man die Differenzengleichung (3.96) in Form eines Skalarprodukts schreiben:

$$y[n] = \boldsymbol{b}^T \boldsymbol{x}[n]\,. \tag{3.99}$$

Zusammengefasst:

> *Die Durchführung der Faltung, das Auswerten der Differenzenglei-chung und die Berechnung des Skalarprodukts sind bei einem FIR-Filter N-ter Ordnung identische Operationen. Zur Bestimmung ei-nes Ausgangsabtastwertes $y[n]$ erfordern sie $(N+1)$ Multiplikationen und N Additionen.*

3.5.2 Übertragungsfunktion

Grundlagen

In Kap. 3.4.1 haben wir kausale zeitdiskrete LTI-Systeme untersucht, deren Eingangs- und Ausgangssignale die Differenzengleichung

$$y[n] = -\sum_{i=1}^{M} a_i y[n-i] + \sum_{i=0}^{N} b_i x[n-i]$$

erfüllen. Diese Systemklasse ist sehr wichtig für die Praxis, weil sie zu echt-zeitfähigen IIR- und FIR-Filtern führt.

Zur Herleitung der Übertragungsfunktion transformieren wir beide Seiten der Differenzengleichung in den z-Bereich, indem wir die die Linearitätseigen-schaft (3.66) und die Zeitverschiebungseigenschaft (3.67) anwenden. Wir erhal-ten:

$$Y(z) = -\sum_{i=1}^{M} a_i z^{-i} Y(z) + \sum_{i=0}^{N} b_i z^{-i} X(z)\,.$$

Aufgelöst nach $Y(z)$ ergibt:

$$Y(z) = \underbrace{\frac{b_0 + b_1 z^{-1} + \cdots + b_N z^{-N}}{1 + a_1 z^{-1} + \cdots + a_M z^{-M}}}_{H(z)} X(z) \,.$$

Der Faktor

$$H(z) = \frac{b_0 + b_1 z^{-1} + \cdots + b_N z^{-N}}{1 + a_1 z^{-1} + \cdots + a_M z^{-M}} \,, \qquad (3.100)$$

der $Y(z)$ mit $X(z)$ verknüpft, beschreibt das Übertragungsverhalten des LTI-Systems und heisst *Übertragungsfunktion*. Dank dem Minuszeichen vor der ersten Summe in der Differenzengleichung haben alle a-Koeffizienten ein einheitliches positives Vorzeichen.

Wie man die Koeffizienten des Zähler- und Nennerpolynoms für eine gegebene Filteraufgabe findet, werden wir in Kapitel 5.3 erfahren.

Pole und Nullstellen

Pole und Nullstellen einer Übertragungsfunktion enthalten nützliche Informationen über ein System. Wir wollen zuerst definieren, was Pole und Nullstellen sind und nachher angeben, welcher Art diese Informationen sind.

Die Übertragungsfunktion kann man wie folgt schreiben:

$$\begin{aligned} H(z) &= \frac{b_0 + b_1 z^{-1} + \cdots + b_N z^{-N}}{1 + a_1 z^{-1} + \cdots + a_M z^{-M}} \,, \\ &= b_0 \frac{z^{-N}}{z^{-M}} \cdot \frac{z^N + (b_1/b_0)z^{N-1} + \cdots + (b_N/b_0)}{z^M + a_1 z^{M-1} + \cdots + a_M} \,, \\ &= b_0 z^{M-N} \frac{(z - z_1)(z - z_2) \cdots (z - z_N)}{(z - p_1)(z - p_2) \cdots (z - p_M)} \,. \qquad (3.101) \end{aligned}$$

Die komplexen Zahlen z_i heissen *Nullstellen* (engl: zeros) von $H(z)$, weil an diesen Stellen die Übertragungsfunktion Null ist:

$$H(z_i) = 0 \quad \text{für} \quad i = 1, 2, \ldots, N \,. \qquad (3.102)$$

Die komplexen Zahlen p_i heissen *Pole* (engl: poles) von $H(z)$, weil an diesen Stellen die Übertragungsfunktion unendlich ist:

$$|H(p_i)| = \infty \quad \text{für} \quad i = 1, 2, \ldots, M \,. \qquad (3.103)$$

Gemäss Gl.(3.101) ist eine Übertragungsfunktion — bis auf die Konstante b_0 — vollständig durch die Pole und Nullstellen bestimmt. Die Anzahl Nullstellen ist gleich dem Grad des Zählerpolynoms, die Anzahl Pole ist gleich dem Grad des

Nennerpolynoms und die Ordnung der Übertragungsfunktion ist gegeben durch den grösseren der beiden Grade. Zusätzlich zu den M Polen gibt es $N - M$ Pole im Ursprung, falls $N > M$ ist, respektive zusätzliche $M - N$ Nullstellen im Ursprung, falls $M > N$ ist. Da diese Pole, repektive Nullstellen, selten von Interesse sind, werden sie in einem Pol-Nullstellendiagramm meistens nicht dargestellt. In einem Pol-Nullstellendiagramm werden die Pole durch kleine Kreuze und die Nullstellen durch kleine Kreise in der komplexen z-Ebene gekennzeichnet (Bild 3.20).

Ohne Herleitung wollen wir einige Eigenschaften der Pole und Nullstellen eines rekursiven LTI-Systems angeben [PM96] und diese anhand eines Beispiels überprüfen.

1. Systeme mit reellen a- und b-Koeffizienten haben reelle und/oder konjugiert komplexe Pole und Nullstellen.

2. Bei einem stabilen System müssen die Pole innerhalb des Einheitskreises liegen.

3. Pole und Nullstellen in der Nähe des Einheitskreises verursachen im Amplitudengang Erhöhungen und Vertiefungen.

4. Das konjugiert komplexe Polpaar, das sich am nächsten des Einheitskreises befindet, nennt man *dominant*. Es verursacht bei Einschaltvorgängen Schwingungen, die umso länger dauern, je näher das Polpaar beim Einheitskreis ist.

Beispiel: Wir betrachten ein IIR-System 4. Ordnung mit der Übertragungsfunktion

$$H(z) = \frac{0.032 - 0.053z^{-1} + 0.047z^{-2} - 0.053z^{-3} + 0.032z^{-4}}{1 - 2.742z^{-1} + 3.735z^{-2} - 2.578z^{-3} + 0.885z^{-4}}$$

und der Abtastfrequenz $f_s = 1\,\text{kHz}$, was ein Abtastintervall von $T = 1\,\text{ms}$ ergibt. Mithilfe des MATLAB-Befehls `roots` finden wir die dazugehörigen Pole und Nullstellen

$$z_1 = 1e^{j2\pi 0.046}\,, \qquad z_4 = 1e^{-j2\pi 0.046}\,,$$
$$p_1 = 0.974e^{j2\pi 0.106}\,, \qquad p_4 = 0.974e^{-j2\pi 0.106}\,,$$
$$p_2 = 0.967e^{j2\pi 0.143}\,, \qquad p_3 = 0.967e^{-j2\pi 0.143}\,,$$
$$z_2 = 1e^{j2\pi 0.272}\,, \qquad z_3 = 1e^{-j2\pi 0.272}$$

und mit `zplane` das Pol- Nullstellendiagramm in Bild 3.20. Die Befehle `freqz` und `impz` liefern den Amplitudengang und die Impulsantwort in Bild 3.21. Wir stellen fest:

1. Die Pole und Nullstellen sind konjugiert komplex, da die a- und b-Koeffizienten reell sind.

2. Die Impulsantwort klingt gegen Null ab, da die Pole innerhalb des Einheitskreises liegen.

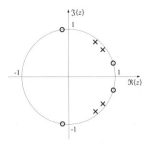

Bild 3.20: Pol- Nullstellendiagramm des IIR-Systems 4. Ordnung

3. Die beiden Nullstellen z_1 und z_2 auf dem Einheitskreis bewirken Kerben bei $f_{z_1} = 46\,\text{Hz}$ und $f_{z_2} = 272\,\text{Hz}$ und die beiden Pole p_1 und p_2 in Einheitskreisnähe verursachen Überhöhungen im Amplitudengang bei $f_{p_1} = 106\,\text{Hz}$ und $f_{p_2} = 143\,\text{Hz}$. Gemäss Gl.(3.93) berechnen sich die Nullstellen- und Polfrequenzen nach den Formeln $f_{z_i} = \angle z_i/(2\pi T)$ und $f_{p_i} = \angle p_i/(2\pi T)$.

4. Der Abstand der beiden Polpaare zum Einheitskreis ist ungefähr gleich gross, infolgedessen sind die Polpaare ähnlich dominant. Da die Pole für das Einschwingen der Impulsantwort verantwortlich sind, erwartet man daher eine Oszillationsfrequenz im Bereich von $106\,\text{Hz}$ bis $143\,\text{Hz}$. Durch Messen der Schwingungsperiode erhalten wir eine tatsächliche Oszillationsfrequenz von $1/8\,\text{ms}$, was eine Frequenz von $125\,\text{Hz}$ ergibt.

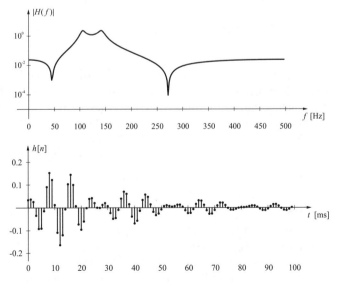

Bild 3.21: Amplitudengang und Impulsantwort des IIR-Systems 4. Ordnung

3.6 Aufgaben

1. **Periodizitätsbedingung einer Sinusschwingung**

   Damit N die fundamentale Periode einer zeitdiskreten Sinusschwingung ist, muss gelten: $f_0 T N = 1$. Leiten Sie diese Bedingung her.

2. **Leistungsberechnung des Einheitsschrittes**

   Berechnen Sie die mittlere Leistung P des Einheitsschrittes $u[n]$.

3. **SNR eines gestörten Sinussignals**

   Erzeugen Sie mit MATLAB ein diskretes Sinussignal der Länge $L = 1000$, der Amplitude $\hat{X} = 1$, der Frequenz $f_0 = 20\,\text{Hz}$ und dem Abtastintervall $T = 0.1\,\text{ms}$. Stören Sie es mit normal verteiltem Rauschen beliebiger Varianz und berechnen Sie das SNR in dB.

4. **Impulsantwort eines kausalen und nichtkausalen LTI-Systems**

   Entwerfen Sie mit `sptool` von MATLAB ein kausales LTI-System Ihrer Wahl, exportieren Sie es in den Speicher und plotten Sie mit `impz` seine Impulsantwort. Kreieren Sie einen Einheitspuls, wenden Sie auf ihn den Filterbefehl `filtfilt` an und zeichnen Sie mit `stem` die so entstandene Impulsantwort. Was stellen Sie fest?

5. **Faltung zweier diskreter Signale**

   Falten Sie die beiden Folgen $\{x[n]\} = \{0, 0.5, 1, 1, 1, 1\}$ und $\{h[n]\} = \{0, -0.5, -0.5, 1\}$.

   (a) Benutzen Sie die „Papierstreifenmethode", indem Sie die Folgenwerte von $\{x[i]\}$ auf eine Zeile schreiben und die Folgenwerte von $\{h[-i]\}$ auf einen Papierstreifen notieren. Positionieren Sie den Papierstreifen unter die Sequenz $\{x[i]\}$, multiplizieren Sie die Werte in den Kolonnen und bilden Sie die Summe: So erhalten Sie $y[0]$ (siehe Bild 3.22). Verschieben Sie den Papierstreifen um einen Abtastwert nach rechts, multiplizieren und addieren Sie wie oben beschrieben: So erhalten Sie $y[1]$. Fahren Sie so weiter bis die Länge der Faltung $L_y = L_x + L_h - 1$ ist.

   (b) Verwenden Sie den MATLAB-Befehl `conv`.

6. **Herleitung der inversen zeitdiskreten Fourier-Transformierten**

   Leiten Sie die Synthese-Gleichung (3.56) her, indem Sie wie folgt vorgehen: Multiplizieren Sie beide Seiten der Analyse-Gleichung (3.55) mit $e^{j\Omega k}$ und integrieren Sie nachher beide Seiten über Ω von $-\pi$ bis $+\pi$. Vertauschen Sie Integration und Summierung und wenden Sie anschliessend die Orthogonalitätseigenschaft (2.22) der komplexen Exponentialfunktion an.

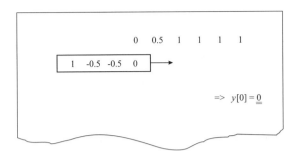

Bild 3.22: Faltung mit der Papierstreifenmethode

7. z-Transformierte kausaler Folgen

Bestimmen Sie mithilfe des MATLAB-Befehls `ztrans` die z-Transformierte der kausalen Sinusfolge, der kausalen Cosinusfolge und der kausalen komplexen Exponentialfolge.

8. Ausgangssignal eines LTI-Systems bei cosinusförmiger Anregung

Leiten Sie die Beziehung (3.80) her, die wie folgt lautet: $x[n] = \cos(\Omega n) \Rightarrow y[n] = |H(\Omega)| \cos(\Omega n + \angle H(\Omega))$. Gehen Sie wie folgt vor: 1. $\cos(\Omega n)$ gemäss der Eulerschen Formel (2.44) zerlegen. 2. Faltung durchführen. 3. Definition (3.76) des Frequenzgangs anwenden. 4. $H(\Omega)$ und $H(-\Omega)$ in Betrags-Phasenform darstellen. 5. Eulersche Formel anwenden.

9. Experiment zur Gruppenlaufzeit

Experimentieren Sie mit dem M-File `A1_3_9`, um eine Vorstellung der Gruppenlaufzeit zu bekommen.

10. Ausgangssignal eines FIR-Filters

Zum Auswerten der Faltung, der Differenzengleichung und des Skalarprodukts kennt MATLAB die Befehle `conv`, `filter` und `*`. Zeigen Sie, dass bei einem FIR-Filter diese drei Befehle auf das gleiche Ausgangssignal führen. Die b-Koeffizienten und das Eingangssignal generieren Sie nach Ihrer Wahl.

11. Beschreibung eines LTI-Systems

Bestimmen Sie zum LTI-System in Bild 3.23

(a) die Differenzengleichung,

(b) die Übertragungsfunktion $H(z)$,

(c) die Pole und Nullstellen inklusive Stabilitätsbedingung,

(d) den Frequenzgang $H(f)$ und

(e) die Impulsantwort $h[n]$.

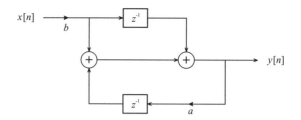

Bild 3.23: Rekursives LTI-System 1. Ordnung

12. **Eigenschaften von Polen und Nullstellen am Beispiel eines elliptischen Filters**

Starten Sie das MATLAB-Werkzeug `sptool` (Signal Processing Tool). Entwerfen Sie ein Filter `elliptic` und betrachten Sie das Pol-Nullstellen-Diagramm, den Amplitudengang und die Impulsantwort. Überprüfen Sie die vier Eigenschaften der Pole und Nullstellen auf Seite 98.

13. **Schätzung von Mittelwerten, Varianzen und Korrelationen**

(a) Erzeugen Sie mit `randn` weisses Rauschen mit der Varianz 1 und der Länge $M = 64$ und berechnen Sie $\hat{\mu}$ und $\hat{\sigma}^2$. Bestimmen Sie die drei Autokorrelationsfolgen nach Gl. (3.30) und Gl. (3.34).

(b) Weisses Rauschen mit der Varianz 1 ist definiert als ein stochastisches Signal, welches den Einheitspuls als Autokorrelationsfunktion hat. Überprüfen Sie diese Aussage, indem Sie 1000 Rauschsignale der Varianz 1 erzeugen und deren Autokorrelationsfunktionen ($k_i = k_2$) mitteln.

(c) Bei Erhöhung von M werden die Schätzungen genauer. Wählen Sie deshalb eine Signallänge M von beispielsweise 512 und verifizieren Sie, ob $\hat{\mu}$ und $\hat{\sigma}^2$ jetzt näher bei 0 und 1 liegen. Kontrollieren Sie auch, ob $\hat{r}_{xx}[0]$ gleich $\hat{\sigma}^2$ ist.

(d) Erzeugen Sie eine Sinus- und eine Cosinusschwingung der Länge $M = 100$ und der Abtastfrequenz $20\,\mathrm{Hz}$. Die Frequenz soll $1\,\mathrm{Hz}$ und der Scheitelwert soll 1 betragen. Der DC-Wert der beiden Schwingungen ist bekanntlich 0 und der Effektivwert $1/\sqrt{2}$. Stimmen die Schätzwerte mit diesen Werten überein? Bestimmen Sie $\hat{r}_{xy}[m]$ mit $k_i = k_1$ und $k_i = k_2$. Welche Schätzung der Kreuzkorrelationsfunktion ist vermutlich besser?

14. **Experimente mit LabVIEW Vis**

Experimentieren Sie mit folgenden LabVIEW Vis:

(a) `Impulse Response of a Nonrecursive LTI System.`

(b) `Impulse Response of a Recursive LTI System.`

(c) `Illustration of the Discrete Convolution.`

(d) `Frequency Response, pz-Plot and Stability.`

(e) `Correlator.` Dieses Vi simuliert das Anwendungsbeispiel auf Seite 75. Das Vi erzeugt ein stochastisches Signal und das zugehörige verzögerte stochastische Signal. Beide Signale können mit Rauschen gestört werden. Die Signale werden kreuzkorreliert und aus der Kreuzkorrelationsfunktion wird der Ort des Maximums bestimmt. Falls die Verzögerung und das Störrauschen nicht zu gross sind, stimmt dieser Ort mit der gesuchten Zeitverzögerung überein.

Kapitel 4

Diskrete Fourier-Transformation

4.1 Einführung

4.1.1 Motivation

Es gibt verschiedene Gründe, auf zeitdiskrete Signale die diskrete Fourier-Transformation (engl: Discrete Fourier Transform, DFT) anzuwenden. Die beiden wichtigsten sind:

- Ermittlung des Spektrums, d. h. des Frequenzgehalts eines Signals.

- Berechnung der Faltung und der Korrelation zweier Signale.

Beispiele zum ersten Punkt sind die Berechnung der Harmonischen des Netzstromes (Bild 1.11), die Ermittlung des Spektrums eines Nachrichtensignals (Bild 1.15), die Schwingungsanalyse an mechanischen Objekten, die Bestimmung der Oberschwingungen am Ausgang eines Verstärkers und daraus die Berechnung seines Klirrfaktors, das Suchen von Sinussignalen im Rauschen etc. In den erwähnten Beispielen ist man bestrebt, die Fourier-Transformierte des Signals zu ermitteln. Die DFT ist eine Approximation der Fourier-Transformierten mit dem grossen Vorteil, dass sie auf einem digitalen Rechner effizient berechnet werden kann.

Das zweite Anwendungsfeld ist die schnelle Berechnung der Faltung und der Korrelation zweier diskreter Signale. Die Berechnungsmethode beruht auf dem Faltungs- und Korrelationstheorem und wird vor allem dann angewandt, wenn lange Sequenzen in Echtzeit gefaltet oder korreliert werden müssen. Wir werden uns im Folgenden auf die Spektralanalyse beschränken und verweisen die Interessenten der schnellen Methode auf die Literatur [Bri88], [Bri82].

4.1.2 Definition

Ausgangspunkt zur Herleitung der DFT ist die Fourier-Transformierte eines zeitkontinuierlichen Signals

$$X(f) = \int_{-\infty}^{\infty} x(t)e^{-j2\pi ft}\, dt\,. \tag{4.1}$$

Wir ersetzen das zeitkontinuierliche Signal durch seine Abtastwerte $x(nT)$ (engl: samples) und das Differential durch das Abtastintervall T und approximieren das Integral durch die Summe

$$X_s(f) = \sum_{n=-\infty}^{+\infty} x(nT)e^{-j2\pi fnT}T\,. \tag{4.2}$$

Aus der unendlichen Anzahl von Abtastwerten schneiden wir eine endliche Anzahl N heraus (engl: windowing) und lassen der Bequemlichkeit halber den Faktor T weg. Wir erhalten derart das Spektrum des abgetasteten (engl: sampled) und gefensterten (engl: windowed) Signals:

$$X_{sw}(f) = \sum_{n=0}^{N-1} x(nT)e^{-j2\pi n\frac{f}{f_s}}\,. \tag{4.3}$$

Die Funktion $X_{sw}(f)$ ist f_s-periodisch ($f_s = 1/T$) und hat — wie man zeigen kann [SH94] — nur an N Frequenzstellen linear unabhängige Funktionswerte. Wir werten $X_{sw}(f)$ an N äquidistanten Frequenzstellen $f = 0, \frac{f_s}{N}, 2\frac{f_s}{N}, \dots, (N-1)\frac{f_s}{N}$ aus:

$$X_{sw}(k\frac{f_s}{N}) = \sum_{n=0}^{N-1} x(nT)e^{-j2\pi n\frac{kf_s}{Nf_s}}, \qquad k = 0, 1, 2, \dots, N-1\,. \tag{4.4}$$

Der Einfachheit halber lässt man die Kennzeichnung $_{sw}$ und den Faktor $\frac{f_s}{N}$ in der Klammer weg und kennzeichnet die Abtastwerte durch eckige Klammern und ohne T:

$$X[k] = \sum_{n=0}^{N-1} x[n]e^{-jkn\frac{2\pi}{N}}, \qquad k = 0, 1, 2, \dots, N-1\,. \tag{4.5}$$

Dies ist die Definition der DFT (*diskrete Fourier-Transformierte*). Sie erscheint auf den ersten Blick abstrakt und der Leser wird vermutlich nicht viel mit ihr anfangen können. Wir werden sie deshalb im nächsten Unterkapitel anhand einer Graphik zu interpretieren versuchen.

Ohne Herleitung geben wir noch die Definition der inversen DFT [SH94]:

$$x[n] = \frac{1}{N}\sum_{k=0}^{N-1} X[k]e^{jkn\frac{2\pi}{N}}, \qquad n = 0, 1, 2, \dots, N-1\,. \tag{4.6}$$

Diese Gleichung heisst Synthesegleichung und Gl.(4.5) nennt man Analysegleichung.

$x[n]$ und $X[k]$ bilden ein Transformationspaar, das heisst, ist die Sequenz $\{x[n]\} = \{x[0], x[1], \ldots, x[N-1]\}$ im Zeitbereich bekannt, dann finden wir über die DFT die Sequenz $\{X[k]\} = \{X[0], X[1], \ldots, X[N-1]\}$ im Frequenzbereich. Ist umgekehrt die Sequenz $\{X[k]\}$ gegeben, dann finden wir über die inverse DFT wiederum die ursprüngliche Sequenz $\{x[n]\}$.

Für ein Transformationspaar schreiben wir:

$$x[n] \quad \circ\!\!\!-\!\!\!\bullet \quad X[k] \,. \tag{4.7}$$

Die Werte $X[k]$, die im Allgemeinen komplex sind, nennt man häufig auch DFT-Koeffizienten. n ist die diskrete Zeitvariable oder der Zeitindex. Analog dazu heisst k *diskrete Frequenzvariable* oder *Frequenzindex* .

4.2 Interpretation und Eigenschaften der DFT

4.2.1 Matrix-Interpretation der DFT

Mit Einführung des Drehfaktors (engl: twiddle factor)

$$W_N = e^{-j2\pi/N} \,, \tag{4.8}$$

kann man die DFT und die IDFT wie folgt schreiben:

$$X[k] = \sum_{n=0}^{N-1} x[n]W_N^{kn}, \qquad k = 0, 1, 2, \ldots, N-1 \,. \tag{4.9}$$

$$x[n] = \frac{1}{N}\sum_{k=0}^{N-1} X[k]W_N^{-kn}, \qquad n = 0, 1, 2, \ldots, N-1 \,. \tag{4.10}$$

Stellt man die beiden Sequenzen $\{x[n]\} = \{x[0], x[1], \ldots, x[N-1]\}$ und $\{X[k]\} = \{X[0], X[1], \ldots, X[N-1]\}$ in Vektorform dar:

$$\boldsymbol{x}_N = \begin{bmatrix} x[0] \\ x[1] \\ \vdots \\ x[N-1] \end{bmatrix}, \qquad \boldsymbol{X}_N = \begin{bmatrix} X[0] \\ X[1] \\ \vdots \\ X[N-1] \end{bmatrix} \tag{4.11}$$

und definiert man die DFT-Matrix

$$\boldsymbol{W}_N = \begin{bmatrix} 1 & 1 & \cdots & 1 \\ 1 & W_N^1 & \cdots & W_N^{N-1} \\ \vdots & \vdots & \vdots\vdots\vdots & \vdots \\ 1 & W_N^{N-1} & \cdots & W_N^{(N-1)(N-1)} \end{bmatrix}, \tag{4.12}$$

dann kann man die N-Punkte-DFT in Form einer Matrizenmultiplikation schreiben:

$$\boldsymbol{X}_N = \boldsymbol{W}_N \boldsymbol{x}_N \,. \tag{4.13}$$

Um die IDFT zu erhalten, müssen wir nur die DFT mit der inversen DFT-Matrix multiplizieren:

$$\boldsymbol{x}_N = \boldsymbol{W}_N^{-1} \boldsymbol{X}_N \,, \tag{4.14}$$

wobei die inverse DFT-Matrix gemäss Gl.(4.10) und der Definition (4.8) wie folgt gegeben ist:

$$\boldsymbol{W}_N^{-1} = \frac{1}{N} \boldsymbol{W}_N^* \,. \tag{4.15}$$

Das *-Zeichen will sagen, dass die Elemente von $\boldsymbol{W}_N$ konjugiert komplex genommen werden müssen (Aufgabe 3).

Wir halten fest:

- *Die diskrete Fourier-Transformation ist eine Multiplikation, nämlich des Signalvektors mit der DFT-Matrix. Das Resultat ist der DFT-Koeffizientenvektor.*

- *Die inverse diskrete Fourier-Transformation ist ebenfalls eine Multiplikation, nämlich des DFT-Koeffizientenvektors mit der inversen DFT-Matrix. Das Resultat ist der Signalvektor.*

- *Die inverse DFT-Matrix erhält man durch eine einfache Operation aus der DFT-Matrix, nämlich durch Skalierung mit dem Faktor $1/N$ und durch elementweises Konjugiert-Komplex-Bilden.*

4.2.2 Die DFT-Koeffizienten als Korrelationen

In Kap. 3.2.2 haben wir die Korrelation zweier reeller zeitdiskreter Signale der Dauer N wie folgt definiert:

$$r_{xy}[m] = \sum_{n=0}^{N-1} x[n]y[n+m] \,.$$

Betrachten wir nun die Definition des k-ten DFT-Koeffizienten:

$$
\begin{aligned}
X[k] &= \sum_{n=0}^{N-1} x[n]e^{-jkn\frac{2\pi}{N}} \,, & (4.16)\\
&= \sum_{n=0}^{N-1} x[n]\cos(kn\frac{2\pi}{N}) + j\sum_{n=0}^{N-1} x[n]\sin(-kn\frac{2\pi}{N}) \,, & (4.17)
\end{aligned}
$$

dann können wir sagen:

> *Der Realteil des k-ten DFT-Koeffizienten ist gleich der Korrelation des Signals mit der Cosinusfolge* $\cos(kn\frac{2\pi}{N})$, *ausgewertet an der Stelle* $m = 0$ *und der Imaginärteil des k-ten DFT-Koeffizienten ist gleich der Korrelation des Signals mit der Sinusfolge* $\sin(-kn\frac{2\pi}{N})$, *ausgewertet an der Stelle* $m = 0$.

Wir erinnern uns, dass die Korrelation ein Mass der Übereinstimmung zweier Signale ist oder mit anderen Worten: Der Realteil der DFT sagt aus, ob im Signal Cosinusschwingungen der diskreten Frequenz k enthalten sind und der Imaginärteil sagt aus, ob im Signal Sinusschwingungen der diskreten Frequenz k enthalten sind.

4.2.3 Graphische Interpretation

Um ein Gefühl für die DFT zu vermitteln, wollen wir sie anhand des Beispiels in Bild 4.1 graphisch herleiten und dabei die Fehler diskutieren, die bei der Approximation der Fourier-Transformierten durch die DFT entstehen.

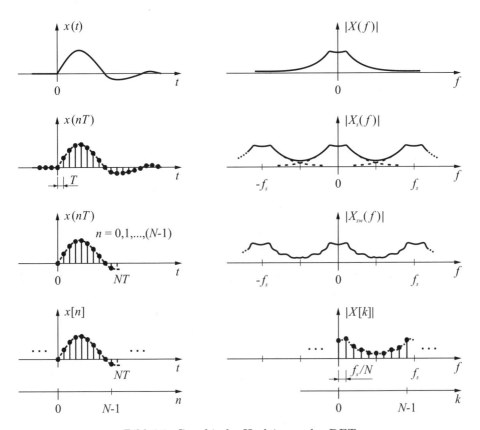

Bild 4.1: Graphische Herleitung der DFT

Durch die Abtastung des Signals entsteht ein f_s-periodisches Spektrum. Wird dabei das Abtasttheorem verletzt, so entsteht Aliasing, angedeutet durch die gestrichelt eingezeichnete Bandüberlappung. Aus dem abgetasteten Signal werden N Abtastwerte herausgeschnitten. Dieses Herausschneiden wird auch Rechteckfensterung genannt, wobei die Länge des Rechteckfensters NT beträgt. Die Fensterung ist mathematisch gesehen eine Multiplikation des Signals mit einer Rechteckfunktion, deren Spektrum bekanntlich $\sin(x)/x$-förmig ist. Einer Multiplikation im Zeitbereich entspricht gemäss Faltungstheorem (2.78) einer Faltung im Frequenzbereich. Das periodische Spektrum wird also mit dem $\sin(x)/x$-Spektrum gefaltet, oder — etwas salopp ausgedrückt — verschmiert. Diese Verschmierung ist durch die Rippel im Spektrum angedeutet. Durch N-maliges Abtasten des verschmierten Spektrums im Abstand von f_s/N entsteht die DFT $X[k]$. Wir stellen fest, dass die DFT im Bereich von 0 bis $f_s/2$ tatsächlich eine Approximation für die Fourier-Transformierte darstellt. Mit den drei Fortsetzungspunkten deuten wir an, dass in Einklang mit dem Periodizitäts- und Diskretizitäts-Theorem $x[n]$ und $X[k]$ periodisch fortgesetzt werden.

Der Abstand Δf zweier Frequenzpunkte nennt man Frequenzauflösung der DFT und die Dauer NT des Rechteckfensters heisst Messdauer, Messintervall oder Fensterlänge. Wir haben gesehen, dass der Abstand zweier Frequenzpunkte gleich f_s/N ist, damit folgt aus $f_s = 1/T$:

$$\Delta f = \frac{1}{NT} \,. \tag{4.18}$$

In Worten:

Die Frequenzauflösung der DFT ist gleich dem Inversen der Messdauer.

Der Begriff „Auflösung" bezieht sich hier auf den Abstand zweier Frequenzpunkte im DFT-Spektrum. Er darf nicht verwechselt werden mit dem minimalen Frequenzabstand, den zwei Sinusschwingungen haben müssen, damit man sie im DFT-Spektrum erkennt. Mehr zu diesem Thema in Kap. 4.6.3.

4.2.4 Eigenschaften der DFT

Wir wollen im Folgenden die wichtigsten Eigenschaften der DFT zusammenstellen. Eine vollständige Zusammenstellung findet sich z. B. in [OS95].

Linearität

Die DFT ist eine lineare Transformation, d. h. sind $x_1[n]$, $X_1[k]$ und $x_2[n]$, $X_2[k]$ zwei DFT-Paare und sind k_1 und k_2 zwei Konstanten, dann gilt:

$$k_1 x_1[n] + k_2 x_2[n] \quad \circ\!\!-\!\!\bullet \quad k_1 X_1[k] + k_2 X_2[k] \,. \tag{4.19}$$

In Worten: Die DFT einer Linearkombination von Signalen ist gleich der Linearkombination ihrer DFTs.

Periodizität

Die Exponentialfolge $W_N^{kn} = e^{-j2\pi kn/N}$ ist N-periodisch (Gl. 3.10). Daraus folgt:

$$X[k] = X[k+N] . \tag{4.20}$$

Ist $x[n]$ die inverse DFT, dann gilt ebenfalls:

$$x[n] = x[n+N] . \tag{4.21}$$

In Worten: Die DFT und die IDFT sind N-periodisch.

Parceval-Theorem

Mithilfe der Gleichungen (4.13) bis (4.15) kann man sofort zeigen, dass gilt:

$$\sum_{n=0}^{N-1} |x[n]|^2 = \frac{1}{N} \sum_{k=0}^{N-1} |X[k]|^2 . \tag{4.22}$$

In Worten: Die Energie des Signals im Zeitbereich ist gleich der Energie des Signals im Frequenzbereich geteilt durch N.

Symmetrie

Die DFT eines reellen Signals ist bezüglich dem Punkt $k = N/2$ symmetrisch:

$$X[\frac{N}{2} + l] = X^*[\frac{N}{2} - l], \qquad l = \begin{cases} 0, 1, 2, \ldots & : \ N \text{ gerade}, \\ 0.5, 1.5, 2.5, \ldots & : \ N \text{ ungerade}. \end{cases} \tag{4.23}$$

Wegen der Periodizität und der Symmetrie wird die DFT in der Praxis meistens nur in den Bereichen $k = 0, 1, 2, \ldots, N/2$ (N gerade) oder $k = 0, 1, 2, \ldots$, $\ldots, N/2 - 0.5$ (N ungerade) dargestellt. Diese Bereiche entsprechen dem Nyquistbereich, d. h. dem Frequenzbereich zwischen 0 und $f_s/2$. In diesem Bereich ist die DFT eine Approximation der Fourier-Transformierten, wie in Bild 4.1 rechts unten überprüft werden kann.

4.3 Die DFT als Approximation

Wie bereits erwähnt, besteht eine häufige Aufgabe in der Messtechnik darin, den Frequenzgehalt zeitkontinuierlicher Signale zu bestimmen. Beispielsweise möchte man die Fourier-Transformierte eines Pulses in Erfahrung bringen oder die Fourier-Koeffizienten eines periodischen Geräusches bestimmen. Gehen wir davon aus, dass nur eine beschränkte Anzahl von Abtastwerten eines zeitkontinuierlichen Signals zur Verfügung steht, dann können wir problemlos die zugehörige DFT auf einem Computer bestimmen. Die Frage ist allerdings, inwiefern die DFT eine Approximation für die Fourier-Transformierte oder die Fourier-Koeffizienten darstellt. Diese Frage wollen wir in diesem Unterkapitel untersuchen.

4.3.1   Die DFT als Approximation der Fourier-Transformierten

Unter der Voraussetzung, dass das zeitkontinuierliche Signal $x(t)$ auf ein Intervall der Dauer T_0 beschränkt ist, kann man die Fourier-Transformierte $X(f)$ an den diskreten Frequenzpunkten $f_k = k\frac{f_s}{N}$ wie folgt durch die DFT $X[k]$ approximieren:

$$X(f)|_{f=k\frac{f_s}{N}} \approx TX[k]\,, \qquad k = \begin{cases} -\frac{N}{2}, \ldots, -1, 0, 1, \ldots \frac{N}{2} - 1 & : \ N \text{ gerade}\,, \\ -\frac{N-1}{2}, \ldots, -1, 0, 1, \ldots \frac{N-1}{2} & : \ N \text{ ungerade}\,. \end{cases}$$
$$(4.24)$$

Die Messdauer NT muss gleich lang oder länger als die Signaldauer T_0 gewählt werden, d.h. $NT \geq T_0$. Ist die Messdauer länger als die Signaldauer, dann spricht man von „Zero Padding" und meint damit das Auffüllen des Signalvektors mit Nullen, bis er die Länge N hat. Durch das „Zero Padding" erreicht man eine bessere graphische Auflösung des Spektrums. Die physikalische Auflösung hingegen kann man nur verbessern, indem das Abtastintervall T verkleinert wird. Je kleiner das Abtastintervall ist, desto kleiner wird der Approximationsfehler, der durch die Bandüberlappung (Aliasing) entsteht. Mehr zum Thema „Auflösung" in Kap. 4.6.3.

Beispiel: Bild 4.2 links zeigt einen Sinuspuls der Länge 1 s und rechts den Betrag seiner Fourier-Transformierten. Tastet man den Puls mit $f_s = 10\,\text{Hz}$ ab und wählt man die Anzahl Abtastwerte $N = 20$, dann beträgt die Messdauer 2 s und das „Zero Padding" 50 %. Im Bild rechts ist der Betrag der DFT-Koeffizienten eingezeichnet und man sieht, dass sie im Frequenzbereich $-0.5 f_s \leq f < 0.5 f_s$ die Fourier-Transformierte gut approximieren.

4.3.2   Die DFT als Approximation der Fourier-Reihe

Gemäss Kap. 2.2.1 lässt sich ein T_0-periodisches Signal $x(t)$ mit der Grundfrequenz $f_0 = 1/T_0$ wie folgt in eine Fourier-Reihe zerlegen:

$$x(t) = \sum_{k=-\infty}^{\infty} c_k e^{jk2\pi f_0 t}\,.$$

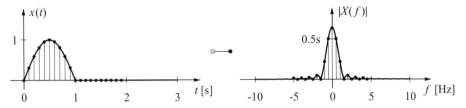

Bild 4.2: Fourier-Transformierte eines Sinuspulses und ihre Approximation durch die DFT

Unter der Voraussetzung, dass genau eine Periode abgetastet wird, berechnen sich die Fourier-Koeffizienten nach folgender Formel:

$$c_k \approx \frac{1}{N} X[k] \,, \qquad k = \begin{cases} -\frac{N}{2}, \ldots, -1, 0, 1, \ldots \frac{N}{2} - 1 & : \ N \text{ gerade}, \\ -\frac{N-1}{2}, \ldots, -1, 0, 1, \ldots \frac{N-1}{2} & : \ N \text{ ungerade}. \end{cases} \tag{4.25}$$

Die korrekte Abtastung ist in Bild 4.3 dargestellt, wobei drei Punkte zu beachten ist: 1. Die Länge des Messfensters muss gleich der Periodenlänge sein, d. h. $NT = T_0$. 2. Der Wert am linken Rand des Messfensters wird abgetastet. 3. Der Wert am rechten Rand des Messfensters wird nicht mehr abgetastet.

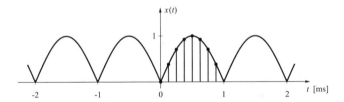

Bild 4.3: Korrekte Abtastung eines periodischen Signals

Ist das T_0-periodische Signal reell und wünscht man eine Fourier-Zerlegung der Form

$$x(t) = A_0 + \sum_{k=1}^{\infty} A_k \cos(2\pi k f_0 t + \alpha_k) \,, \tag{4.26}$$

dann kann man den DC-Wert A_0, die Amplituden A_k und die Phasenwinkel α_k wie folgt approximieren:

$$A_0 \approx \frac{1}{N} X[0], \tag{4.27}$$

$$A_k \approx \frac{2}{N} |X[k]|, \qquad k = \begin{cases} 1, \dots, \frac{N}{2} & : \ N \text{ gerade}, \\ 1, \dots, \frac{N-1}{2} & : \ N \text{ ungerade}, \end{cases} \tag{4.28}$$

$$\alpha_k \approx \angle X[k], \qquad k = \begin{cases} 1, \dots, \frac{N}{2} - 1 & : \ N \text{ gerade}, \\ 1, \dots, \frac{N-1}{2} & : \ N \text{ ungerade}. \end{cases} \tag{4.29}$$

Beispiel: In Lit. [BSMM93] findet man die Fourier-Koeffizienten der gleichgerichteten Sinusschwingung in Bild 4.3:

$$A_0 = 0.637, \quad A_1 = 0.424, \quad A_2 = 0.085, \quad A_3 = 0.036, \quad A_4 = 0.020, \quad \text{etc.}$$
$$\alpha_1 = 180^o, \quad \alpha_2 = 180^o, \quad \alpha_3 = 180^o, \quad \alpha_4 = 180^o, \quad \text{etc.}$$

Approximiert nach den Formeln (4.27) bis (4.29) ergibt für $N = 8$:

$$A_0 \approx 0.628, \quad A_1 \approx 0.441, \quad A_2 \approx 0.104, \quad A_3 \approx 0.059, \quad A_4 \approx 0.050,$$
$$\alpha_1 \approx 180^o, \quad \alpha_2 \approx 180^o, \quad \alpha_3 \approx 180^o.$$

Die approximierten Koeffizienten höherer Ordnung sind aufgrund des Aliasings relativ stark fehlerbehaftet. Durch Wahl einer hohen Abtastfrequenz können diese Fehler eliminiert werden.

Über die richtige Wahl der Abtastfrequenz f_s und der Anzahl Abtastwerte N werden wir in Kap. 4.7 berichten.

4.3.3 Die DFT als Approximation der DTFT

In Kap. 3.4.1 haben wir die DTFT (Discrete-Time Fourier-Transform, zeitdiskrete Fourier-Transformierte oder Fourier-Transformierte eines zeitdiskreten Signals) wie folgt definiert:

$$X(\Omega) = \sum_{n=-\infty}^{\infty} x[n] e^{-j\Omega n} .$$

Unter der Voraussetzung, dass das zeitdiskrete Signal $x[n]$ auf das Intervall $0 \le n < N$ beschränkt ist, sind die DTFT $X(\Omega)$ und die DFT $X[k]$ an den normierten Kreisfrequenzpunkten $\Omega_k = k\frac{2\pi}{N}$ identisch:

$$X(\Omega)|_{\Omega = k\frac{2\pi}{N}} = X[k], \qquad k \in \mathbb{Z} . \tag{4.30}$$

Ist das Signal ungleich Null ausserhalb des Intervalls $0 \le n < N$, dann liefert die DFT ebenfalls nur eine Approximation der DTFT.

4.4 Die Berechnung der DFT mittels der FFT

Die FFT (Fast Fourier Transform), 1965 in einem berühmten Artikel von Cooley und Tukey publiziert [CT65], ist der wohl wichtigste Algorithmus in der digitalen Signalverarbeitung. Die FFT ist keine Transformierte, wie vielfach irrtümlicherweise angenommen wird, sondern eine effiziente Methode, die diskrete Fourier-Transformierte (DFT) zu berechnen.

Ausgangspunkt der FFT ist die Definition der DFT:

$$X[k] = \sum_{n=0}^{N-1} x[n]W_N^{nk}, \qquad k = 0, 1, 2, \ldots, N-1\,, \tag{4.31}$$

wobei die einzelnen Grössen und Parameter folgende Bedeutung haben:

k: diskrete Frequenzvariable,

n: diskrete Zeitvariable,

N: Anzahl Abtastwerte, Anzahl Frequenzwerte,

$X[k]$: Diskrete Fourier-Transformierte an der Stelle $f = k\frac{f_s}{N}$ oder k-ter DFT-Koeffizient,

$x[n]$: Abtastwert von $x(t)$ an der Stelle $t = nT$,

W_N: Drehfaktor (engl: twiddle factor), wobei $W_N = e^{-j2\pi/N}$.

Betrachten wir die Summe in Gl.(4.31), so stellen wir fest: Um die DFT an einer Frequenzstelle auszuwerten, müssen N Multiplikationen und $(N-1)$ Additionen durchgeführt werden. Wollen wir die DFT an allen N Frequenzstellen auswerten, dann müssen demnach $N \times N$ Multiplikationen und $N \times (N-1)$ Additionen durchgeführt werden. Der Rechenaufwand, gemessen in Anzahl Multiplikationen inklusive Additionen, ist somit ungefähr gleich N^2 und es stellt sich daher die Frage, ob er nicht durch ein intelligentes Verfahren vermindert werden könnte. Ein solches Verfahren existiert tatsächlich, es heisst FFT und wir wollen es im folgenden erläutern. Dabei setzen wir voraus, dass N eine Zweierpotenz ist, d. h. in der Form $N = 2^q$ ($q \in \mathbb{N}$) geschrieben werden kann.

Zuerst unterteilen wir die Folge $x[n]$ in zwei Teilfolgen:

$$\begin{aligned} x_1[n] &= x[2n]\,, \\ x_2[n] &= x[2n+1]\,, \end{aligned} \qquad n = 0, 1, \ldots, N/2 - 1\,. \tag{4.32}$$

Die erste Teilfolge besteht aus den geraden Abtastwerten und die zweite Teilfolge besteht aus den ungeraden Abtastwerten von $x[n]$. Somit können wir die DFT-

Summe (4.31) in zwei Teilsummen aufspalten:

$$X[k] \;=\; \sum_{n=0}^{N/2-1} x[2n]W_N^{2nk} + \sum_{n=0}^{N/2-1} x[2n+1]W_N^{(2n+1)k} \,,$$

$$\;=\; \sum_{n=0}^{N/2-1} x_1[n]W_N^{2nk} + W_N^k \sum_{n=0}^{N/2-1} x_2[n]W_N^{2nk} \,. \qquad (4.33)$$

W_N^{2nk} lässt sich wie folgt schreiben:

$$W_N^{2nk} = e^{-j\frac{2\pi}{N}2nk} = e^{-j\frac{2\pi}{N/2}nk} = W_{N/2}^{nk} \,. \qquad (4.34)$$

Mit diesem Term können wir Gl.(4.33) neu formulieren:

$$X[k] \;=\; \sum_{n=0}^{N/2-1} x_1[n]W_{N/2}^{nk} + W_N^k \sum_{n=0}^{N/2-1} x_2[n]W_{N/2}^{nk} \,, \qquad (4.35)$$

$$\;=\; X_1[k] + W_N^k X_2[k] \,, \quad k = 0, 1, \ldots, N-1 \,.$$

Studiert man Gl.(4.35), so stellt man fest, dass $X_1[k]$ und $X_2[k]$ die $N/2$-Punkte-DFTs von $x_1[n]$ und $x_2[n]$ repräsentieren. Mit anderen Worten: Wir haben die N-Punkte-DFT in zwei $N/2$-Punkte-DFTs zerlegt. Diese Aufspaltung ist für $N = 8$ in Form eines Signalflussdiagramms in Bild 4.4 graphisch dargestellt.

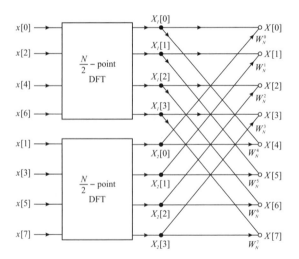

Bild 4.4: Signalflussdiagramm einer 8-Punkte-DFT, aufgespalten in zwei 4-Punkte-DFTs

Jede der zwei $N/2$-Punkte-DFTs erfordert $(N/2)^2$ Operationen in Form von Multiplikationen und Additionen. Die Multiplikation mit dem Faktor W_N^k inklusive Addition benötigt zusätzlich N Operationen, was zusammen einen Aufwand von $2(N/2)^2 + N = N^2/2 + N$ Operationen ergibt. Verglichen mit den ursprünglichen N^2 Operationen reduziert sich der Rechenaufwand für grosse N schon beträchtlich.

Die Strategie der FFT-Methode wird jetzt offensichtlich: Die beiden $N/2$-Punkte-DFTs zerlegen wir wiederum in je zwei $N/4$-Punkte-DFTs und diese zerlegen wir weiter, bis am Schluss nur noch 2-Punkte-DFTs übrig bleiben. Die vollständige Zerlegung kann man natürlich nur machen, wenn N eine Zweierpotenz, d. h. $N = 2^q$ ist. Die Anzahl Zerlegungsschritte beträgt dann $q = \log_2(N)$. Die vollständige Zerlegung ist in Bild 4.5 für eine 8-Punkte-DFT dargestellt.

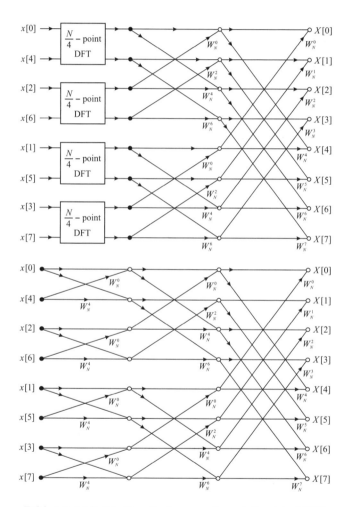

Bild 4.5: Vollständige Zerlegung einer 8-Punkte-DFT

Betrachten wir Bild 4.5 unten, dann stellen wir fest, dass jede Zerlegungsebene aus $N/2$ sogenannten Schmetterlings-Graphen (engl: butterflys) gemäss Bild 4.6 besteht.

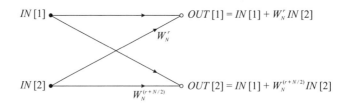

Bild 4.6: Butterfly oder Schmetterlings-Graph

Wie aus dem Bild ersichtlich ist, erfordert die Abarbeitung eines Schmetterlings-Graphen zwei komplexe Multiplikationen und zwei komplexe Additionen[1]. Daraus resultiert pro Zerlegungsebene ein Rechenaufwand von N Operationen in Form von komplexen Multiplikationen und Additionen. Multipliziert mit q Zerlegungsebenen ergibt einen Gesamtaufwand von

$$Nq = N \log_2(N) \tag{4.36}$$

Operationen für eine N-Punkte-DFT. Im Vergleich zur direkten Berechnung der DFT, welche N^2 Operationen benötigt, ist das eine drastische Aufwandreduktion. Bei einer 1024-Punkte-DFT beispielsweise kann man damit über 99% der Rechenoperationen einsparen!

Berücksichtigen wir noch die Tatsache, dass aufgrund der Beziehung

$$W_N^{r+N/2} = W_N^{N/2} W_N^r = -W_N^r \, , \tag{4.37}$$

$W_N^{r+N/2}$ gleich dem Negativen des Terms W_N^r ist, dann lässt sich der Butterfly weiter vereinfachen und in den Schmetterlings-Graphen von Bild 4.7 überführen, der nur noch 1 Multiplikation erfordert. Die Gesamtzahl der Multiplikationen kann damit nochmals um den Faktor 2 vermindert werden.

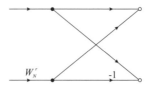

Bild 4.7: Vereinfachter Butterfly oder Schmetterlings-Graph

Der vollständige Graph des FFT-Algorithmus hat schliesslich das Aussehen von Bild 4.8.

Nach dem bisher Gesagten leuchtet ein, dass der Anwender bestrebt ist, N als Zweierpotenz (2, 4, 8, 16, 32, 64, 128, 256, 512, 1024, 2048, 4096 etc.) zu wählen, weil sich nur dann ein minimaler Rechenaufwand ergibt. Wo dies

---

[1] Zur Erinnerung: Eine komplexe Multiplikation besteht aus vier reellen Multiplikationen und eine komplexe Addition aus zwei reellen Additionen.

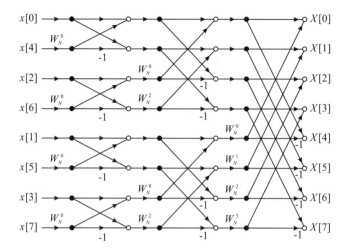

Bild 4.8: Graph des FFT-Algorithmus einer 8-Punkte-DFT

nicht möglich ist, kann man die DFT für zeitunkritische Anwendungen direkt auswerten oder den Signalvektor mit Nullen füllen (engl: zero padding) , bis seine Länge N eine Zweierpotenz ist. Eine weitere Möglichkeit besteht darin, einen speziellen FFT-Algorithmus zu programmmieren, wie er beispielsweise in Lit. [Bri82], [Bri88] oder [SS95] beschrieben ist. Da der FFT-Algorithmus der bekannteste DSV-Algorithmus ist, existiert eine vielfältige Software, so dass ein Anwender heute kaum je in die Lage kommt, diesen selber programmieren zu müssen.

4.5 Der Goertzel-Algorithmus

Wir haben gesehen, dass die FFT ein Algorithmus ist, mit dem man die DFT an N Frequenzpunkten bestimmen kann. Es kommt jedoch häufig vor, dass man die DFT nur an einem oder an einigen wenigen Frequenzpunkten berechnen möchte und es ist dann zweckmässig, einen einfacheren Algorithmus, wie z. B. den Goertzel-Algorithmus [Goe68] dafür anzuwenden.

4.5.1 Herleitung

Ausgangspunkt der Herleitung ist wiederum die Definition der DFT:

$$X[k] = \sum_{n=0}^{N-1} x[n] W_N^{kn} , \qquad \text{wobei: } W_N = e^{-j\frac{2\pi}{N}} . \tag{4.38}$$

Wegen $W_N^{-kN} = 1$ dürfen wir schreiben:

$$
\begin{aligned}
X[k] &= \sum_{n=0}^{N-1} x[n] W_N^{kn} W_N^{-kN} , \\
&= \sum_{n=0}^{N-1} x[n] W_N^{-k(N-n)} .
\end{aligned}
\tag{4.39}
$$

Die Summe (4.39) kann ausgedrückt werden als Faltung zweier Signale. Um dies zu verstehen, definieren wir zuerst das endlich lange und kausale Signal

$$
x_f[n] = \begin{cases} x[n] & : \quad 0 \leq n < N , \\ 0 & : \quad n < 0 , \quad n \geq N \end{cases}
\tag{4.40}
$$

und das unendlich lange und kausale Signal

$$
h_k[n] = \begin{cases} W_N^{-kn} & : \quad n \geq 0 , \\ 0 & : \quad n < 0 . \end{cases}
\tag{4.41}
$$

Für die Faltung der beiden Signale finden wir gemäss den Gleichungen (3.50) und (3.49):

$$
\begin{aligned}
y_k[n] &= x_f[n] * h_k[n] , \\
&= \sum_{i=-\infty}^{\infty} x_f[i] h_k[n-i] , \\
&= \sum_{i=0}^{N-1} x[i] W_N^{-k[n-i]} .
\end{aligned}
\tag{4.42}
$$

Ausgewertet an der Stelle $n = N$:

$$
y_k[n]|_{n=N} = \sum_{i=0}^{N-1} x[i] W_N^{-k[N-i]}
\tag{4.43}
$$

ergibt nach Gl.(4.39) den DFT-Koeffizienten an der Stelle k:

$$
y_k[n]|_{n=N} = X[k] .
\tag{4.44}
$$

Oder anders ausgedrückt: Legen wir das Signal $x_f[n]$ an den Eingang eines IIR-Filters mit der Impulsantwort $h_k[n]$, dann ist das Ausgangssignal an der Stelle $n = N$ gleich dem DFT-Koeffizienten $X[k]$.

Die Übertragungsfunktion $H_k(z)$ des IIR-Filters finden wir durch Transformation der Impulsantwort $h_k[n]$ in den z-Bereich (siehe Gl. 3.63):

$$
H_k(z) = \frac{1}{1 - W_N^{-k} z^{-1}} .
\tag{4.45}
$$

Dieses IIR-Filter ist 1. Ordnung und hat die Differenzengleichung

$$y_k[n] = W_N^{-k} y_k[n-1] + x_f[n] \,, \qquad (4.46)$$

mit der Anfangsbedingung $y_k[-1] = 0$.

Störend an dieser Differenzengleichung ist die Multiplikation mit dem komplexen Faktor W_N^{-k}. Die komplexe Multiplikation kann durch Erweiterung der Übertragungsfunktion mit dem Faktor $(1 - W_N^k z^{-1})$ eliminiert werden:

$$
\begin{aligned}
H_k(z) &= \frac{(1 - W_N^k z^{-1})}{(1 - W_N^{-k} z^{-1})(1 - W_N^k z^{-1})} \,, \\
&= \frac{1 - W_N^k z^{-1}}{1 - az^{-1} + z^{-2}} \,, \qquad \text{wobei: } a = 2\cos(k\frac{2\pi}{N}) \,, \qquad (4.47)
\end{aligned}
$$

mit dem Blockdiagramm:

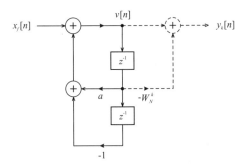

Bild 4.9: Blockdiagramm zum Goertzel-Algorithmus

Aus dem Blockdiagramm lässt sich folgendes Differenzengleichungssystem herleiten:

$$
\begin{aligned}
v[n] &= x_f[n] + av[n-1] - v[n-2] \,, \qquad (4.48) \\
y_k[n] &= v[n] - W_N^k v[n-1] \,, \qquad (4.49)
\end{aligned}
$$

wobei die Anfangsbedingungen $v[-1] = v[-2] = 0$ gesetzt werden. Der gestrichelt gezeichnete Teil des Blockdiagramms, welcher der Differenzengleichung (4.49) entspricht, muss jeweils nur am Ende von N Abtastintervallen ausgewertet werden, währenddem die Differenzengleichung (4.48) für jedes Abtastintervall abgearbeitet werden muss. Für grosse N erfordert der Algorithmus im Wesentlichen also nur eine reelle Multiplikation pro Abtastintervall. Dieser geringe Rechenaufwand ist der wesentliche Grund für die hohe Attraktivität des Goertzel-Algorithmus.

Mit der MATLAB-Funktion `goertzel1` kann man den k-ten DFT-Koeffizienten zu einem Signalvektor x der Länge N berechnen.

```
function Xk=goertzel1(x,k)
% Initialisierung
N=length(x);
a=2*cos(2*pi*k/N); WkN=exp(-j*2*pi*k/N);
v=[0;0;0]; x(N+1)=0;
% Rekursion
for n=1:N+1
    v(3)=v(2); v(2)=v(1); v(1)=a*v(2)-v(3)+x(n);
end
% Endwert
Xk=v(1)-WkN*v(2);
```

Diese MATLAB-Funktion ist der Schleife wegen nicht sehr effizient und dient
lediglich als Vorlage zur Programmierung des Goertzel-Algorithmus auf einem
Signalprozessor. Eine elegantere MATLAB-Funktion verwendet anstelle der Re-
kursion den `filter`-Befehl und hat somit folgendes Aussehen:

```
function Xk=goertzel2(x,k)
N=length(x);
a=2*cos(2*pi*k/N); WkN=exp(-j*2*pi*k/N);
[y,v]=filter(1,[1 -a 1],x);
Xk=v(1)-WkN*y(N);
```

4.5.2   Der Goertzel-Algorithmus als dezimierendes Bandpassfilter

Den Goertzel-Algorithmus können wir auch als dezimierendes Digitalfilter gemäss
Bild 4.10 auffassen.

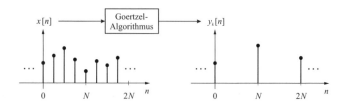

Bild 4.10: Der Goertzel-Algorithmus als dezimierendes Digitalfilter

Unter dem Block in Bild 4.10 kann man sich ein zeitdiskretes, lineares System vorstellen, das jeweils N Eingangsabtastwerte zu *einem* Ausgangsabtastwert verarbeitet und danach alle internen Speicher auf Null setzt. Von einer
Dezimierung spricht man, weil pro N Abtastintervalle *ein* Ausgangswert generiert wird.

Der Goertzel-Algorithmus liefert als Ausgangsabtastwerte die DFT-Koeffizienten zur Frequenz

$$f_k = k\frac{f_s}{N} . \qquad (4.50)$$

Ist im Eingangssignal $x[n]$ diese Frequenz vorhanden, dann sind die Ausgangsabtastwerte hoch, enthält das Eingangssignal keine Frequenz im Bereich von f_k, dann sind die Ausgangsabtastwerte klein. Man kann deshalb sagen, dass der Goertzel-Algorithmus als Bandpassfilter mit der Mittenfrequenz f_k arbeitet.

Beim Entwurf des Goertzel-Filters geht man meistens so vor, dass man die Parameter f_k, f_s und N festlegt und den Wert von k durch Auflösen der Gleichung (4.50) bestimmt. Daraus resultiert ein weiterer Vorteil des Goertzel-Algorithmus gegenüber der FFT: k darf beliebig reell sein und ist nicht wie bei der FFT auf die Menge der natürlichen Zahlen $\mathbb{N}$ beschränkt.

Bei vielen Problemstellungen möchte man nicht den komplexen DFT-Koeffizienten zu einer bestimmten Frequenz f_k bestimmen, sondern die Leistung des Eingangssignals bei der Frequenz f_k. Die Leistung P_k eines sinusförmigen Signals mit dem Scheitelwert A_k ist gleich $\frac{A_k^2}{2}$. Für die Leistung P_k bei der diskreten Frequenz k folgt dann aus Gl.(4.28):

$$P_k = \frac{A_k^2}{2} \approx \left| \frac{\sqrt{2}}{N} X[k] \right|^2 = \frac{2}{N^2} \left(\Re\{X[k]\}^2 + \Im\{X[k]\}^2 \right) . \qquad (4.51)$$

Um eine Schätzung von P_k zu erhalten, muss also der Realteil und der Imaginärteil von $X[k]$ quadriert und ihre Summe mit dem Faktor $2/N^2$ multipliziert werden. Das Blockdiagramm in Bild 4.9 erfährt demnach eine Änderung gemäss Bild 4.11.

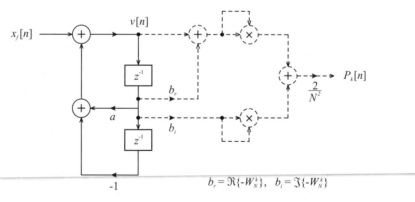

$$b_r = \Re\{-W_N^k\}, \quad b_i = \Im\{-W_N^k\}$$

Bild 4.11: Goertzel-Filter zur Schätzung der Leistung bei der Frequenz $f_k = k\frac{f_s}{N}$

Das Blockdiagramm enthält nur noch reelle Koeffizienten und reelle Abtastwerte und lässt sich ebenfalls mit geringem Aufwand verwirklichen.

In Bild 4.12 ist der Leistungs-Frequenzgang zweier Goertzel-Filter mit $f_k = 1\,\mathrm{kHz}$ und $f_s = 8\,\mathrm{kHz}$ dargestellt. Im Bild oben wurde $N = 50$ und im Bild unten wurde $N = 100$ gewählt. Wie das Bild zeigt, ist die Bandbreite umgekehrt proportional zu N. Unter dem Leistungs-Frequenzgang verstehen wir die Leistung P_k am Ausgang, wenn an den Eingang das Signal $x[n] = \sqrt{2}\sin(2\pi n f / f_s)$ angelegt wird. Der Frequenzgang und die Leistung P_k kann mit dem M-File `gfilter` berechnet werden (siehe dazu Aufgabe 4).

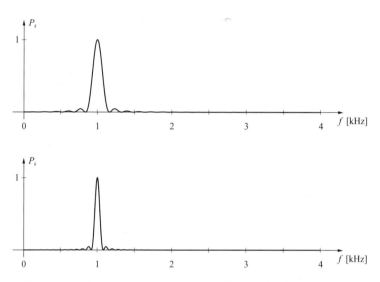

Bild 4.12: Leistungs-Frequenzgang zweier Goertzel-Filter.
Oben: $N = 50$, unten: $N = 100$.

Ergänzt man das Goertzel-Filter mit einem Schwellwert-Detektor, dann lässt es sich, wie auf Seite 12 schon erwähnt, zur Tondetektion einsetzen. Um einen Ton der Frequenz f_{sound} zu detektieren, muss man die diversen Parameter wie folgt dimensionieren:

1. Abtastfrequenz $f_s = 1/T$ derart wählen, dass das Abtasttheorem erfüllt ist, d. h. $f_s > 2f_{sound}$.

2. Anzahl Abtastwerte N festlegen und dabei beachten: Je grösser N gewählt wird, umso kleiner wird die Bandbreite und desto kleiner wird i. Allg. auch der Schätzfehler. Der Preis dafür ist die längere Messdauer NT. Die Wahl von N ist daher ein Kompromiss, der nur beim Vorliegen einer konkreten Aufgabenstellung geschlossen werden kann.

3. Die DFT-Frequenz f_k gleich der Tonfrequenz f_{sound} wählen.

4. Den Wert k durch Auflösung von Gl.(4.50) bestimmen und den Koeffizienten a nach Gl.(4.47) ausrechnen. Die Koeffizienten b_r und b_i gemäss den Formeln in Bild 4.11 berechnen.

5. Den Schwellwert $P_{threshold}$ des Schwellwert-Detektors festsetzen.

   Der Schwellwert-Detektor besteht aus einer logischen Operation, die eine
   1 liefert, falls $P_k[n] \geq P_{threshold}$ und eine 0, falls $P_k[n] < P_{threshold}$. Die
   1 bedeutet Ton vorhanden und die 0 bedeutet Ton nicht vorhanden. Die
   Wahl der Schwelle $P_{threshold}$ ist wiederum ein Kompromiss, der von der
   gegebenen Aufgabenstellung abhängt.

4.6 Fensterung

4.6.1 Die DFT periodischer Signale

Bild 4.13 zeigt eine mit $f_s = 8\,\text{Hz}$ abgetastete 1Hz-Sinusschwingung.

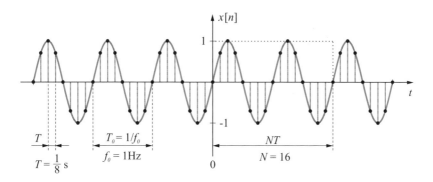

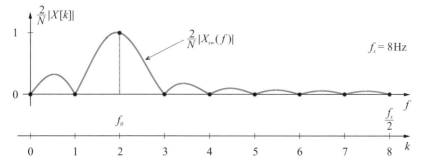

Bild 4.13: DFT einer Sinusschwingung, wobei die Fensterlänge gleich dem Zwei-
fachen der Periodendauer ist

Wir schneiden 16 Abtastwerte heraus und führen sie der DFT zu. Die $N = 16$
Abtastwerte entsprechen einem Messintervall von $NT = 2\,\text{s}$ und damit exakt
zwei Perioden. Der Betrag der DFT, gewichtet mit dem Faktor $2/N$, ist im Bild
4.13 unten dargestellt. Wir stellen fest, dass die DFT überall Null ist, ausser
an der Stelle $f = f_0$, wo sie den Betrag 1 hat. 1 ist der Scheitelwert und f_0

die Frequenz der Sinusschwingung. Mit anderen Worten, die DFT liefert das korrekte Spektrum.

Allgemein kann man für die DFT-Analyse von T_0-periodischen Signalen sagen:

> *Ist das Messintervall NT gleich einem natürlichen Vielfachen der Periodenlänge T_0, dann liefert die DFT das korrekte Spektrum des Signals.*

Diese Aussage gilt selbstverständlich nur unter der Voraussetzung, dass das Abtasttheorem erfüllt ist.

Die Kurve in Bild 4.13 unten ist die mit $2/N$ gewichtete Fourier-Transformierte $X_{sw}(f)$ des abgetasteten und gefensterten Signals. Aus Gl.(4.4) wissen wir, dass die DFT aus deren Abtastwerten besteht.

In der Praxis ist es häufig unmöglich, das Messintervall gleich einem natürlichen Vielfachen der Periodendauer zu machen. Wir wollen im Folgenden die Fehler untersuchen, die in einem solchen Fall auftreten und betrachten zu diesem Zweck Bild 4.14.

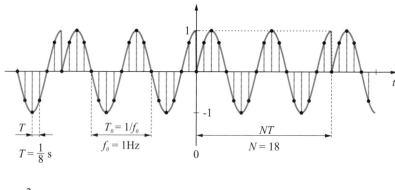

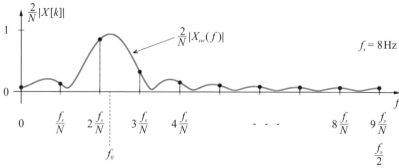

Bild 4.14: DFT einer Sinusschwingung, wobei die Fensterlänge gleich dem 2.25-fachen der Periodedauer ist

In diesem Beispiel wurde die Länge des Messfensters gleich dem 2.25-fachen der Periodendauer gewählt. Wir stellen fest:

1. Das Spektrum ist *verschmiert.*
   Das korrekte Spektrum sollte bei $f = f_0$ eine Spektrallinie der Höhe 1 aufweisen. Diese Spektrallinie wurde innerhalb des Hauptlappens von $\frac{2}{N}|X_{sw}(f)|$ zu zwei Spektrallinien verschmiert. Aufgrund des Spektrums in Bild 4.14 können wir nicht genau sagen, welche Frequenz die Sinusschwingung hat. Wir können höchstens vermuten, dass sie näher bei $2f_s/N$ als bei $3f_s/N$ liegt.

2. Das Spektrum leckt.
   Ausserhalb des Hauptlappens sind neue Spektrallinien entstanden. Diesen Effekt nennt man in der Fachsprache Lecken (engl: leakage).

Das fehlerhafte Spektrum $\frac{2}{N}|X[k]|$ kann man auch verstehen, wenn man das dazugehörige diskrete Signal in Bild 4.14 oben betrachtet. Dieses Signal ist die periodische Fortsetzung des abgetasteten und gefensterten Signals. Da die Fensterlänge NT ungleich einem natürlichen Vielfachen der Periodendauer T_0 gewählt wurde, ist die periodische Fortsetzung eine stark verunstaltete diskrete Sinusschwingung. Diese verunstaltete oder verzerrte Sinusschwingung muss natürlich auch ein „verzerrtes" Spektrum zur Folge haben. Die fehlerhaften Spektrallinien des Leckeffekts werden vor allem durch die abrupten Übergänge in der periodischen Fortsetzung verursacht. Diese abrupten Übergänge können durch die Verwendung von kontinuierlichen Fensterfunktionen vermieden werden. Einige dieser Fensterfunktionen wollen wir im nächsten Unterkapitel daher näher anschauen.

Die Verschmierung einer Spektrallinie kann man durch die Verwendung eines kontinuierlichen Fensters nicht vermeiden, hingegen kann sie durch die Wahl einer grösseren Fensterlänge verringert werden.

4.6.2 Mathematische Interpretation der Fensterung

Die Verfälschung des Spektrums durch eine Fensterfunktion kann man auch mathematisch erklären. Mathematisch gesehen ist die Fensterung nämlich nichts anderes als die Multiplikation eines zeitdiskreten Signals $x[n]$ mit einer Fensterfunktion $w[n]$:

$$x_w[n] = x[n] \cdot w[n] \,, \tag{4.52}$$

wobei $x[n]$ hier eine unendlich lange und $w[n]$ eine aus N Werten bestehende, endlich lange Folge ist. Gemäss dem Faltungstheorem Gl.(2.78) entspricht der Multiplikation im Zeitbereich eine Faltung im Frequenzbereich:

$$X_w(\Omega) = X(\Omega) * W(\Omega) \,. \tag{4.53}$$

Wir haben gesehen, dass die Faltung eine „Verschmierungsoperation" ist. Das Spektrum $X_w(\Omega)$ des gefensterten Signals ensteht somit aus einer Verschmierung des Spektrums $X(\Omega)$ mit dem Spektrum $W(\Omega)$. Um eine Verschmierung zu vermeiden, müsste das Spektrum $W(\Omega)$ der Fensterfunktion diracförmig sein. Aus der Theorie wissen wir, dass das diracförmige Spektrum die DC-Funktion als inverse Fourier-Transformierte hat. Weil diese Funktion jedoch unendlich lang ist und demnach aus unendlich vielen Abtastwerten besteht, ist sie als Fensterfunktion ungeeignet.

Die DFT $X_{sw}[k]$ des gefensterten Signals erhalten wir schliesslich, indem wir $X_w(\Omega)$ an den Stellen $\Omega = k\frac{2\pi}{N}$ abtasten:

$$X_{sw}[k] = X_w(\Omega)|_{\Omega=k\frac{2\pi}{N}} , \qquad k = 0, 1, 2, \ldots, N - 1 . \tag{4.54}$$

Der Einfachheit halber lässt man schliesslich die Indices $_s$ für sampled und $_w$ für windowed weg und schreibt nur $X[k]$.

4.6.3   Fensterfunktionen

Das Betragsspektrum $|W(\Omega)|$ eines Fensters besteht aus einem Hauptlappen (engl: main lobe) und mehreren Nebenlappen (engl: side lobes) (Bilder 4.16 und 4.17 unten). Je schmaler der Hauptlappen ist, desto kleiner ist die Verschmierung einer Spektrallinie und je höher die Nebenlappen gedämpft sind, desto besser ist die Unterdrückung des Leckeffekts. Die halbe Breite des Hauptlappens entspricht in etwa der spektralen Auflösung der DFT, wobei unter der spektralen Auflösung (engl: spectral resolution) im Zusammenhang mit einem Fenster die Fähigkeit verstanden wird, zwei Signale ähnlicher Frequenz und ähnlicher Amplitude unterscheiden zu können. Allgemein versteht man darunter den Frequenzabstand, den zwei Sinusschwingungen mindestens haben müssen, damit man sie im Spektrum voneinander unterscheiden kann. Das ideale Fensterspektrum hat demzufolge einen unendlich dünnen Hauptlappen und unendlich stark unterdrückte Nebenlappen. Ein solches Spektrum ist diracförmig und seine Fensterfunktion kann daher nicht realisiert werden. Möglich hingegen sind Kompromisse zwischen spektraler Auflösung und Leckunterdrückung. Da viele Kompromisse denkbar sind, gibt es dementsprechend eine grosse Anzahl von Fensterfunktionen. Von diesen Fensterfunktionen wollen wir im Folgenden die drei wichtigsten kennen lernen. Wer sich detaillierte Kenntnisse über Fensterfunktionen aneignen möchte, sei auf die Referenzen [Har78], [Mar87] und [Bri88] verwiesen.

Allgemeines Fenster

Unter einer Fensterfunktion versteht man eine Folge $w[n]$, die wie folgt definiert ist:

$$w[n] = \begin{cases} c_i \cdot f[n] & : \quad n = 0, 1, \ldots, N - 1 \\ 0 & : \quad \text{sonst} . \end{cases} \tag{4.55}$$

N ist die Länge der Fensterfunktion, $f[n]$ ist eine Folge positiver Zahlen und c_i ist ein Faktor, der nach einer der drei folgenden Formeln gewählt wird:

$$c_1 = 1 \,, \qquad c_2 = \frac{1}{\sum_{n=0}^{N-1} f[n]} \,, \qquad c_3 = \frac{2}{\sum_{n=0}^{N-1} f[n]} \,. \qquad (4.56)$$

Der Faktor c_1 gehört zur ursprünglichen Definition des Fensters. c_2 wird gewählt, wenn das Spektrum des Fensters bei $\Omega = 0$ den Wert 1 haben soll. Die Wahl von c_3 trifft man, wenn die Scheitelwerte der im Signal vorkommenden Sinusschwingungen annähernd korrekt dargestellt werden sollen (siehe dazu Bild 4.18).

In der Praxis wird die Folge $w[n]$ i. Allg. offline berechnet und im Speicher abgelegt. Während der Ausführungszeit werden die Abtastwerte dann mit den entsprechenden Fensterwerten multipliziert und anschliessend der DFT zugeführt. Die DFT wird schliesslich in Abhängigkeit der Frequenz dargestellt (Bild 4.15).

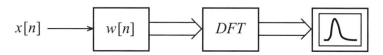

Bild 4.15: Signalfluss „Fensterung → DFT → Darstellung"

Rechteckfenster

Das Rechteckfenster $w_R[n]$ (engl: rectangular window, boxcar window) und seine Fourier-Transformierte $W_R(\Omega)$ sind wie folgt definiert:

$$w_R[n] \quad = \quad \begin{cases} c_i \cdot 1 & : \quad n = 0, 1, \ldots, N - 1 \\ 0 & : \quad \text{sonst} \,. \end{cases} \qquad (4.57)$$

$$W_R(\Omega) \quad = \quad c_i \frac{\sin(0.5\Omega N)}{\sin(0.5\Omega)} e^{-j0.5\Omega(N-1)} \,. \qquad (4.58)$$

Bild 4.16 oben zeigt das Rechteckfenster mit $N = 16$ und $c_i = c_1 = 1$. Unten ist das Betragsspektrums in logarithmischer Form dargestellt, wobei $c_i = c_2 = 1/N$ gewählt wurde.

Das Spektrum des Rechteckfensters hat folgende Eigenschaften:

1. Die Hauptkeule hat eine Breite von $\frac{4\pi}{N}$ (entspricht einer Breite von $\frac{2f_s}{N}$ auf der Frequenzachse), woraus eine spektrale Auflösung Δf_{spec} von ca. $\frac{f_s}{N}$ resultiert. Dieser Wert stimmt mit dem Frequenzabstand zweier benachbarter DFT-Koeffizienten überein (siehe dazu Gl. 4.18).

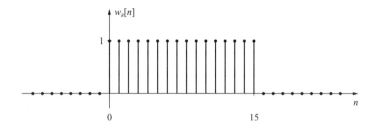

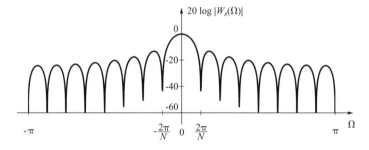

Bild 4.16: Das Rechteckfenster und sein Spektrum

2. Die Breite der Seitenkeulen ist jeweils $\frac{2\pi}{N}$, die Höhe der ersten Seitenkeulen beträgt ca. $-13\,$dB und die Höhen der weiteren Seitenkeulen nehmen um ca. $6\,$dB pro Oktave ab. Der Leckeffekt wird somit um mindestens $13\,$dB unterdrückt.

Von allen Fenstern hat das Rechteckfenster die schmalste Hauptkeule und die höchsten Nebenkeulen. Es hat damit die beste spektrale Auflösung und die schlechteste Leckeffektunterdrückung. Es weist den grossen Vorteil auf, dass es keinen Rechenaufwand erfordert. Um ein abgetastetes Signal einer Rechteckfensterung zu unterziehen, müssen lediglich N Abtastwerte abgezählt und anschliessend dem DFT-Programm übergeben werden.

Die Verwendung des Rechteckfensters ist angebracht, wenn:

1. Das Signal periodisch ist und die Periodendauer bekannt ist. Die Fensterlänge NT muss dann gleich der Periodendauer oder einem natürlichen Vielfachen davon gewählt werden.

2. Das Signal endliche Dauer hat. Die Fensterlänge NT muss dann mindestens gleich der Signaldauer sein.

3. Das Spektrum relativ flach ist.

Hanning-Fenster

Das Hanning- oder Hann-Fenster $w_H[n]$ ist wie folgt definiert [Por97]:

$$w_H[n] = \begin{cases} c_i \cdot 0.5 \left[1 - \cos(\frac{2\pi n}{N-1})\right] & : \quad n = 0, 1, \ldots, N-1 \\ 0 & : \quad \text{sonst}. \end{cases} \tag{4.59}$$

Bild 4.17 oben zeigt das Hanning-Fenster mit $N = 16$ und $c_i = c_1 = 1$. Unten ist das Betragsspektrum in logarithmischer Form dargestellt, wobei $c_i = c_2 = 0.1333$ gewählt wurde.

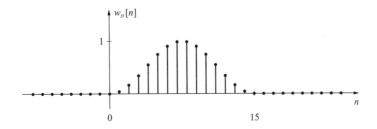

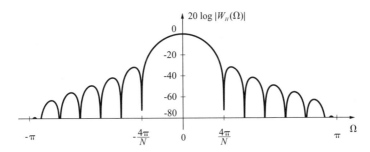

Bild 4.17: Das Hanning-Fenster und sein Spektrum

Das Spektrum des Hanning-Fensters hat folgende Eigenschaften:

1. Die Hauptkeule hat eine Breite von $\frac{8\pi}{N}$ (entspricht einer Breite von $\frac{4f_s}{N}$ auf der Frequenzachse), woraus eine spektrale Auflösung Δf_{spec} von ca. $2\frac{f_s}{N}$ resultiert.

2. Die Höhe der ersten Nebenlappen beträgt $-32\,\text{dB}$ und die weiteren nehmen um $18\,\text{dB}$ pro Oktave ab. Der Leckeffekt wird somit um mindestens $32\,\text{dB}$ unterdrückt.

Die spektrale Auflösung des Hanning-Fensters ist somit zweimal schlechter als diejenige des Rechteckfensters, dafür ist die Unterdrückung des Leckeffekts um mindestens $19\,\text{dB}$ besser.

Die Verwendung eines Hanning-Fensters ist angebracht, wenn in einem Signal eine oder mehrere Sinusschwingungen unbekannter Frequenz zu detektieren sind und dazu ein möglichst einfaches Fenster benützt werden soll.

Beispiel: Um die Wirkung des Hanning-Fensters zu demonstrieren, wenden wir es auf eine 1Hz-Sinusschwingung mit dem Scheitelwert 1 an. Aus Vergleichsgründen (siehe Bild 4.14) wählen wir die Fensterlänge NT gleich dem 2.25-fachen der Periodenlänge. Die Sinusschwingung wird mit 8 Hz abgetastet, Hanning-gefenstert ($N = 18$), mit $c_i = c_3 = 0.2353$ multipliziert und DFT-transformiert. In Bild 4.18 unten ist der Betrag der DFT und die Umhüllende $c_3|X_{sw}(f)|$ graphisch dargestellt. Das diskrete Signal im Bild oben ist die periodische Fortsetzung des abgetasteten und gefensterten Signals. Das Signal ist jetzt frei von abrupten Übergängen, woraus ein kleinerer Leckeffekt resultiert. Andererseits ist durch die Unterdrückung des Signals an den Fensterrändern die spektrale Auflösung um den Faktor 2 schlechter geworden.

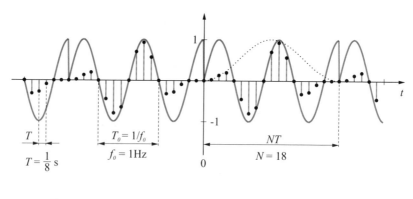

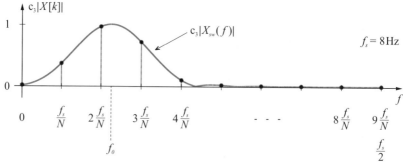

Bild 4.18: DFT einer Hanning-gefensterten Sinusschwingung, wobei die Fensterlänge gleich dem 2.25-fachen der Periodedauer ist

Kaiser-Fenster

Das Kaiser-Fenster ist ein Fenster, dessen Fensterlänge bei einer gegebenen Hauptlappenbreite minimal ist. Die maximale Höhe der Nebenlappen kann vom Anwender gewählt und damit seinen Bedürfnissen angepasst werden. Das Kaiser-Fenster $w_K[n]$ ist wie folgt definiert:

$$
w_K[n] = \begin{cases} c_i \dfrac{I_0\left(\beta\sqrt{1-(\frac{2n-N+1}{N-1})^2}\right)}{I_0(\beta)} & : \quad n = 0, 1, \ldots, N-1 \\ 0 & : \quad \text{sonst}, \end{cases} \tag{4.60}
$$

wobei $I_0(\cdot)$ eine modifizierte Bessel Funktion 0-ter Ordnung ist:

$$
I_0(x) = \sum_{i=0}^{\infty} \left(\frac{x^i}{2^i i!}\right)^2 . \tag{4.61}
$$

Im Gegensatz zum Rechteck- und Hanning-Fenster, kann man die Form des Kaiser-Fensters mithilfe des Faktors β verändern. Dieser Parameter beeinflusst die Breite des Hauptlappens und die Höhe der Seitenlappen. Je grösser β gewählt wird, umso mehr werden die Seitenlappen gedämpft, aber umso breiter wird der Hauptlappen. Eine bessere Unterdrückung des Leckeffekts geht — bei konstanter Fensterlänge N — auch hier auf Kosten einer schlechteren spektralen Auflösung.

Für eine gegebene minimale Dämpfung der Seitenlappen A_{min} in dB, kann β wie folgt approximiert werden [OSB99]:

$$
\beta \approx \begin{cases} 0 & : \quad A_{min} < 13.26, \\ 0.7661(A_{min}-13.26)^{0.4} + 0.0983(A_{min}-13.26) & : \quad 13.26 \le A_{min} < 60, \\ 0.12438(A_{min}+6.3) & : \quad 60 \le A_{min} < 120. \end{cases} \tag{4.62}
$$

Bild 4.19 oben zeigt das Kaiser-Fenster mit $N = 16$, $A_{min} = 60\,\text{dB}$ und $c_i = c_1 = 1$. Unten ist das Betragsspektrum in logarithmischer Form dargestellt, wobei $c_i = c_2 = 0.1552$ gewählt wurde.

Das Spektrum des Kaiser-Fensters, das mit MATLAB einfach bestimmt werden kann (Aufgabe 6), hat folgende Eigenschaften:

1. Die Hauptkeule hat eine Breite von ungefähr $24\pi \frac{A_{min}+12}{155(N-1)}$ (entspricht einer Breite von $12 f_s \frac{A_{min}+12}{155(N-1)}$ auf der Frequenzachse). Die spektrale Auflösung beträgt demzufolge $\Delta f_{spec} \approx 6 f_s \frac{A_{min}+12}{155(N-1)}$.

2. Die Höhe der ersten Nebenlappen ist eine Funktion des Parameters β und kann über die Formel (4.62) bestimmt werden.

Die Verwendung des Kaiser-Fensters ist angebracht, wenn in einem Signal eine oder mehrere Sinusschwingungen unbekannter Frequenz zu detektieren sind

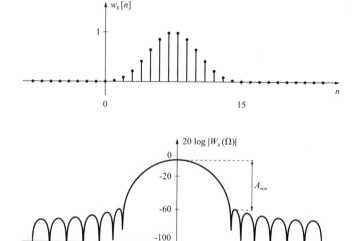

Bild 4.19: Das Kaiser-Fenster und sein Spektrum

und dazu ein massgeschneidertes Fenster benützt werden soll. Ausgangspunkt des Fenster-Entwurfs sind die minimale Dämpfung A_{min} der Nebenlappen und die erforderliche spektrale Auflösung Δf_{spec}. Die Parameter N und β lassen sich dann über die Formel

$$N \approx \frac{6f_s(A_{min} + 12)}{155\Delta f_{spec}} + 1 \tag{4.63}$$

und Gl.(4.62) approximativ bestimmen.

In der Formel (4.63) sieht man auch sehr schön, dass die Fensterlänge umgekehrt proportional zur spektralen Auflösung ist. Die beiden Forderungen nach kurzer Messzeit und guter spektraler Auflösung können — in Übereinstimmung mit der Unschärferelation — nicht zusammen erfüllt werden. Die Lösung dieses Dilemmas ist ein Kompromiss, der erst aufgrund einer konkreten Aufgabenstellung getroffen werden kann. Einige Beispiele solcher Aufgabenstellungen sollen im nächsten Unterkapitel vorgestellt werden.

4.7   Die praktische Durchführung der DFT

4.7.1   Die Wahl der Abtastfrequenz

In diesem Unterkapitel setzen wir voraus, dass eine Messvorrichtung zur Verfügung steht, bei der die Abtastfrequenz f_s und die Anzahl Messwerte N innerhalb gewisser Grenzen eingestellt werden können. Bei der Durchführung der DFT stellt sich dann die Frage, wie gross der Anwender die beiden Parameter wählen soll.

Die Antwort auf die Frage nach der Abtastfrequenz liefert das Abtasttheorem: $\frac{f_s}{2}$ muss grösser sein als die höchste im Signal vorkommende Frequenz. Die DFT liefert dann im Frequenzbereich $0 \ldots f_s/2$ eine Approximation des Spektrums.

Ist die höchste im Signal vorkommende Frequenz unbekannt, dann kann die Abtastfrequenz experimentell ermittelt werden, indem sie so lange erhöht wird, bis mit Sicherheit keine Bandüberlappung mehr auftritt. Bild 4.20 illustriert dieses Experiment. Bei der DFT links überlappen sich die Spektralbänder, da die Abtastfrequenz f_{s_1} zu klein gewählt wurde. Bei der DFT rechts wurde die Abtastfrequenz f_{s_2} doppelt so gross gewählt mit dem Ergebnis, dass die diskrete Fourier-Transformierte überlappungsfrei, d. h. frei von Aliasing ist.

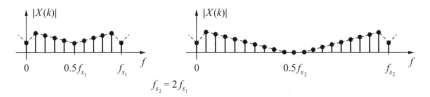

Bild 4.20: DFT eines unterabgetasteten und eines richtig abgetasteten Signals

Eine weitere Möglichkeit, die untere Grenze der Abtastfrequenz f_s zu bestimmen, folgt aus der Dimensionierung des Antialiasingfilters.

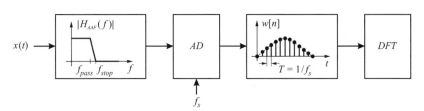

Bild 4.21: Signalverarbeitungskette zur Aufnahme der DFT

Zur Aufnahme der DFT wird das Signal $x(t)$ im Allgemeinen zuerst durch ein Antialiasingfilter bandbegrenzt. Es wird anschliessend abgetastet, gefenstert und schliesslich der DFT zugeführt. Ist die Durchlassfrequenz f_{pass} und die Sperrfrequenz f_{stop} des Antialiasingfilters bekannt, dann kann gemäss der Theorie in Kap. 2.4.3 die untere Grenze der Abtastfrequenz f_s wie folgt berechnet werden:

$$f_s > f_{pass} + f_{stop} \,. \tag{4.64}$$

Bei Verwendung eines Antialiasingfilters ist zu beachten, dass die interessierenden Spektralkomponenten im Durchlassbereich des Filters liegen, da die

Spektralkomponenten ausserhalb des Durchlassbereichs durch das Filter gedämpft werden.

4.7.2 Die Wahl der Anzahl Abtastwerte

Die Wahl der Anzahl Abtastwerte N hängt von folgenden Überlegungen ab:

1. Bei der DFT ist der Abstand Δf zwischen zwei Auswertefrequenzen gleich
   $\frac{f_s}{N}$ (siehe dazu Bild 4.22 unten).

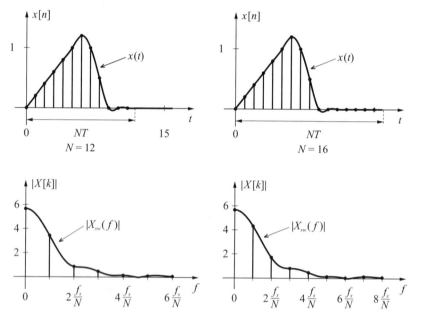

Bild 4.22: DFT eines Signals ohne Zero-Padding (links) und mit Zero-Padding
(rechts)

Legt der Anwender den maximalen Abstand Δf_{max} zwischen zwei Auswertefrequenzen fest, dann muss N somit folgender Ungleichung genügen:

$$N \geq \frac{f_s}{\Delta f_{max}} \, . \tag{4.65}$$

Das heisst, je besser die spektrale Auflösung sein soll, desto grösser muss
N gemacht werden.

2. N sollte eine Zweierpotenz sein, damit die DFT mithilfe der FFT berechnet werden kann.

3. Bei periodischen Signalen sollte N derart gewählt werden, dass die Messdauer NT gleich einem natürlichen Vielfachen der Periodendauer ist. Bei Signalen endlicher Dauer sollte die Messzeit NT gleich oder grösser der Signaldauer sein (siehe dazu Bild 4.22 oben).

Kann Bedingung 2 nicht erfüllt werden, dann bieten sich folgende Alternativen an:

- Einen anderen Algorithmus als die FFT wählen.[2]

- Den Abtastwertesatz wie in Bild 4.22 oben rechts mit Nullen füllen, bis N eine Zweierpotenz ist. Diese Methode nennt man Zero-Padding und sie wurde bereits in Kap. 4.3.1 besprochen. Durch das Zero-Padding erhöht sich zwar die Anzahl der Spektrallinien im Nyquistbereich und ihr Abstand verringert sich, ihre Enveloppe $|X_{sw}(f)|$ und damit die spektrale Auflösung hingegen bleiben unverändert (Bild 4.22 unten).

Bei Nichterfüllung von Bedingung 3 kann die Verwendung eines passenden Fensters empfehlenswert sein.

Anhand einiger Beispiele soll im nächsten Unterkapitel gezeigt werden, wie die DFT verschiedener Signale zweckmässig bestimmt werden kann.

4.7.3 Beispiele

Fourier-Transformierte und DFT einer gedämpften Sinusschwingung

Gegeben sei eine gedämpfte Sinusschwingung $x(t)$:

$$x(t) = U_0 e^{-\frac{t}{\tau}} \sin(2\pi f_0 t) u(t) \,, \tag{4.66}$$

mit der Spannung $U_0 = 1\,\mathrm{V}$, der Zeitkonstanten $\tau = 1\,\mathrm{s}$, der Eigenfrequenz $f_0 = 1\,\mathrm{Hz}$ und der Schrittfunktion $u(t)$ (Bild 4.23).

Aus einer Tabelle [SH94] finden wir dafür folgende Fourier-Transformierte $X(f)$:

$$X(f) = \frac{2\pi f_0 U_0}{(j2\pi f + 1/\tau)^2 + (2\pi f_0)^2} \,. \tag{4.67}$$

Wir wollen nun das Signal $x(t)$ abtasten und aus den Abtastwerten mithilfe der DFT eine Approximation der Fourier-Transformierten bestimmen. Die Eigenfrequenz f_0 des Signals beträgt $1\,\mathrm{Hz}$, als Abtastfrequenz wählen wir deshalb einen Wert, der um ein Vielfaches grösser ist. Wir entscheiden uns für $f_s = 10\,\mathrm{Hz}$, woraus ein Abtastintervall von $T = 0.1\,\mathrm{s}$ resultiert. Das Signal ist

---

[2]Der MATLAB-Befehl `fft` zur Bestimmung der DFT wählt automatisch einen anderen Algorithmus, wenn N keine Zweierpotenz ist.

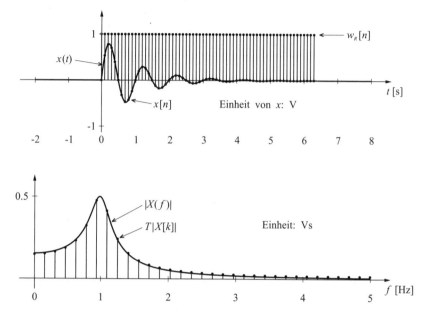

Bild 4.23: Fourier-Transformierte und DFT einer gedämpften Sinusschwingung

nach der Zeit $5\tau = 5\,$s praktisch abgeklungen. Um die DFT mithilfe der FFT zu berechnen, wählen wir daher eine Fensterlänge von $NT = 6.4\,$s, was einen Datenvektor von 64 Abtastwerten ergibt. Das Signal $x(t)$, seine Abtastwerte $x[n]$ und das Rechteckfenster $w_R[n]$ sind in Bild 4.23 oben dargestellt. Die DFT $X[k]$ multiplizieren wir gemäss Gl.(4.24) mit dem Abtastintervall T, um daraus eine Approximation der Fourier-Transformierten zu erhalten. Der Betrag der Fourier-Transformierten $|X(f)|$ und der Betrag der DFT $|X[k]|$ multipliziert mit T sind in Bild 4.23 unten abgebildet. Wir stellen fest, dass die DFT und die Fourier-Transformierte recht gut übereinstimmen.

Im vorliegenden Beispiel haben wir die DFT auf ein Signal angewandt, dessen Fourier-Transformierte wir schon kannten und wir haben gesehen, dass die DFT ein korrektes Resultat ergab. Eine derartige Überprüfung anhand bekannter Resultate empfiehlt sich immer dann, wenn man nicht sicher ist, ob ein Algorithmus korrekte Resultate liefert oder nicht.

Spektralanalyse eines Sprachsignals

In Bild 4.24 oben ist das verstärkte Mikrofonsignal des Lautes „A" dargestellt. Von diesem Signal sei eine Spektralanalyse durchzuführen.

Das Signal ist annähernd periodisch und hat deshalb ein diskretes Spektrum (Linienspektrum). Die Gewichte der Spektrallinien sind nach Gl.(2.57) durch die Fourier-Koeffizienten c_k gegeben. Unter der Voraussetzung, dass genau eine

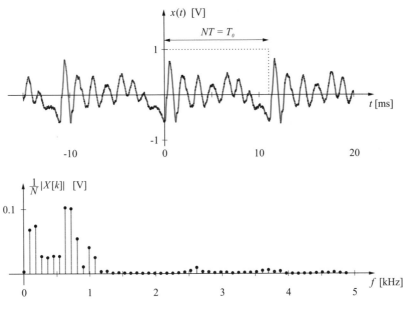

Bild 4.24: Signal und Spektrum des Lautes „A"

Periode abgetastet wird, lassen sich die Fourier-Koeffizienten gemäss Kap. 4.3.2 durch die Formel

$$c_k \approx \frac{1}{N} X[k] \qquad (4.68)$$

approximieren. Zur Bestimmung der DFT-Koeffizienten $X[k]$ tasten wir das Signal zuerst mit einer Abtastfrequenz von 50 kHz ab. Diese hohe Abtastfrequenz können wir uns leisten, weil die Berechnung offline durchgeführt wird. Anschliessend schneiden wir mit einem Rechteckfenster eine Periode $T_0 = NT$ heraus [3] und führen die Abtastwerte der DFT zu. Aus der Periodendauer $T_0 = 11.08$ ms und dem Abtastintervall $T = 20\,\mu$s ergibt sich eine Anzahl von $N = 554$ Abtastwerten, was eine FFT verunmöglicht.

Das Resultat der Spektralanalyse ist in Bild 4.24 dargestellt. Die Spektrallinien treten bei natürlichen Vielfachen der Grundfrequenz $f_0 = 1/T_0$ auf. Die Grundfrequenz beträgt hier 90.25 Hz und sie ist bei Männerstimmen, wie im vorliegenden Beispiel, deutlich kleiner als bei Frauenstimmen. Oberhalb von 5 kHz sind die Spektrallinien annähernd Null, deswegen verzichten wir auf die Darstellung des ganzen Nyquistbereichs von 0 bis 25 kHz.

---

[3]In Lit. [BE93] sind unter dem Titel „Grundfrequenzbestimmung" zwei Verfahren zur Bestimmung der Periodendauer beschrieben.

Gleichwert, Effektivwert und Klirrfaktor einer verzerrten Sinus-schwingung

In der Messtechnik interessiert man sich vielfach für folgende vier Kenngrössen eines periodischen Signals [MFLM96]:

1. Gleichwert (DC-Wert, linearer Mittelwert).

2. Effektivwert (RMS-Wert).

3. Effektivwert des Wechselanteils (AC-Anteil).

4. Klirrfaktor (Oberschwingungsgehalt).

Mithilfe der DFT lassen sich die vier Kenngrössen nach dem folgenden Schema einfach berechnen:

- Wir tasten genau eine Periode des periodischen Signals $x(t)$ ab, wobei N die Anzahl Abtastwerte ist.

- Wir führen die DFT durch (wenn möglich unter Anwendung der FFT) und erhalten daraus die DFT-Koeffizienten $X[k]$.

- Gemäss Gl.(4.27) erhalten wir den Gleichwert X_{DC}:

$$X_{DC} \approx \frac{1}{N} X[0]\,. \tag{4.69}$$

- Aus Gl.(4.28) finden wir den Effektivwert X_k der k-ten Harmonischen:

$$X_k \approx \frac{\sqrt{2}}{N} |X[k]| \qquad k = \begin{cases} 1, \ldots, \frac{N}{2} & : \ N \text{ gerade}\,, \\ 1, \ldots, \frac{N-1}{2} & : \ N \text{ ungerade}\,. \end{cases} \tag{4.70}$$

- Der Effektivwert X_{AC} des Wechselanteils berechnet sich zu:

$$X_{AC} \approx \sqrt{\sum_{k=1}^{N/2} X_k^2}\,, \qquad N: \text{gerade}\,, \tag{4.71}$$

oder

$$X_{AC} \approx \sqrt{\sum_{k=1}^{(N-1)/2} X_k^2}\,, \qquad N: \text{ungerade}\,. \tag{4.72}$$

- Den Effektivwert X_{RMS} der periodischen Grösse $x(t)$ erhält man dann nach der Formel:

$$X_{RMS} \approx \sqrt{X_{DC}^2 + X_{AC}^2}\,. \tag{4.73}$$

- Analog zu Gl.(4.71) und Gl.(4.72) erhält man den Effektivwert der Oberschwingungen:

$$X_{RMS_O} \approx \sqrt{\sum_{k=2}^{N/2} X_k^2}, \qquad N: \text{gerade}, \qquad (4.74)$$

oder

$$X_{RMS_O} \approx \sqrt{\sum_{k=2}^{(N-1)/2} X_k^2}, \qquad N: \text{ungerade}. \qquad (4.75)$$

- Zur Kennzeichnung des Anteils der Oberschwingungen und somit als Mass für die Abweichung von der Sinusform benutzt man den Klirrfaktor k:

$$k = \frac{X_{RMS_O}}{X_{AC}}. \qquad (4.76)$$

Die Berechnungsformeln (4.69) bis (4.75) sind Approximationsformeln, die umso genauer stimmen, je mehr Abtastwerte N pro Periode zur Verfügung stehen.

Bild 4.25 oben zeigt eine geklippte und DC-behaftete Sinusschwingung. Unten ist ihr Spektrum dargestellt, wobei die Länge der Spektrallinien den Effektivwerten der einzelnen Harmonischen entspricht.

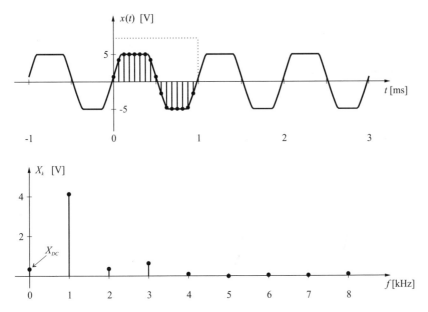

Bild 4.25: Verzerrte Sinusschwingung mit Spektrum

Die Grundfrequenz f_0 der verzerrten Sinusschwingung beträgt 1 kHz. Die Abtastfrequenz f_s wurde 16 mal grösser gewählt. Diese Abtastfrequenz ist hoch genug, weil der Oberwellengehalt ab der 4. Harmonischen vernachlässigbar klein ist (siehe Bild 4.25 unten). Für das abgebildete Signal betragen die Kennwerte: $X_{DC} = 0.37\,\text{V}$, $X_{RMS} = 4.24\,\text{V}$, $X_{RMS_{AC}} = 4.22\,\text{V}$ und $k = 0.19$.

In Lit.[CSC98] und in Aufgabe 8d sind ein LabVIEW-Programm beschrieben, das ein periodisches Signal abtastet, aus den Abtastwerten eine Periode herausschneidet und daraus das Spektrum und die erwähnten Kennwerte berechnet.

Detektion von Sinussignalen

Gegeben seien zwei Sinussignale ähnlicher Frequenz aber unterschiedlicher Leistung, die mit schwachem weissen Rauschen überlagert sind:

$$x(t) = \hat{U}_1 \sin(2\pi f_1 t) + \hat{U}_2 \sin(2\pi f_2 t) + u_{noise}(t)\,, \tag{4.77}$$

wobei:

$$\begin{aligned}
\hat{U}_1 &= 1\,\text{V}\,, & f_1 &= 990\,\text{Hz}\,, \\
\hat{U}_2 &= 10\,\text{mV}\,, & f_2 &= 1010\,\text{Hz}\,, \\
\sigma_{noise} &= 10\,\text{mV}\,.
\end{aligned}$$

In der Praxis sind die Effektivwerte und Frequenzen der einzelnen Signalkomponenten i. Allg. unbekannt. Für eine erfolgreiche Anwendung der DFT ist es jedoch wichtig, eine Vorstellung des zu analysierenden Signals zu haben. Fragen wie: In welchem Frequenzbereich liegen die Signalkomponenten, wie nahe liegen die Frequenzen beieinander, wie gross sind ihre Amplituden, wie stark ist das Rauschen etc., sind vor der Analyse unbedingt grob abzuklären, damit die Parameter der DFT (f_s, N, Datenfenster) adäquat gewählt werden können.

Bild 4.26 zeigt das Signal im Zeitbereich. Es scheint aus einer Sinusschwingung von ca. 1000 Hz zu bestehen, wobei nicht ersichtlich ist, dass ihm eine zweite Sinusschwingung überlagert ist.

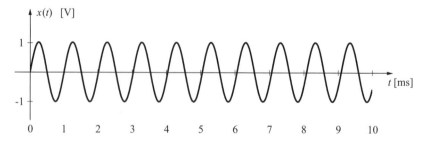

Bild 4.26: Zwei Sinussignale mit Rauschen

Zur Durchführung der Fourier-Analyse wählen wir eine Abtastfrequenz f_s von 4 kHz. Bezüglich der beiden Sinussignale ist das Abtasttheorem somit erfüllt.

Das Aliasing des weissen Rauschens tolerieren wir, da wir davon ausgehen, dass sein Effektivwert klein ist. Sollte das Rauschen zu stark sein, dann müsste man es durch ein Vorfilter unterdrücken. Für die Anzahl Abtastwerte N wählen wir 1024. Diesen verhältnismässig hohen Wert wählen wir, damit wir eine genügend feine spektrale Auflösung Δf_{spec} erzielen. Bei Anwendung eines Rechteckfensters erhalten wir eine spektrale Auflösung von ungefähr 4 Hz. Dieser Wert genügt zur Unterscheidung der beiden Sinusfrequenzen. Die 1024 Abtastwerte multiplizieren wir mit $c_i = c_3 = 0.00195$, unterziehen sie einer FFT und erhalten so die DFT in Bild 4.27. Der besseren graphischen Lesbarkeit wegen stellen wir die diskrete Fourier-Transformierte in kontinuierlicher Form dar. Dabei werden die Spitzen der Spektrallinien mit einem kontinuierlichen Kurvenzug verbunden. Aus der kontinuierlichen Form eines Spektrums darf ein Betrachter also nicht schliessen, dass es sich um ein kontinuierliches Spektrum handelt!

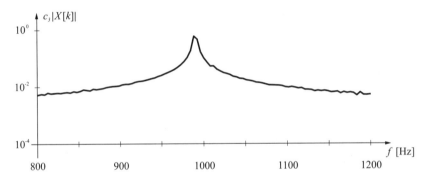

Bild 4.27: Spektrum der rechteckgefensterten Signals in Bild 4.26

Das Spektrum hat bei ungefähr 990 Hz wie erwartet ein Maximum. Wegen der Verschmierung der Spektrallinie hat dieses aber nicht den Wert von 1, sondern ist etwas kleiner. Das Spektrum sollte bei 1010 Hz ein zweites Maximum haben. Dieses ist aber nicht ersichtlich, da es durch den Leckeffekt überdeckt wird. Einzig eine winzige Treppenstufe bei 1010 Hz lässt ahnen, dass bei dieser Frequenz eine Sinusschwingung vorhanden sein könnte. Das Rauschen macht sich nur durch die Welligkeit bei tiefen und hohen Frequenzen bemerkbar.

Wir wollen nun — wie empfohlen — die Abtastwerte mit einem Datenfenster gewichten, bevor wir sie der FFT zuführen. Wir wählen ein Kaiser-Fenster mit den Parametern $c_i = c_3$ und $A_{min} = 60$ dB und erhalten dann gemäss Gl.(4.62) für β den Wert von 8.246. Für die spektrale Auflösung Δf_{spec} finden wir den Wert 10.9 Hz. Dieser Wert ist somit, wie erforderlich, kleiner als der Abstand der beiden Sinusfrequenzen. Das Ergebnis der FFT ist in Bild 4.28 dargestellt.

Da bei der Kaiser-Fensterung der Leckeffekt viel kleiner ist als bei der Rechteck-Fensterung, wird nun auch das schwache Sinussignal bei 1010 Hz sichtbar. Aus dem Spektrum ist herauszulesen, dass es gegenüber dem starken Sinussignal bei 990 Hz um 40 dB gedämpft ist. Das Rauschen macht sich durch eine Welligkeit im restlichen Spektrum bemerkbar. Ohne Rauschen würde das

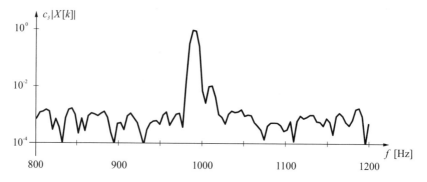

Bild 4.28: Spektrum der kaisergefensterten Signals in Bild 4.26

Spektrum bei tiefen und hohen Frequenzen unterhalb von 10^{-4} sinken (siehe dazu Aufgabe 8e).

4.7.4   Fazit

Wir haben gesehen, dass es einen einzigen Spezialfall gibt, bei der die DFT das korrekte Spektrum liefert. Dieser Spezialfall liegt vor, wenn ein periodisches Signal mit einer Rechteckfunktion gefenstert wird, deren Fensterlänge gleich einem natürlichen Vielfachen der Periodendauer ist. Selbstverständlich wird dabei stillschweigend vorausgesetzt, dass das Abtasttheorem erfüllt ist. In allen anderen Fällen liefert die DFT nur Approximationen für das Spektrum. Werden die Messparameter „Abtastfrequenz", „Anzahl Abtastwerte" und „Fenstertyp" nicht dem Problem angemessen gewählt, dann muss der Anwender mit einem nutzlosen Ergebnis rechnen. Nach dem Studium dieses Kapitels sollte der Leser jetzt in der Lage sein, die DFT richtig anzuwenden oder sich bei neuen Problemstellungen in die entsprechende Literatur einzuarbeiten [vG03], [QC96], [VK95], [BGG98], [SN96], [Por97], [Bri88], [Ach85], [SS95], [Mar87].

4.8   Aufgaben

1. **Symbole**

   Wofür stehen die Symbole n, $x[n]$, N, k und $X[k]$?

2. **Grundlagen der DFT**

   (a) Was geschieht mit dem Spektrum eines zeitkontinuierlichen Signals, wenn es mit der Frequenz f_s abgetastet wird?

   (b) Wie heisst der Bandüberlappungsfehler, der bei der Abtastung entsteht und wie kann man ihn vermeiden?

(c) Wie wirkt sich das Herausschneiden von N Abtastwerten (Rechteckfensterung) auf das Spektrum aus?

(d) Was versteht man unter dem Nyquistbereich und der Nyquistfrequenz? Warum wird die DFT meistens nur im Nyquistbereich ausgewertet?

(e) An welchen Frequenzstellen treten bei der DFT die Spektrallinien auf und wie gross ist ihr Abstand?

3. **DFT-Matrix**

   Generieren Sie mit MATLAB die DFT-Matrix $\boldsymbol{W}_N$ und einen Signalvektor $\boldsymbol{x}$ mit $N = 5$. Multiplizieren Sie den Signalvektor mit der DFT-Matrix. Wenden Sie auf $\boldsymbol{x}$ den fft-Befehl an und vergleichen Sie die beiden Ergebnisse.

4. **Experimente mit dem Goertzel-Algorithmus**

   (a) Starten Sie das M-File gfilter und experimentieren Sie mit verschiedenen Parametern.

       i. Generieren Sie einen Sinus als Eingangssignal und wählen Sie seine Frequenz so, dass das Messintervall NT ein natürliches Vielfaches der Periodendauer T_0 ist. Was stellen Sie fest?

       ii. Generieren Sie einen Sinus als Eingangssignal und wählen Sie die Amplitude so, dass seine Leistung gleich 1 ist. Beobachten Sie den Mittelwert des Ausgangssignals (Mean Value of Pk) und vergleichen Sie diesen Wert mit dem Frequenzgang der Leistung. Was stellen Sie fest?

   (b) Berechnen Sie einige DFT-Koeffizienten von Datenvektoren Ihrer Wahl. Benutzen Sie dazu die beiden Function-M-Files goertzel1 und goertzel2 und überprüfen Sie die Resultate mithilfe der Funktion fft. Die beiden Goertzel-Funktionen sind in Kap. 4.5.1 beschrieben.

5. **Grundlagen zur Fensterung**

   (a) Welches sind die Vor- und Nachteile des Rechteckfensters gegenüber anderen, gleich langen Fenstern?

   (b) Welche Informationen kann man aus dem Spektrum eines Datenfensters entnehmen?

   (c) Was versteht man allgemein unter der spektralen Auflösung und wovon hängt sie ab?

   (d) Die spektrale Auflösung Δf_{spec} des Rechteckfensters ist ungefähr gleich $\frac{f_s}{N}$ und diejenige des Hanningfensters ungefähr gleich $2\frac{f_s}{N}$. Überprüfen Sie dies mithilfe des M-Files specrh.

6. **Spektren der verschiedenen Fenster**

Schreiben Sie ein M-File, das die Betragsspektren des Rechteck-, des Hanning- und des Kaiserfensters berechnet und darstellt. Verwenden Sie dazu die vier MATLAB-Funktionen `boxcar`, `hanning`, `kaiser` und `freqz`.

7. **Wahl von Parametern bei der FFT**

   (a) Ein Messtechniker möchte eine FFT durchführen mit einer Frequenzauflösung von 1 Hz und einer Messpunkteanzahl von 4096. Wie gross muss er die Abtastfrequenz wählen?

   (b) Das Signal endlicher Dauer in Bild 4.29 soll einer FFT unterzogen werden, wobei für N und f_s folgende Auswahl zur Verfügung steht: $N = 128$, 256, 512, 1024 und $f_s = 0.5$, 1, 2, 4, 8, 16, 32 kHz. Welche Wahl treffen Sie, wenn die Rechenzeit keine Rolle spielt. Für welches Datenfenster entscheiden Sie sich?

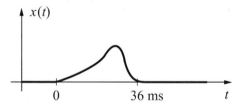

Bild 4.29: Pulsförmiges Signal

   (c) Von einem periodischen Signal wird *eine* Periode korrekt abgetastet und danach die DFT berechnet. Ingenieur A bildet davon den Betrag, multipliziert mit dem Faktor $\frac{2}{N}$ und stellt das Betragsspektrum als Linienspektrum dar (Bild 4.30 links). Ingenieur B bildet nur den Betrag und stellt das so gefundene Betragsspektrum als kontinuierliches Spektrum dar (Bild 4.30 rechts). Welche Darstellung ist sinnvoller?

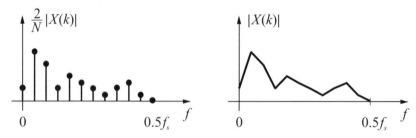

Bild 4.30: Diskrete und kontinuierliche Darstellung eines Spektrums

8. **Experimente mit LabVIEW Vis**

   Experimentieren Sie mit folgenden LabVIEW-Vis (Aufgaben c) und d) benötigen eine Einsteckkarte und einen Signalgenerator):

(a) `DFT of a Signal described by a Formula.`
Das Vi berechnet die DFT eines Signals, welches durch eine Formel beschrieben werden kann.

(b) `Kaiser Window.`
Zeichnet das Kaiserfenster mit seinem Betragsspektrum und vergleicht es mit dem Spektrum des Rechteckfensters.

(c) `Fourier-Transform of an Input Signal.`
Liest N Abtastwerte eines Signals ein, berechnet daraus die Fourier-Transformierte und stellt das Betragsspektrum dar.

(d) `Periodic Signal Analyzer.`
Analysiert ein periodisches Signal und berechnet verschiedene Parameter. Siehe dazu auch das Beipiel auf Seite 140 und Lit. [CSC98].

(e) `Analysis of 2 Sinus with Noise.`
Diese Vi generiert eine starke und eine schwache Sinusschwingung, die eng beieinander liegen und durch Rauschen gestört werden. Das Signal kann variiert und mit verschiedenen Filtern und Fenstern verarbeitet werden. Dargestellt wird das Signal im Zeit- sowie im Frequenzbereich. Siehe dazu auch das Beipiel auf Seite 142.

Kapitel 5

Digitalfilter

5.1 Einführung

Der Entwurf, die Realisierung und der Einsatz von digitalen Filtern ist *das* klassische Anwendungsgebiet der digitalen Signalverarbeitung. Die Theorie der digitalen Filter ist im wesentlichen seit über dreissig Jahren bekannt, doch erst seit dem Aufkommen der Signalprozessoren in den Achtzigerjahren wurden Digitalfilter ähnlich populär wie die traditionellen LC- und aktiven RC-Filter. Heute haben sie, mindestens im Tieffrequenzbereich bis etwa 100 kHz, die analogen Filter in ihrer Bedeutung überrundet. Da die digitalen Computer immer schneller und leistungsfähiger werden, wird sich diese Frequenzgrenze in Zukunft weiter nach oben verschieben.

Unter einem Filter versteht man ein System, das gewisse Frequenzkomponenten im Vergleich zu anderen verändert, beispielsweise indem es sie sperrt, verstärkt oder in ihrer Phase verschiebt. Unter diesen Systemen spielen die stabilen und kausalen LTI-Systeme, welche sich durch eine rationale Übertragungsfunktion mit reellen Koeffizienten beschreiben lassen, die weitaus wichtigste Rolle. Solche Filter werden meistens einfach als *lineare Digitalfilter* bezeichnet.

In den folgenden Ausführungen geht es darum, dem Leser oder der Leserin das nötige Rüstzeug zum Verstehen und Lösen von Filteraufgaben zu vermitteln. Um diesem Anspruch gerecht zu werden, sollen zunächst die Grundlagen der linearen Digitalfilter-Theorie zusammenfasst werden.

5.1.1 Echtzeitsystem zur digitalen Filterung

Wir wollen in diesem Unterkapitel anhand von Bild 5.1 den grundsätzlichen Aufbau eines Echtzeitsystems zur digitalen Filterung diskutieren.

Das zeitkontinuierliche Eingangssignal $x_{in}(t)$ wird zuerst auf ein analoges

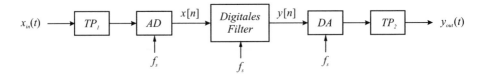

Bild 5.1: Typisches Echtzeit-System zur digitalen Filterung

Tiefpassfilter TP$_1$ geführt, das als Antialiasingfilter wirkt. Das bandbegrenzte Signal wird dann in einem AD-Wandler mit der Frequenz f_s abgetastet und in eine Zahlenfolge verwandelt. Das so erhaltene digitale Signal $x[n]$ wird auch als Folge, Sequenz, zeitdiskretes Signal oder einfach als diskretes Signal bezeichnet. Der Block „Digitales Filter" besteht aus einem digitalen Rechner, der aus den Folgewerten $x[n]$ die Folgewerte $y[n]$ berechnet. Diese Zahlenfolge wird in einem DA-Wandler in eine zeitkontinuierliche, treppenförmige Spannung umgesetzt und anschliessend mit dem Tiefpassfilter TP$_2$ geglättet.

Das analoge Antialiasingfilter TP$_1$ und das analoge Glättungsfilter TP$_2$ werden als passive oder aktive RC-Filter [MH83] oder als SC-Filter (Schalter-Kondensator-Filter, Switched-Capacitor-Filter [vG85]) ausgeführt. AD- und DA-Wandler sind hybride Bausteine, d. h. Bausteine, die in gemischt analog-digitaler Schaltungstechnik gebaut sind [TS99], [Mit98]. Den digitalen Rechner gibt es in verschiedenen Ausführungsformen. Ausserordentlich populär sind Signalprozessoren, d. h. Mikrocomputer, die speziell zur Verarbeitung von diskreten Signalen hergestellt wurden [Wal00] [Hei99]. Für hohe Abtastfrequenzen existieren spezielle Digitalfilterchips und selbstverständlich lässt sich grundsätzlich jeder beliebige Computer, wie z. B. ein PC oder eine Workstation als Digitalfilter programmieren.

5.1.2 Filterfunktionen

Die vier klassischen Filterfunktionen sind die Tiefpass-, die Bandpass-, die Hochpass- und die Bandsperrenfunktion, wie sie in Bild 5.2 schematisch dargestellt sind.

Die Parameter f_{pass}, f_{pass_1} und f_{pass_2} nennt man *Durchlassfrequenzen* und die Parameter f_{stop}, f_{stop_1} und f_{stop_2} *Sperrfrequenzen*. Auf Englisch werden sie als passband frequencies und als stopband frequencies bezeichnet und die entsprechenden Filter heissen low-pass , bandpass, high-pass und bandstop filter. Die drei Frequenzbereiche, die durch die Durchlass- und Sperrfrequenzen abgegrenzt werden, nennt man *Durchlass-*, *Übergangs-* und *Sperrbereich* (engl: passband, transition band und stopband) .

Ein weiteres Filter ist das Multiband-Filter, das mehrere Durchlass- und Sperrbereiche mit unterschiedlicher Gewichtung aufweist (Bild 5.3).

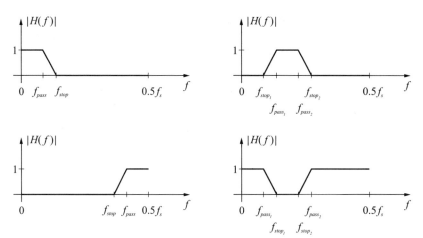

Bild 5.2: Die vier klassischen Filterfunktionen: Tiefpass, Bandpass, Hochpass und Bandsperre

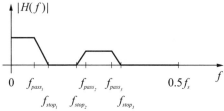

Bild 5.3: Schematischer Amplitudengang eines Multiband-Filters

Zu den Filterfunktionen zählt man auch den Differentiator und den Hilbert-Transformator. Dies sind Filterfunktionen, deren Frequenzgänge gemäss Bild 5.4 spezifiziert sind.

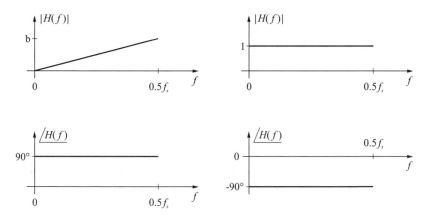

Bild 5.4: Frequenzgänge des Differentiators und des Hilbert-Transformators

Vervollständigt wird der Katalog von Filterfunktionen durch den Allpass. Dies ist ein Filter mit einem konstanten Amplitudengang und einem frequenzabhängigen Phasengang gemäss Bild 5.5.

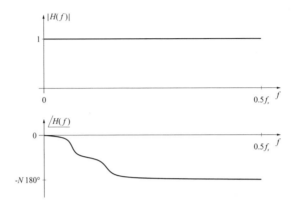

Bild 5.5: Frequenzgang des Allpasses

Damit sind die wichtigsten Filterfunktionen beschrieben und wir wollen im nächsten Unterkapitel zum besseren Verständnis der linearen Digitalfilter die grundlegenden Begriffe der LTI-System-Theorie zusammenfassen.

5.1.3   Das Digitalfilter als LTI-System

Wie eingangs erwähnt, gehen wir davon aus, dass das Digitalfilter ein stabiles und kausales LTI-System ist, das sich mit einer rationalen *Übertragungsfunktion* mit reellen Koeffizienten beschreiben lässt:

$$H(z) = \frac{b_0 + b_1 z^{-1} + \cdots + b_N z^{-N}}{1 + a_1 z^{-1} + \cdots + a_M z^{-M}} \ . \tag{5.1}$$

Die Übertragungsfunktion $H(z)$ definiert das Übertragungsverhalten des Systems und die grössere der beiden natürlichen Zahlen N und M legt ihre *Ordnung* fest. Sind alle rekursiven Koeffizienten a_i gleich Null, dann spricht man von einem *nichtrekursiven* LTI-System oder einfach von einem *FIR-Filter*, andernfalls von einem *rekursiven* LTI-System oder einfach von einem *IIR-Filter*.

Unter dem *Frequenzgang* versteht man die Übertragungsfunktion, ausgewertet auf dem Einheitskreis der z-Ebene:

$$H(f) = H(z)|_{z=e^{j2\pi fT}} \ . \tag{5.2}$$

Der Betrag $|H(f)|$ heisst *Amplitudengang*, der Winkel $\angle H(f)$ heisst *Phasengang* und die negative Ableitung des Phasengangs

$$\tau_g(f) = -\frac{1}{2\pi} \frac{d\angle H(f)}{df} \tag{5.3}$$

ist die *Gruppenlaufzeit*.

Transformiert man die Übertragungsfunktion in den Zeitbereich, so erhält man die *Impulsantwort*:

$$H(z) \quad \bullet\!\!-\!\!\circ \quad h[n] \, . \tag{5.4}$$

Die z-Transformierte des Ausgangssignals und die z-Transformierte des Eingangssignals sind wie folgt verknüpft:

$$Y(z) = H(z)X(z) \, . \tag{5.5}$$

Diese Gleichung in den Zeitbereich transformiert ergibt die *Faltung*:

$$y[n] = h[n] * x[n] \, . \tag{5.6}$$

Setzt man für $H(z)$ in Gl.(5.5) die rationale Funktion (5.1) ein, dann führt die Rücktransformation auf die *Differenzengleichung*

$$y[n] = -\sum_{i=1}^{M} a_i y[n-i] + \sum_{i=0}^{N} b_i x[n-i] \, . \tag{5.7}$$

Aus dieser kann man das *Signalflussdiagramm*[1] mit den drei Elementen „Addierer", „Multiplizierer mit einer Konstanten" und „Verzögerungselement" herleiten.

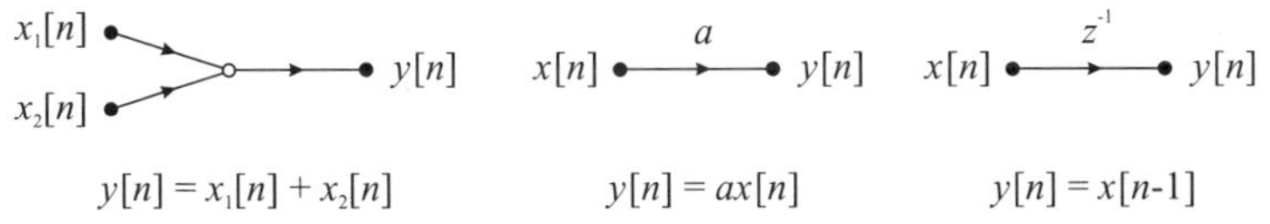

$$y[n] = x_1[n] + x_2[n] \qquad\qquad y[n] = ax[n] \qquad\qquad y[n] = x[n\text{-}1]$$

Bild 5.6: Signalflussdiagramm-Darstellung der drei Elemente „Addierer", „Multiplizierer mit einer Konstanten" und „Verzögerungselement"

Schliesslich kann man die Übertragungsfunktion noch in die Form

$$H(z) = b_0 z^{M-N} \frac{(z - z_1)(z - z_2) \cdots (z - z_N)}{(z - p_1)(z - p_2) \cdots (z - p_M)} \tag{5.8}$$

bringen und die Parameter p_i und z_i als *Pole* und *Nullstellen* definieren.

Zusammenfassend kann man sagen, dass die Übertragungsfunktion die häufigste Beschreibungsmöglichkeit eines linearen Digitalfilters ist, weil sich aus ihr die wichtigen Funktionen und Gesetzmässigkeiten einfach ableiten lassen.

Um die aufgeführten Zusammenhänge zu illustrieren, wollen wir zum Abschluss noch ein Beispiel betrachten.

---

[1] Das Signalflussdiagramm ist eine vereinfachte Form des Blockdiagramms: Additionspunkte werden durch kleine Kreise und Eingangs-, Ausgangs- und Abzweigknoten werden durch kleine, schwarz ausgefüllte Kreise symbolisiert. Der Multiplizierer wird durch einen Pfeil dargestellt, bei dem die Konstante steht. Ein Pfeil, bei dem das Symbol z^{-1} steht, stellt ein Verzögerungselement dar und ein Pfeil ohne Symbol ist ein gewöhnlicher Signalpfad.

Beispiel: Wir analysieren ein IIR-Filter 2.Ordnung mit der Übertragungsfunktion

$$H(z) = \frac{0.2452 - 0.2452z^{-2}}{1 - 1.2841z^{-1} + 0.5095z^{-2}}$$

und der Abtastfrequenz $f_s = 1\,\text{kHz}$.

Durch Anwenden der MATLAB-Befehle `freqz`, `abs`, `angle`, `grpdelay` und `impz` finden wir den Amplitudengang, den Phasengang, die Gruppenlaufzeit und die Impulsantwort in Bild 5.7.

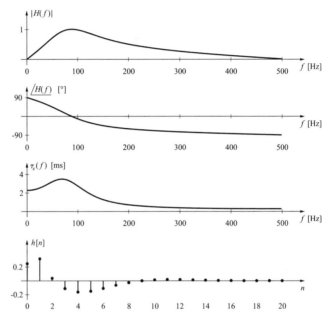

Bild 5.7: Amplitudengang, Phasengang, Gruppenlaufzeit und Impulsantwort

Die Differenzengleichung lautet:

$$y[n] = 1.2841\,y[n-1] - 0.5095\,y[n-2] + 0.2452\,x[n] - 0.2452\,x[n-2]$$

und ein mögliches Signalflussdiagramm hat das Aussehen gemäss Bild 5.8.

Die Übertragungsfunktion

$$H(z) = b_0 \frac{(z - z_1)(z - z_2)}{(z - p_1)(z - p_2)} \tag{5.9}$$

hat das Pol-Nullstellen-Diagramm in Bild 5.9.

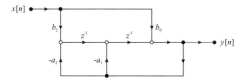

Bild 5.8: Signalflussdiagramm

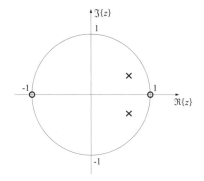

Bild 5.9: Pol-Nullstellen-Diagramm

Wie wir gesehen haben, steht die Übertragungsfunktion im Zentrum der Digitalfilter-Theorie. In den folgenden Unterkapiteln geht es um die Frage, wie man die Übertragungsfunktion findet, mit welchem Blockdiagramm man sie realisieren soll und welche Vor- und Nachteile die einzelnen Realisierungen haben.

5.2 Eigenschaften und Strukturen digitaler Filter

Lineare Digitalfilter teilt man ein in FIR-Filter und IIR-Filter. Beide Filterklassen haben interessante Eigenschaften, die wir im Folgenden kennen lernen wollen. Des Weiteren werden wir einige Signalflussdiagramme zur Realisierung von FIR- und IIR-Filtern vorstellen. Das Signalflussdiagramm, das eine vereinfachte Form des Blockdiagramms ist, nennt man die *Struktur* eines Digitalfilters. Kennen wir die Struktur, dann sind wir in der Lage, ein Programm zu schreiben und das Digitalfilter auf einem digitalen Rechner zu implementieren. Geeignete und weniger geeignete Strukturen werden in Kap. 5.4 und Kap. 5.5 mit ihren Vor- und Nachteilen beschrieben.

5.2.1 Eigenschaften und Strukturen von FIR-Filtern

Grundlagen

Unter einem FIR-Filter N-ter Ordnung verstehen wir ein Digitalfilter mit der Übertragungsfunktion

$$H(z) = b_0 + b_1 z^{-1} + \cdots + b_N z^{-N} \,. \tag{5.10}$$

Durch Rücktransformation in den Zeitbereich erhalten wir folgende Impulsantwort:

$$h[n] = b_0 \delta[n] + b_1 \delta[n-1] + \cdots + b_N \delta[n-N] \,. \tag{5.11}$$

In Sequenzschreibweise:

$$\{h[n]\} = \{b_0, b_1, \cdots, b_N\} \,. \tag{5.12}$$

Daraus erkennen wir, dass die Dauer der Impulsantwort endlich ist und ihre Länge $N + 1$ beträgt. Es ist diese endliche Länge, die zur Bezeichnung *FIR-Filter* (engl: *f*inite *i*mpulse *r*esponse filter) führte.

Die Impulsantwort eines FIR-Filters N-ter Ordnung lautet allgemein:

$$\{h[n]\} = \{h[0], h[1], \cdots, h[N]\} \,.. \tag{5.13}$$

Ein Vergleich mit Gl.(5.12) zeigt, dass die Werte der Impulsantwort $h[n]$ gleich den Filterkoeffizienten b_n sind.

Durch Erweiterung mit z^N kann die Übertragungsfunktion auch in der Form

$$H(z) = \frac{b_0 z^N + b_1 z^{N-1} + \cdots + b_N}{z^N} \tag{5.14}$$

geschrieben werden. Daraus geht hervor, dass alle Pole im Ursprung liegen und dass das FIR-Filter somit immer stabil ist.

Eigenschaften symmetrischer FIR-Filter

In der Praxis setzt man ihrer guten Eigenschaften wegen meistens symmetrische FIR-Filter ein. Unter einem symmetrischen FIR-Filter versteht man ein Filter, das eine spiegel- oder punktsymmetrische Impulsantwort gemäss Bild 5.10 hat.

Aus den Theoremen (2.50), (2.53) und (2.54) folgt, dass der Frequenzgang der spiegelsymmetrischen Typen 1 und 2 in der Form

$$H(f) = R(f)e^{-j2\pi f \frac{N}{2} T} \tag{5.15}$$

und der Frequenzgang der punktsymmetrischen Typen 3 und 4 in der Form

$$H(f) = R(f)e^{-j(\frac{\pi}{2} + 2\pi f \frac{N}{2} T)} \tag{5.16}$$

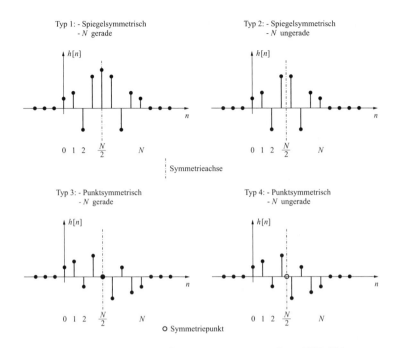

Bild 5.10: Impulsantworten der vier symmetrischen FIR-Filtertypen

geschrieben werden kann, wobei $R(f)$ eine reelle Frequenzfunktion und T das Abtastintervall ist. Vernachlässigen wir die aus dem Vorzeichenwechsel von $R(f)$ entstehenden Phasensprünge der Sprunghöhe π ($\hat{=}180^o$), dann folgt daraus für den Phasengang von Typ 1 und 2:

$$\angle H(f) = -2\pi f \frac{N}{2} T \qquad (5.17)$$

und denjenigen von Typ 3 und 4:

$$\angle H(f) = -(\frac{\pi}{2} + 2\pi f \frac{N}{2} T) \, . \qquad (5.18)$$

Gl.(5.3) angewendet, ergibt die Gruppenlaufzeit aller vier Filtertypen:

$$\tau_g = \frac{N}{2} T \, . \qquad (5.19)$$

Damit können wir folgendes Fazit ziehen:

- Der Phasengang $\angle H(f)$ eines symmetrischen FIR-Filters ist — abgesehen von 180°-Phasensprüngen — eine lineare Funktion von f. Dies ist der Grund, weshalb symmetrische FIR-Filter auch als linearphasige FIR-Filter bezeichnet werden.

- Die Gruppenlaufzeit $\tau_g(f)$ symmetrischer FIR-Filter ist konstant und ihr Wert ist gleich $\frac{N}{2}T$.

Filter mit konstanter Gruppenlaufzeit haben die angenehme Eigenschaft, dass sie Signale im Durchlassbereich nicht verzerren, sondern nur verzögern (Aufgabe 2). Zudem bleibt die Symmetrie pulsförmiger, symmetrischer Signale erhalten, was für viele Anwendungen ebenfalls vorteilhaft ist. Diese Eigenschaft ist im nächsten Beispiel illustriert.

Beispiel: Wir betrachten ein Tiefpass-Filter mit dem Amplituden- und Phasengang in Bild 5.11.

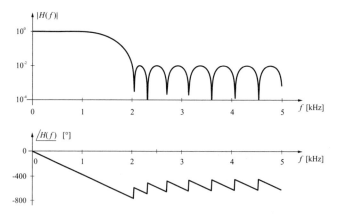

Bild 5.11: Amplituden- und Phasengang eines symmetrischen FIR-Filters

Es handelt sich um ein symmetrisches FIR-Filter vom Typ 2, wie aus der dazugehörigen Impulsantwort in Bild 5.12 hervorgeht.

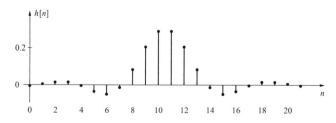

Bild 5.12: Impulsantwort des symmetrischen FIR-Filters

Abgesehen von den erwähnten 180°-Phasensprüngen ist der Phasengang linear. Die Phasensprünge treten dort auf, wo die Übertragungsfunktion ihre Nullstellen hat und sie haben deshalb keinen Einfluss auf das Übertragungsverhalten. Diese Nullstellen liegen auf dem Einheitskreis, wie das Pol-Nullstellen-Diagramm in Bild 5.13 zeigt.

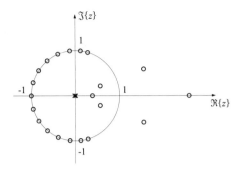

Bild 5.13: Pol-Nullstellen-Diagramm des symmetrischen FIR-Filters

Die Nullstellen sind bezüglich der reellen Achse und dem Einheitskreis symmetrisch verteilt. Diese Symmetrien sind auf die reellen Koeffizienten und die symmetrische Impulsantwort zurückzuführen [OS95]. Die Länge des Filters ist 22, wie man in Bild 5.12 sieht. Demnach muss die Übertragungsfunktion 21 Nullstellen und 21 im Ursprung liegende Pole haben.

Wir wollen nun die Wirkung des Filters auf einen punktsymmetrischen Doppel-Rechteckpuls als Eingangssignal untersuchen (Bild 5.14 oben). Bei Betrachtung des Ausgangssignals (Bild 5.14 unten) sind zwei Punkte erwähnenswert: 1. Zwar ist der tiefpassgefilterte Rechteckpuls wie erwartet an seinen Ecken abgerundet aber er ist immer noch punktsymmetrisch. 2. Der Schwerpunkt des gefilterten Rechteckpulses ist gegenüber dem Schwerpunkt des Eingangs-Reckteckpulses um die Gruppenlaufzeit $\tau_g = 1.05$ ms verzögert. Diese Verzögerung illustriert somit sehr schön die Bedeutung der Gruppenlaufzeit bezüglich eines Energiesignals.

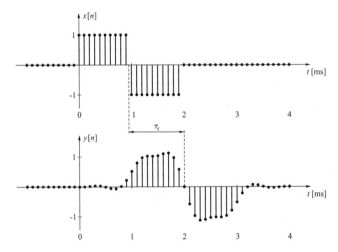

Bild 5.14: Eingangs- und Ausgangssignal des symmetrischen FIR-Filters

Die Wirkung des Tiefpassfilters im Frequenzbereich ist in Bild 5.15 gezeigt. Oben ist das Betragsspektrum des Doppelrechteckpulses ersichtlich und unten das Betragsspektrum des gefilterten Doppelrechteckpulses.

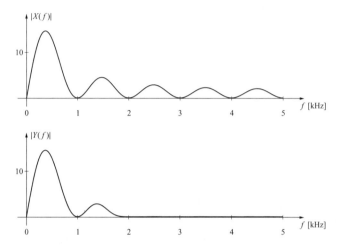

Bild 5.15: Eingangs- und Ausgangsspektrum des symmetrischen FIR-Filters

Mit den vier symmetrischen FIR-Filter-Typen lassen sich nicht Digitalfilter beliebiger Ordnung und Funktion realisieren. Die möglichen Realisierungen sind in Tabelle 5.1 zusammengestellt [Por97].

Typ	1	2	3	4
Ordnung	gerade	ungerade	gerade	ungerade
Filterfunktion	TP, HP, BP, BS, Multiband	TP, BP	Differentiator, Hilbert-Transformator	

Tabelle 5.1: Ordnung und Filterfunktionen der vier symmetrischen FIR-Filtertypen

Strukturen symmetrischer FIR-Filter

Die klassische Struktur zur Realisierung eines FIR-Filters ist die *Direktform-* oder *Transversalfilter-Struktur* gemäss Bild 5.16.

Diese Struktur wird im Englischen etwa auch als „Tapped Delay"-Struktur bezeichnet, weil sie aus einer Kaskade von Verzögerungselementen (Speicherelementen) besteht, deren Ausgänge mit einem Multiplizierer versehen sind. Um die Direktform-Struktur auf einem digitalen Computer zu implementieren, muss folgende Differenzengleichung programmiert werden:

$$y[n] = b_0 x[n] + b_1 x[n-1] + \cdots + b_N x[n-N]\,. \tag{5.20}$$

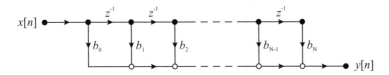

Bild 5.16: Direktform- oder Transversalfilter-Struktur eines FIR-Filters

Aus dieser Differenzengleichung wie auch aus dem Signalflussdiagramm oben folgt, dass pro Ausgangsabtastwert $(N+1)$ Multiplikationen und N Additionen durchgeführt werden müssen.

Ungefähr die Hälfte der Multiplikationen kann man sich ersparen, wenn die Symmetrie des FIR-Filters ausgenützt wird. Die entsprechende Struktur — dargestellt in Bild 5.17 am Beispiel eines FIR-Filters vom Typ 1 — wird *Linear-Phasen-Struktur* genannt.

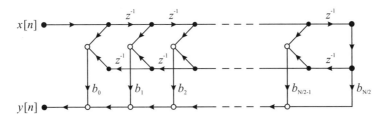

Bild 5.17: Linear-Phasen-Struktur eines FIR-Filters vom Typ 1

Die dazugehörige Differenzengleichung lautet dann:

$$y[n] = b_0(x[n] + x[n-N]) + b_1(x[n-1] + x[n-N+1]) + \cdots + b_{\frac{N}{2}}x[n - \frac{N}{2}].$$
(5.21)

5.2.2 Eigenschaften und Strukturen von IIR-Filtern

Grundlagen

Wie bereits erwähnt, versteht man unter einem IIR-Filter N-ter Ordnung ein Digitalfilter mit der Übertragungsfunktion[2]

$$H(z) = \frac{b_0 + b_1 z^{-1} + \cdots + b_N z^{-N}}{1 + a_1 z^{-1} + \cdots + a_N z^{-N}} ,$$
(5.22)

wobei die Bedingung gilt, dass mindestens ein a_i-Koeffizient ungleich Null ist.

---

[2]In der Praxis ist es üblich, dass der Zähler- und Nennergrad gleich gross sind. Sollte dies nicht der Fall sein, dann kann man die hochgradigen a_i- oder b_i-Koeffizienten einfach Null setzen.

Die Impulsantwort $h[n]$ eines IIR-Filters ist — wie der Name sagt — i. Allg. unendlich lang und kann deshalb wie folgt ausgedrückt werden:

$$h[n] = \sum_{i=0}^{\infty} h[i]\delta[n - i] \, . \qquad (5.23)$$

In Sequenzschreibweise:

$$\{h[n]\} = \{h[0], h[1], h[2], \cdots\} \, . \qquad (5.24)$$

Wenn alle Pole von $H(z)$ durch Nullstellen kompensiert werden (Aufgabe 3), hat die Impulsantwort endliche Länge und das Digitalfilter ist dann eigentlich kein IIR-Filter mehr. Trotzdem hat sich der Name „IIR-Filter" auch für diesen Fall eingebürgert. Er wird heute ganz allgemein für digitale Filter verwendet, die linear und rekursiv sind.

Wir wollen uns im Folgenden auf IIR-Filter beschränken, die eine unendlich lange Impulsantwort haben. Ein Beispiel dazu zeigt Bild 5.7. Die Impulsantwort ist unendlich lang, sie strebt allerdings wegen der Stabilität des Filters gegen Null.

Eigenschaften

Stabilität   IIR-Filter sind immer rekursiv und können demnach *instabil* sein. Ihre Stabilität lässt sich am einfachsten anhand der Pole der Übertragungsfunktion $H(z)$ überprüfen. Liegen alle Pole innerhalb des Einheitskreises der z-Ebene, dann ist das Digitalfilter stabil.

Phasengang und Gruppenlaufzeit   Der Phasengang eines IIR-Filters ist *nichtlinear* und die Gruppenlaufzeit ist infolgedessen *nicht konstant*. Dagegen sind IIR-Filter *minimalphasig*, vorausgesetzt, ausserhalb des Einheitskreises liegen keine Nullstellen [OS95]. Unter einem minimalphasigen Filter versteht man ein LTI-System, dessen negativer Phasengang bei einem gegebenen Amplitudengang minimal ist. Solche Filter haben die Eigenschaft, dass ihre Gruppenlaufzeit ebenfalls *minimal* ist.

Beispiel: In Bild 5.18 links ist das PN-Diagramm, der Amplitudengang, der Phasengang und die Gruppenlaufzeit eines Minimalphasen-IIR-Filters dargestellt. Spiegelt man die Nullstellen am Einheitskreis[3], so entsteht daraus ein IIR-Filter mit gleichem Amplitudengang aber nichtminimalphasigem Phasengang [OS95].

---

[3]Unter dem Spiegeln einer Nullstelle am Einheitskreis versteht man die Operationen „Invertieren" und „Konjugieren": $z_{i_{gespiegelt}} = 1/z_i^*$.

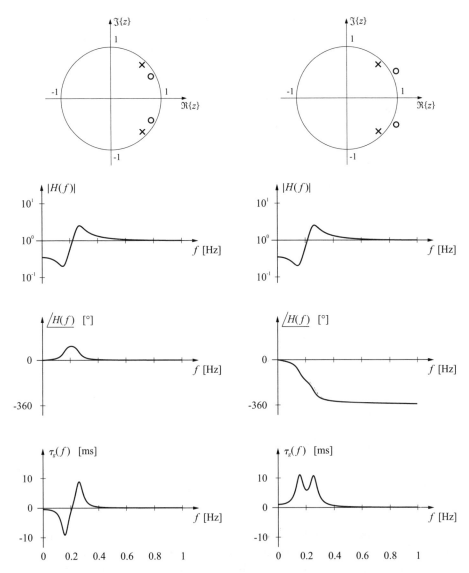

Bild 5.18: PN-Diagramm,   Amplitudengang,   Phasengang   und   Gruppenlaufzeit   eines   Minimalphasen-IIR-Filters   (links)   und   eines
Nichtminimalphasen-IIR-Filters (rechts), $f_s = 2\,\mathrm{Hz}$

Filterfunktionen   Mit IIR-Filtern lassen sich folgende Filterfunktionen realisieren: *Tiefpass, Hochpass, Bandpass, Bandsperre, Allpass* und *Integrator*.

Beispiel: Ein LTI-System mit der Übertragungsfunktion

$$H(z) = \frac{b_0}{1 - z^{-1}} \tag{5.25}$$

stellt einen einfachen Integrator dar. Bild 5.19 zeigt seinen Frequenzgang und seine Schrittantwort, wobei b_0 so gewählt wurde, dass der Amplitudengang bei $f = 10\,\text{Hz}$ den Wert von 1 hat ($f_s = 1\,\text{kHz}$).

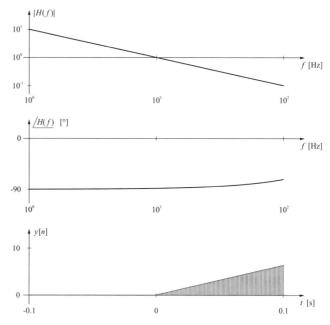

Bild 5.19: Amplitudengang, Phasengang und Schrittantwort des Integrators

Amplitudengang und Schrittantwort zeigen das erwartete Verhalten: Der Amplitudengang hat eine Steigung von -1 Dekade pro Dekade und die Schrittantwort ist rampenförmig. Der Phasengang hingegen weicht gegenüber dem idealen, konstanten Phasengang von -90° ab, was für die meisten Anwendungen jedoch tolerierbar sein dürfte (Aufgabe 5).

Strukturen von IIR-Filtern

Die Differenzengleichung eines IIR-Filters

$$y[n] = -\sum_{i=1}^{N} a_i y[n-i] + \sum_{i=0}^{N} b_i x[n-i]$$

kann man als Paar von zwei Differenzengleichungen in der Form

$$w[n] = \sum_{i=0}^{N} b_i x[n-i]\,, \tag{5.26}$$

$$y[n] = w[n] - \sum_{i=1}^{N} a_i y[n-i] \tag{5.27}$$

schreiben. Die erste Differenzengleichung beschreibt ein FIR-Filter mit dem Eingang $x[n]$ und dem Ausgang $w[n]$. Die zweite Differenzengleichung gehört zu einem Allpol-Filter[4] mit dem Eingang $w[n]$ und dem Ausgang $y[n]$. Das Paar von Differenzengleichungen repräsentiert daher eine Kaskade von zwei Systemen:

$$Y(z) = \underbrace{\frac{1}{A(z)}}_{\text{System 2}} \cdot \underbrace{B(z)}_{\text{System 1}} \cdot X(z)\,.$$

Die dazugehörige Struktur im untenstehenden Bild nennt man *Direktform-I-Struktur*.

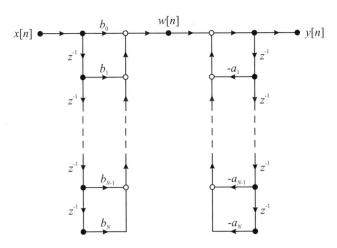

Bild 5.20: Direktform-I-Struktur eines IIR-Filters

Vertauscht man die Reihenfolge der beiden Systeme, dann erhält man die *Direktform-II-Struktur* in Bild 5.21 mit dem Differenzengleichungssystem

$$w[n] = x[n] - \sum_{i=1}^{N} a_i w[n-i]\,, \tag{5.28}$$

$$y[n] = \sum_{i=0}^{N} b_i w[n-i]\,. \tag{5.29}$$

---

[4]Ein Allpol-Filter ist ein IIR-Filter, dessen Zählerpolynom 0-ten Grades ist und das demzufolge nur Pole hat.

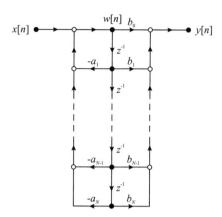

Bild 5.21: Direktform-II-Struktur eines IIR-Filters

Über das Transponierungstheorem kann man die *transponierten Direktform-Strukturen* ableiten. Das Transponierungstheorem besagt: Werden alle Signalflussrichtungen umgekehrt, Eingang und Ausgang vertauscht, alle Addierer durch Knoten und alle Knoten durch Addierer ersetzt, dann ändert sich die Übertragungsfunktion nicht. Als Anwendungsbeispiel des Theorems ist in Bild 5.22 die transponierte Direktform-II-Struktur dargestellt.

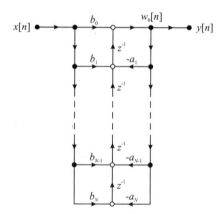

Bild 5.22: Transponierte Direktform-II-Struktur eines IIR-Filters

Diese Struktur kann durch die Programmierung des Differenzengleichung-systems

$$
\begin{aligned}
w_0[n] &= b_0 x[n] + w_1[n-1] \\
w_1[n] &= b_1 x[n] + w_2[n-1] - a_1 w_0[n] \\
&\vdots \\
w_{N-1}[n] &= b_{N-1} x[n] + w_N[n-1] - a_{N-1} w_0[n] \\
w_N[n] &= b_N x[n] - a_N w_0[n] \\
y[n] &= w_0[n]
\end{aligned}
\tag{5.30}
$$

realisiert werden. Im MATLAB-Befehl `filter` ist die transponierte Direktform-II-Struktur auf Basis des obigen Differenzengleichungssystems programmiert.

Die Direktform-II- und die transponierte Direktform-II-Struktur sind *kanonische* Strukturen, weil sie mit einer minimalen Anzahl von Verzögerungselementen verwirklicht werden können.

Wie wir später sehen werden, sind Direktform-Strukturen ungünstig, falls der digitale Rechner mit ungenauen Zahlen rechnet. Besser funktionieren *Kaskaden-Strukturen*, welche auf der Zerlegung der Übertragungsfunktion in Blöcke 2. Ordnung basieren (Bild 5.23):

$$
H(z) = \prod_{i=1}^{N/2} H_i(z) = \prod_{i=1}^{N/2} \frac{b_{0i} + b_{1i} z^{-1} + b_{2i} z^{-2}}{1 + a_{1i} z^{-1} + a_{2i} z^{-2}} \; .
\tag{5.31}
$$

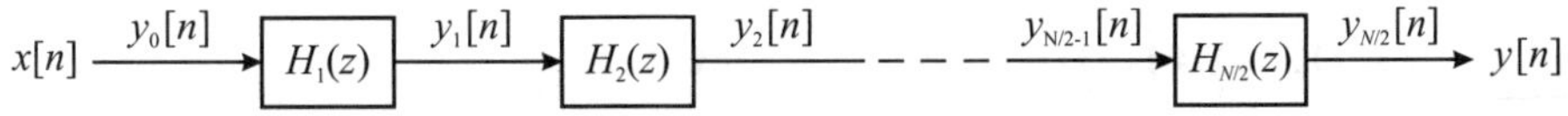

Bild 5.23: Kaskaden-Struktur eines IIR-Filters

In Gl.(5.31) haben wir vorausgesetzt, dass die Filterordnung N gerade ist. Ist der Filtergrad N ungerade, dann erhöht man ihn um 1 und setzt die a_{2i}- und b_{2i}-Koeffizienten des ersten oder des letzten Blockes Null.

In MATLAB kann man $H(z)$ mithilfe der Funktionen `tf2zp` und `zp2sos` zerlegen. Wegen der Wichtigkeit der Kaskadenstruktur können aber auch alle anderen DSV-Programme, wie z. B. LabVIEW, diese Zerlegung durchführen.

Eine sehr geeignete Struktur für Festkomma-DSPs ist die Kaskadenstruktur in Bild 5.24.

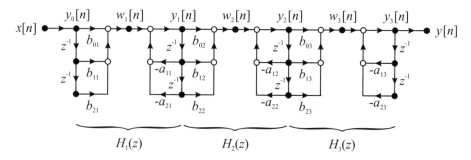

Bild 5.24: Kaskade aus 3 Direktform-I-Strukturen 2. Ordnung

Zur Implementierung dieser Struktur muss folgendes Differenzengleichungssystem programmiert werden (Aufgabe 6):

$$
\begin{aligned}
y_0[n] &= x[n] \\
w_1[n] &= b_{01}y_0[n] + b_{11}y_0[n-1] + b_{21}y_0[n-2] \\
y_1[n] &= w_1[n] - a_{11}y_1[n-1] - a_{21}y_1[n-2] \\
w_2[n] &= b_{02}y_1[n] + b_{12}y_1[n-1] + b_{21}y_1[n-2] \\
y_2[n] &= w_2[n] - a_{12}y_2[n-1] - a_{22}y_2[n-2] \\
&\;\;\vdots \\
w_L[n] &= b_{0L}y_{L-1}[n] + b_{1L}y_{L-1}[n-1] + b_{2L}y_{L-1}[n-2] \\
y_L[n] &= w_L[n] - a_{1L}y_L[n-1] - a_{2L}y_L[n-2] \\
y[n] &= y_L[n], \qquad\qquad\qquad\qquad \text{wobei: } L = N/2.
\end{aligned}
\tag{5.32}
$$

5.3   Entwurf digitaler Filter

5.3.1   Einführung

Wir haben im letzten Unterkapitel Strukturen und Eigenschaften von FIR- und IIR-Filtern kennengelernt. In diesem Unterkapitel geht es um die Frage, wie man zu einem FIR- oder IIR-Filter die Übertragungsfunktion findet. In der Filtertechnik wird diese Aufgabe als Approximationsproblem oder einfach als Filterentwurf bezeichnet.

Wie wir wissen, schreibt sich die Übertragungsfunktion eines FIR-Filters als

$$
H(z) = b_0 + b_1 z^{-1} + \cdots + b_N z^{-N}
\tag{5.33}
$$

und diejenige eines IIR-Filters als

$$H(z) = \frac{b_0 + b_1 z^{-1} + \cdots + b_N z^{-N}}{1 + a_1 z^{-1} + \cdots + a_N z^{-N}} \,. \tag{5.34}$$

Konkret lautet die Frage beim Approximationsproblem: Wie gross ist die Ordnung N und welche Werte haben die Koeffizienten der Übertragungsfunktion, wenn man mit einem FIR- oder IIR-Filter einen Tiefpass, einen Hochpass, einen Bandpass oder eine Bandsperre realisieren will?

Analog zu den vier Filtergrundfunktionen lassen sich auch Differenzierer, Hilbert-Transformatoren, Multibandfilter und Allpässe entwerfen. Differenzierer, Hilbert-Transformatoren und Multibandfilter realisiert man mittels FIR-Filtern und Allpässe mittels IIR-Filtern. Ein Allpass — auch als Phasenschieber oder Gruppenlaufzeitentzerrer bezeichnet — hat im Zähler- und Nennerpolynom die gleichen Filterkoeffizienten aber in entgegengesetzter Reihenfolge:

$$H(z) = \frac{a_N + a_{N-1} z^{-1} + \cdots + a_1 z^{-N+1} + z^{-N}}{1 + a_1 z^{-1} + \cdots + a_{N-1} z^{-N+1} + a_N z^{-N}} \,. \tag{5.35}$$

Die idealen Amplitudengänge der vier grundlegenden Filterfunktionen sind im Bild unten innerhalb der schraffierten Felder fett eingezeichnet.

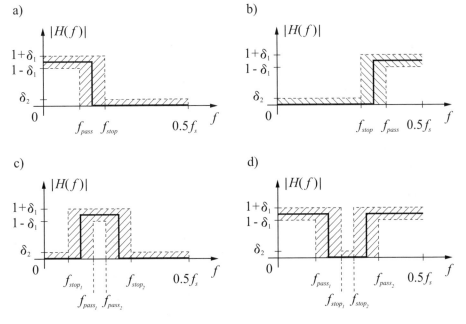

Bild 5.25: Die vier grundlegenden Filterfunktionen: Tiefpass, Hochpass, Bandpass und Bandsperre

Filter mit rechteckförmigen Amplitudengängen haben eine unendlich hohe Ordnung und sind infolgedessen nicht realisierbar. In der Praxis legt man deshalb einen Toleranzbereich fest (in den Bildern schraffiert gezeichnet), in dem sich der Amplitudengang für ein bestimmtes Filter befinden darf. Man spricht in diesem Zusammenhang auch von einem Stempel-Matrizen-Schema. Die maximal zulässigen Abweichungen δ_1 und δ_2 vom idealen Amplitudengang heissen *Rippel im Durchlass-* und *Rippel im Sperrbereich*. Die Bereiche, die durch das Festlegen der Frequenzgrenzen entstehen, nennt man *Durchlass-, Übergangs*und *Sperrbereich* und die dazugehörigen Frequenzgrenzen heissen *Durchlass-* und *Sperrfrequenzen*. Beim Tiefpassfilter (Bild 5.25 oben links) erstreckt sich der Durchlassbereich von 0 bis f_{pass}, der Übergangsbereich von f_{pass} bis f_{stop} und der Sperrbereich von f_{stop} bis $0.5f_s$. Oberhalb der Nyquistfrequenz $0.5f_s$ wiederholen sich diese Bereiche, da der Amplitudengang eines zeitdiskreten Systems gemäss den Gleichungen (3.78) und (3.81) periodisch und symmetrisch ist.

Die Wahl der Toleranzgrenzen ist eine typische Ingenieuraufgabe und hängt von der Anwendung des Filters ab. Allgemein gilt, dass die Ordnung und damit der Aufwand für das Digitalfilter steigt, je enger der schraffierte Toleranzbereich ist. Für eine gegebene Filteranwendung wird der Toleranzbereich deshalb so gross wie möglich gewählt.

Anhand des Tiefpassfilters wollen wir nun die grundlegenden Approximationsarten kennenlernen.

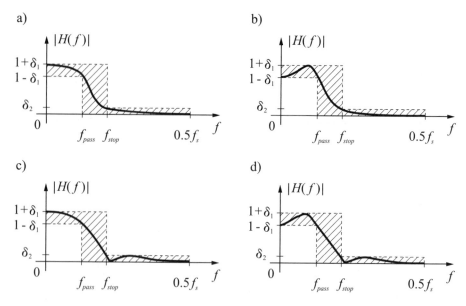

Bild 5.26: Die vier grundlegenden Approximationsarten

In der ersten Approximationsart (Bild 5.26 a) legt man den Amplitudengang möglichst flach in den Durchlass- und in den Sperrbereich. In der zweiten und

dritten Approximationsart lässt man im Durchlassbereich, respektive im Sperrbereich eine Welligkeit innerhalb der Toleranzgrenzen zu (Bilder b und c). In
der vierten Approximationsart (Bild d) schwankt der Amplitudengang sowohl
im Durchlass- wie auch im Sperrbereich innerhalb der Toleranzgrenzen. Welches
die Vor- und Nachteile der einzelnen Approximationsarten sind, werden wir in
den nächsten Unterkapiteln diskutieren.

5.3.2 Entwurf von FIR-Filtern

Von den verschiedenen Entwurfsmethoden für FIR-Filter [PM96] wollen wir die
zwei wichtigsten, nämlich die Fenster- und die Optimalmethode, näher kennen
lernen.

Fenstermethode

Ausgangspunkt der Fenstermethode ist der ideale Frequenzgang eines TP-, HP-,
BP- oder BS-Filters gemäss Bild 5.27 [5].

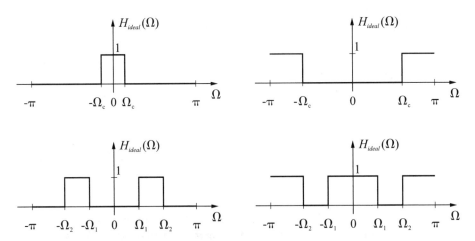

Bild 5.27: Ideale Frequenzgänge der vier grundlegenden Filterfunktionen

Bekanntlich ist der Frequenzgang eines LTI-Systems gleich der Fourier-Transformierten seiner Impulsantwort. Wenden wir deshalb auf den Frequenzgang
$H_{ideal}(\Omega)$ die inverse Fourier-Transformation gemäss Gl.(5.36) an, so erhalten
wir die Impulsantwort $h_{ideal}[n]$ des Digitalfilters:

$$h_{ideal}[n] = \frac{1}{2\pi} \int_{-\pi}^{\pi} H_{ideal}(\Omega)e^{j\Omega n}\, d\Omega . \qquad (5.36)$$

---

[5]Zur Erinnerung: Ω ist die normierte Kreisfrequenz und definiert als $\Omega = 2\pi f/f_s$. Der
Punkt $\Omega = \pi$ entspricht somit der halben Abtastfrequenz (Nyquistfrequenz).

Das Ergebnis dieser Rücktransformation ist für die vier Filterfunktionen in Tabelle 5.2 zusammengestellt [IJ93].

Filterfunktion	Ideale Impulsantwort	
	$h_{ideal}[n]$, $n \neq 0$	$h_{ideal}[0]$
TP	$\frac{\Omega_c}{\pi}\operatorname{sinc}(\frac{n\Omega_c}{\pi})$	$\frac{\Omega_c}{\pi}$
HP	$-\frac{\Omega_c}{\pi}\operatorname{sinc}(\frac{n\Omega_c}{\pi})$	$1 - \frac{\Omega_c}{\pi}$
BP	$\frac{\Omega_2}{\pi}\operatorname{sinc}(\frac{n\Omega_2}{\pi}) - \frac{\Omega_1}{\pi}\operatorname{sinc}(\frac{n\Omega_1}{\pi})$	$\frac{\Omega_2-\Omega_1}{\pi}$
BS	$\frac{\Omega_1}{\pi}\operatorname{sinc}(\frac{n\Omega_1}{\pi}) - \frac{\Omega_2}{\pi}\operatorname{sinc}(\frac{n\Omega_2}{\pi})$	$1 - \frac{\Omega_2-\Omega_1}{\pi}$

Tabelle 5.2: Ideale Impulsantworten der vier grundlegenden Filterfunktionen

Die Impulsantwort $h_{ideal}[n]$ eines idealen Filters ist unendlich lang und infolgedessen nicht realisierbar. Um das Filter realisierbar zu machen, muss die Impulsantwort $h_{ideal}[n]$ mithilfe eines Fensters begrenzt werden. Das einfachste Fenster dafür ist das Rechteckfenster. Leider bewirkt dieses Fenster durch das abrupte Abschneiden der Impulsantwort untolerierbare Schwingungen im Frequenzgang, die man als Gibbsches Phänomen bezeichnet. Diese Schwingungen können durch das Verwenden eines geeigneteren Fensters gemildert werden. Die dafür am meisten verwendeten Fenster sind das Hamming-Fenster

$$w_{hamm}[n] = \begin{cases} c \cdot \left[0.54 + 0.46\cos(\frac{2\pi n}{N+1})\right] & : \quad |n| \leq N/2 \\ 0 & : \quad \text{sonst} \end{cases} \tag{5.37}$$

und das Kaiser-Fenster, das wir schon in Kap. 4.6.3 definiert haben. N bezeichnet hier die Ordnung und $N+1$ somit die Länge des FIR-Filters. Wir setzen ein Filter vom Typ 1 voraus, weil nur dann gemäss Tabelle 5.1 alle vier Filterfunktionen realisiert werden können. Der Faktor c in Gl.(5.37) wird so gewählt, dass der Frequenzgang bei einer bestimmten Frequenz einen gewünschten Wert hat, beispielsweise 1 bei der Frequenz 0 eines Tiefpasses.

Bei Verwendung des Hamming-Fensters hat der Amplitudengang einen Rippel von ca. $\delta_1 = \delta_2 = 0.002$ und einen Übergangsbereich der ungefähren Breite von $3.3\,f_s/(N+1))$ [IJ93]. Im Gegensatz zum Hamming-Fenster kann man beim Kaiser-Fenster *einen* Rippel und die Breite des Übergangsbereichs mithilfe des β-Parameters einstellen. Dabei ist zu beachten, dass ein kleinerer Übergangsbereich immer auf Kosten eines grösseren Rippels oder einer höheren Filterordnung erkauft werden muss. Mithilfe des MATLAB-Befehls `kaiserord` lassen sich Ordnung und β-Parameter für ein gegebenes Toleranzschema einfach bestimmen.

Die Fenstermethode (implementiert im MATLAB-Befehl `fir1`) lässt sich nun in einem Satz und in einer Formel zusammenfassen:

Die Impulsantwort des FIR-Filters erhält man durch Multiplikation der idealen Impulsantwort mit der Fensterfunktion:

$$h[n] = h_{ideal}[n]w[n] \, . \tag{5.38}$$

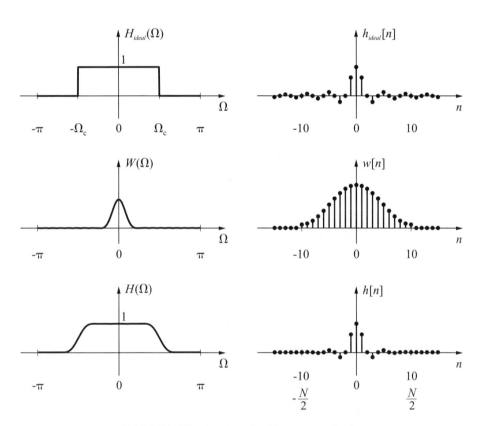

Bild 5.28: Illustration der Fenstermethode

In Bild 5.28 rechts sind die ideale Impulsantwort, die Fensterfunktion und die Impulsantwort des FIR-Filters dargestellt. Links sind der ideale Frequenzgang, das Spektrum des Hamming-Fensters und der Amplitudengang des FIR-Filters abgebildet. Um das FIR-Filter kausal und damit echtzeitfähig zu machen, muss die Impulsantwort selbstverständlich noch um $0.5N$-Abtastintervalle nach rechts verschoben werden.

Ein grosser Vorteil der Fenstermethode ist die einfache Programmierung und der geringe Rechenaufwand. Möchte man allerdings für ein gegebenes Stempel-

Matrizen-Schema ein FIR-Filter minimaler Ordnung entwerfen, dann muss die
Optimalmethode angewandt werden.

Optimalmethode

Die Optimalmethode ist eine FIR-Filter-Entwurfsmethode, die unter vielen Namen bekannt ist: Parks-McClellan-Methode, Remez-Entwurf, optimale FIR-Fil-
ter-Approximation, Entwurf aufgrund gleichmässiger Welligkeit, Tschebyscheff-
Approximation im Durchlass- und Sperrbereich, Equiripple-Verfahren etc. Mit
dieser Methode lassen sich FIR-Filter entwerfen, welche eine gleichmässige Welligkeit im Durchlass- und im Sperrbereich aufweisen, wie Bild 5.29 oben veranschaulicht.

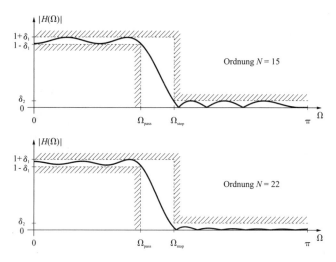

Bild 5.29: Amplitudengang eines FIR-Filters. Oben: Entwurf mit der Optimal-
          methode,   unten: Entwurf mit der Fenstermethode

Bild 5.29 unten zeigt den Amplitudengang des FIR-Filters, das mit der
Kaiser-Fenstermethode entworfen wurde. Bei Betrachtung der beiden Amplitudengänge wird der Name „Optimalmethode" plausibel: Im Gegensatz zur Fenstermethode approximiert die Optimalmethode das FIR-Filter unter Ausnützung
des gesamten Toleranzbereiches. Daraus resultiert eine Ordnung N, die normalerweise wesentlich kleiner als diejenige des Fensterentwurfs ist.

Die Beschreibung der Optimalmethode ist sehr umfangreich (Lit. [OS99] und
[PB87]) und soll deshalb hier nur grob skizziert werden. Das Verfahren startet
mit einer Schätzung der Filterordnung gemäss der Formel [Por97]:

$$N \approx \frac{-10\log(\delta_1\delta_2) - 13}{2.32(\Omega_{stop} - \Omega_{pass})} \, . \tag{5.39}$$

Anschliessend werden über einen iterativen Prozess — den sogenannten Remez-Exchange-Algorithmus — die Filterkoeffizienten so lange verändert, bis die dazugehörige Übertragungsfunktion das Stempel-Matrizenschema erfüllt. Durch Einhalten der Symmetriebedingungen bezüglich der Filterkoeffizienten wird erreicht, dass das FIR-Filter eine lineare Phasencharakteristik hat.

Die Optimalmethode ist *das* Standardverfahren zum Entwurf digitaler FIR-Filter, weil es Filter minimaler Ordnung liefert. Zudem bietet es den Vorteil, dass die maximal zulässigen Rippel δ_1 und δ_2 im Durchlass- und Sperrbereich individuell festgelegt werden können. Das Optimalverfahren ist wie das Fensterverfahren in fast jedem Programmpaket zur digitalen Signalverarbeitung enthalten, wie beispielsweise in unter dem Namen remez. Es ermöglicht nicht nur die Approximation der vier Filtergrundfunktionen, sondern ebenso den Entwurf von Multibandfiltern, Differentiatoren und Hilbert-Transformatoren. Sein wesentlicher Nachteil gegenüber dem Fensterverfahren ist der grössere Programmier- und Rechenaufwand.

Wie bereits erwähnt, existiert eine Reihe weiterer Entwurfsverfahren, wie z. B. das Least-Squares- und das Frequency-Sampling-Verfahren [PM96]. Da diese Verfahren wenig gebräuchlich sind, sollen sie hier nicht erläutert werden.

5.3.3 Entwurf von IIR-Filtern

Bilinear-Transformation

Das häufigste Verfahren zum Entwurf von IIR-Filtern ist die Methode über die bilineare Transformation. Es beruht auf den bewährten Entwurfsverfahren für Analogfilter und ist sehr effizient. Andere Verfahren, wie z. B. die Methode über die impulsinvariante Transformation [OS95] spielen eine untergeordnete Rolle und werden hier deshalb nicht behandelt.

Die Ausgangsfrage lautet: Wie kann man die Übertragungsfunktion $H(s)$ eines Analogfilters (zeitkontinuierliches LTI-System) in die Übertragungsfunktion $H(z)$ eines Digitalfilters (zeitdiskretes LTI-System) überführen? Die Lösungsidee besteht darin, die Laplacevariable s durch eine Funktion der Variablen z zu substituieren. Unter den vielen Möglichkeiten, hat sich die Substitution

$$ s = \frac{2}{T} \cdot \frac{z-1}{z+1} \qquad (5.40) $$

mit dem Namen „bilineare Transformation" am geeignetsten erwiesen:

$$ H(z) = H(s)|_{s=\frac{2}{T} \cdot \frac{z-1}{z+1}} \quad . \qquad (5.41) $$

Die Bilinear-Transformation bildet die linke s-Halbebene in den Einheitskreis der z-Ebene ab:

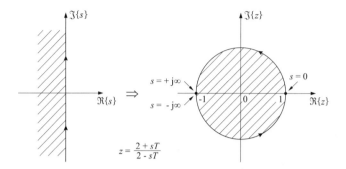

Bild 5.30: Abbildung der s-Ebene auf die z-Ebene mittels der bilinearen z-Transformation

Dadurch werden in der linken s-Halbebene liegende Pole in das Innere des Einheitskreises übergeführt und man erhält so aus stabilen Analogfiltern stabile Digitalfilter. Des Weiteren wird die $j\omega$-Achse auf den $e^{j\Omega}$-Einheitskreis abgebildet, was bedeutet, dass der Frequenzgang des Analogfilters in den Frequenzgang des Digitalfilters übergeht. Allerdings ist der Zusammenhang zwischen der normierten Kreisfrequenz Ω des Digitalfilters und der Kreisfrequenz ω des Analogfilters nicht linear. Diese Nichtlinearität wird ersichtlich, wenn man $s = j\omega$ und $z = e^{j\Omega}$ setzt und die Gleichung (5.40) nach ω auflöst. Als Lösung erhält man:

$$\omega = \frac{2}{T} \tan\left(\frac{\Omega}{2}\right) . \qquad (5.42)$$

Der IIR-Filter-Entwurf am Beispiel eines Tiefpasses lässt sich damit wie folgt zusammenfassen:

1. Bestimme die normierte Durchlass- und Sperrkreisfrequenz Ω_{pass} und Ω_{stop} des gewünschten Digitalfilters und konvertiere sie gemäss Gl.(5.42). Das Resultat sind die Kreisfrequenzen ω_{pass} und ω_{stop} des Analogfilters.

2. Ermittle die Übertragungsfunktion $H(s)$ des Analogfilters.

3. Ersetze s in der Übertragungsfunktion $H(s)$ gemäss Gl.(5.40). Das Ergebnis ist die Übertragungsfunktion $H(z)$ des gewünschten IIR-Filters.

Die Ermittlung der zeitkontinuierlichen Übertragungsfunktion in Schritt 2 ist Teil der klassischen Filter-Approximationstheorie [Dan74] und soll hier nicht behandelt werden (wer sich Einblick in die Filter-Approximationstheorie verschaffen will, dem sei das Studium von Lit. [PB87] empfohlen). In der Praxis müssen die drei Schritte des Verfahrens kaum je programmiert werden, da heute jedes Digitalfilter-Entwurfsprogramm die vollständige Bilinear-Transformationsmethode implementiert hat. MATLAB beispielsweise stellt dafür die Befehle `butter`, `cheby1`, `cheby2` und `ellip`, sowie das DSV-Werkzeug `sptool` zur Verfügung.

Ein Nachteil der Bilinear-Transformationsmethode ist die fehlende Möglichkeit, Allpass-Filter gemäss Gl.(5.35) zu approximieren. Allpässe werden bezüglich ihrem Phasengang oder ihrer Gruppenlaufzeit spezifiziert und können nur mit wenigen DSV-Programmen, wie beispielsweise [Atl96], entworfen werden.

Approximationsarten

Wir haben in Kap. 5.3.1 gesehen, dass es vier grundlegende Approximationsarten für den rechteckförmigen Amplitudengang gibt (Bild 5.26): a) die Butterworth-Approximation mit einem monotonen Verlauf im Durchlass- und Sperrbereich, b) die Tschebyscheff-Approximation vom Typ I mit einer gleichmässigen Welligkeit im Durchlass- und einem monotonen Verlauf im Sperrbereich, c) die Tschebyscheff-Approximation vom Typ II mit einem monotonen Verlauf im Durchlass- und einer gleichmässigen Welligkeit im Sperrbereich und d) die Cauer-Approximation mit einem welligen Verlauf sowohl im Durchlass- wie im Sperrbereich. Die entsprechenden IIR-Filter heissen deshalb auch Butterworth-Filter, Tschebyscheff-1-Filter, Tschebyscheff-2-Filter und Cauer-Filter. Tschebyscheff-1-Filter nennt man häufig einfach Tschebyscheff-Filter und Cauer-Filter bezeichnet man auch als elliptische Filter, da bei der Approximation elliptische Funktionen angewandt werden.

In der Praxis wird bei einer Filter-Anwendung meistens zuerst das Stempel-Matrizen-Schema festgelegt. Aufgrund der unterschiedlichen Eigenschaften entscheidet man sich dann für eine der vier Approximationen. Um diesen Entscheid zu erleichtern, wollen wir in Tabelle 5.3 einige wichtige Eigenschaften zusammenstellen und in vier Punkten diskutieren:

Filterart	Ordnung	Amplitudengang im Durchlassbereich	Amplitudengang im Sperrbereich
Butterworth	gross	monoton	monoton
Tschebyscheff I	mittel	wellig	monoton
Tschebyscheff II	mittel	monoton	wellig
Cauer	klein	wellig	wellig

Tabelle 5.3: Eigenschaften der vier Filterarten

- Filter hoher Ordnung erfordern einen hohen Realisierungsaufwand bezüglich Anzahl Verzögerungselementen, Multiplizierern und Addierern. Eine kleine Ordnung stellt daher eine wünschbare Eigenschaft dar.

- Die Bezeichnungen „gross", „mittel" und „klein" sind nicht absolut sondern relativ zu verstehen. Zudem können bei geringen Filter-Anforderungen die Ordnungen bei allen vier Filterarten gleich gross sein.

- Die Einschwingvorgänge der vier Filterarten unterscheiden sich wenig voneinander. Trotzdem können die kleinen Unterschiede für eine gegebene Anwendung entscheidend sein.

- Seiner kleinen Ordnung wegen ist das Cauer-Filter Standard. Eine endgültige Entscheidung bezüglich der Filterart liefert aber erst eine Simulation, beispielsweise mit dem MATLAB-Programm `spfilt`, das im Anhang B beschrieben ist.

Zur Illustration wollen wir wiederum ein Tiefpassfilter mit dem Toleranzschema in Bild 5.29 approximieren. Die obere Grenze im Amplitudengang ersetzen wir durch 1 und die untere durch $1-2\delta_1$, wie aus Bild 5.31 hervorgeht. (Diese Art von Grenzen ist eine Eigenart vieler IIR-Filter-Entwurfsprogramme. Der Wert $2\delta_1$ wird dann als Rippel im Durchlassbereich bezeichnet). Mit dem MATLAB-DSV-Werkzeug `sptool` entwerfen wir ein Butterworth- (Bild 5.31 oben) und ein Cauer-Filter (Bild 5.31 unten). Wir konstatieren, dass die Ordnung des Cauer-Filters wesentlich kleiner ist als diejenige des Butterworth-Filters und dass die Ordnungen der beiden IIR-Filter deutlich kleiner sind als die Ordnungen der entsprechenden FIR-Filter. Auf die Bewertung dieser Feststellung werden wir in Kap. 5.5 nochmals zu sprechen kommen.

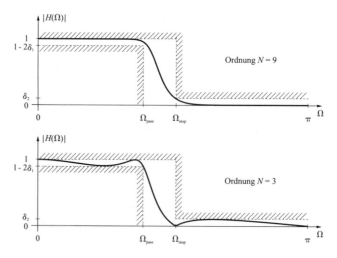

Bild 5.31: Amplitudengang eines IIR-Filters.
      Oben: Butterworth-Approximation, unten: Cauer-Approximation

5.4 Nichtideale Effekte bei Digitalfiltern

Bis jetzt sind wir davon ausgegangen, dass sich Abtastwerte, Koeffizienten und Ergebnisse von Additionen und Multiplikationen genau darstellen lassen. In der Realität ist diese Genauigkeit natürlich nicht gegeben, da in jedem digitalen Rechner numerische Zahlen durch eine endliche Anzahl von Bits dargestellt werden. Zahlenwerte und Ergebnisse mathematischer Operationen sind deshalb i. Allg. mit Fehlern behaftet. In diesem Unterkapitel geht es darum, die Folgen dieser Fehler zu diskutieren und aufzuzeigen, wie man die Fehlerauswirkungen auf ein tolerierbares Mass vermindern kann.

5.4.1 Zahlendarstellungen

Zur Darstellung einer numerischen Zahl sind zwei Systeme üblich: die Festkomma-Darstellung (engl: fixed point) und die Fliesskomma-Darstellung (engl: floating point). Auf einem digitalen Rechner werden Festkomma- und Fliesskommazahlen in binärer Form, d. h. in Form von Nullen und Einsen dargestellt. Unter den binären Formen spielt die Zweierkomplementform eine herausragende Rolle, weil sie eine einfache Realisierung des Rechenwerks für vorzeichenbehaftete Zahlen erlaubt und deshalb normalerweise verwendet wird. Wir werden im Folgenden daher binäre Zahlen nur in Zweierkomplementform betrachten.

Festkomma-Darstellung

Eine ganze Zahl (engl: integer) x im Festkomma-Format stellt man in Zweierkomplementform wie folgt dar:

$$x = b_0 b_1 \cdots b_B \bullet \tag{5.43}$$

$$= 2^B \left(-b_0 + \sum_{i=1}^{B} b_i 2^{-i} \right) . \tag{5.44}$$

$(B+1)$ ist die Wortlänge, d. h. die Anzahl Bits mit der die Zahl x dargestellt wird. Die Bits b_0 bis b_B sind Zahlen, welche nur die Werte 0 oder 1 annehmen können. Das Bit b_0 bezeichnet man als Vorzeichenbit und das Bit b_B ist das Bit mit der geringsten Wertigkeit und es heisst darum „least significant bit", abgekürzt LSB. Wenn das Vorzeichenbit 0 ist, dann ist die Zahl x positiv oder Null und wenn das Vorzeichenbit 1 ist, dann ist die Zahl x negativ. Der fette Punkt hinter dem LSB in Gl.(5.43) steht für den „Point" (Komma) des Fixed-Point-Formats. Ist die Wortlänge 16, was sehr häufig ist, dann spricht man von Zahlen im Format 16.0. Damit will man ausdrücken, dass vor dem Punkt 16 Bits stehen und nach dem Punkt 0 Bits.

Beispiel 1:

$$5 = 0\,1\,0\,1_{\bullet}$$
$$= -0 \cdot 2^3 + 1 \cdot 2^2 + 0 \cdot 2^1 + 1 \cdot 2^0 .$$

Beispiel 2:

$$-7 = 1\,0\,0\,1_{\bullet}$$
$$= -1 \cdot 2^3 + 0 \cdot 2^2 + 0 \cdot 2^1 + 1 \cdot 2^0 .$$

Unter einer rein gebrochenen Zahl oder *Fractional*-Zahl x, verstehen wir eine Zahl zwischen -1 und +1. Ihre Darstellung lautet:

$$x = b_0 {}_{\bullet} b_1 \cdots b_B \qquad (5.45)$$

$$= -b_0 + \sum_{i=1}^{B} b_i 2^{-i} . \qquad (5.46)$$

Beispiel 1:

$$0.625 = 0_{\bullet}1\,0\,1$$
$$= -0 \cdot 2^0 + 1 \cdot 2^{-1} + 0 \cdot 2^{-2} + 1 \cdot 2^{-3} .$$

Beispiel 2:

$$-0.875 = 1_{\bullet}0\,0\,1$$
$$= -1 \cdot 2^0 + 0 \cdot 2^{-1} + 0 \cdot 2^{-2} + 1 \cdot 2^{-3} .$$

Die Darstellung einer rein gebrochenen Zahl unterscheidet sich von derjenigen einer ganzen Zahl allein durch die Stellung des Punktes, der sich jetzt unmittelbar hinter dem Vorzeichenbit befindet. Ist die Wortlänge 16 Bit, dann bezeichnet man dieses Format auch als 1.15-Format, weil sich vor dem Punkt 1 Stelle und nach dem Punkt 15 Stellen befinden. Computerintern werden ganze und gebrochene Zahlen gleich dargestellt und die Stellung des Punktes wird allein durch eine Vereinbarung festgelegt. Üblich ist das Rechnen mit Fractional-Zahlen, weil i. Allg. angenommen wird, dass alle Abtastwerte innerhalb von -1 und $+1$ liegen. Werden die Abtastwerte mit Koeffizienten multipliziert, die betragsmässig grösser als 1 sind, dann müssen die Koeffizienten vorher entsprechend skaliert werden (siehe dazu Kap. 5.4.5).

Bild 5.32 zeigt alle Fractional-Zahlen, die sich bei einer Wortlänge von $(B+1) = 4$ Bit darstellen lassen. Beachtenswert ist, dass die negative Zahl -1 darstellbar ist, nicht hingegen die positive Zahl $+1$. Übliche Wortlängen bei Festkomma-Signalprozessoren sind natürlich viel grösser als 4 Bit und betragen 16 oder 24 Bit. Den Übergang von der höchstmöglichen positiven Zahl zur höchstmöglichen negativen Zahl nennt man Zweierkomplement-Überlauf. Er wird in einem Signalprozessor durch das Setzen eines Flags angezeigt.

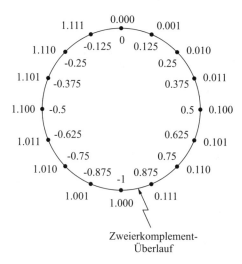

Bild 5.32: Dezimal- und Festkomma-Zweierkomplement-Darstellung von 4-Bit-Fractional-Zahlen

Quantisierung

Wie bereits erwähnt, können auf einem digitalen Computer reelle Zahlen i. Allg. nicht genau dargestellt werden, da zu ihrer Darstellung nur Wörter endlicher Länge zur Verfügung stehen. Bei einer Wortlänge von $(B+1)$ lassen sich nur 2^{B+1} Zahlen repräsentieren, wie Bild 5.32 illustriert. Um eine reelle Zahl trotzdem darstellen zu können, muss sie gerundet oder abgeschnitten werden. Diese Operationen bezeichnet man als Quantisierung. Die Quantisierung wird durch eine treppenförmige Kennlinie — Quantisierungskennlinie genannt — charakterisiert. Die quantisierte Zahl x_Q kann dabei nur Werte annehmen, die den Höhen der Treppenstufen entsprechen. Die beiden üblichen Quantisierungskennlinien sind die Rundungs- und die Abschneidekennlinie in Bild 5.33.

Während die Rundungskennlinie vor allem AD-Wandlern eigen ist, findet man die Abschneidekennlinie vorwiegend bei der Ergebnis-Quantisierung von Festkomma-Multiplikationen.

Die Treppenhöhe q nennt man *Quantisierungsstufe* oder *Quantisierungsintervall*. Bei Fractional-Zahlen gemäss Gl.(5.46) beträgt sie:

$$q = 2^{-B} . \tag{5.47}$$

Die Differenz zwischen quantisiertem und genauem Wert heisst *Quantisierungsfehler e*:

$$e = x_Q - x . \tag{5.48}$$

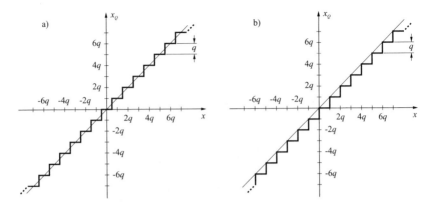

Bild 5.33: Quantisierungskennlinien:
  a) Rundungskennlinie b) Abschneidekennlinie

Bei der Rundung (engl: rounding) liegt er innerhalb der Grenzen

$$-\frac{q}{2} < e \leq \frac{q}{2} \tag{5.49}$$

und beim Abschneiden (engl: truncating) im Bereich

$$-q < e \leq 0 \,. \tag{5.50}$$

Wegen der Quantisierung sind Digitalfilter nichtlineare Systeme, die allerdings in den meisten Fällen durch LTI-Systeme approximiert werden dürfen.

Überlauf

Die beiden Quantisierungskennlinien in Bild 5.33 implizieren einen unbegrenzten Zahlenbereich und stellen deshalb auch Idealisierungen dar. In Wirklichkeit tritt ein Kennlinienknick auf, wenn die Eingangsgrösse ausserhalb gewisser Grenzen zu liegen kommt. Der Typ des Knicks, der so genannte Überlauf, kann mit einer modifizierten Quantisierungskennlinie charakterisiert werden. Geht die Quantisierungskennlinie an der linken und rechten Grenze in einen horizontalen Ast über, dann spricht man von Sättigung (Bild 5.34 a), wird dagegen die Quantisierungskennlinie an den Grenzen sägezahnartig fortgesetzt, dann liegt ein Zweierkomplement-Überlauf vor (Bild 5.34 b).

Die Sättigung und der Zweierkomplement-Überlauf sind die beiden üblichen Überlauf-Typen. Runden mit Sättigung sind die Regel bei AD-Wandlern, Abschneiden und Zweierkomplement-Überlauf sind üblich bei Festkomma-Signalprozessoren.

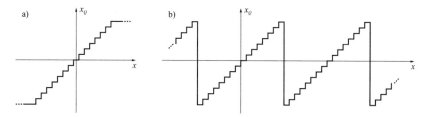

Bild 5.34: Modifizierte Quantisierungskennlinien: a) Rundungskennlinie mit Sättigung b) Abschneidekennlinie mit Zweierkomplement-Überlauf

Gleitkomma-Darstellung

Eine Gleitkomma-Zahl wird wie folgt dargestellt:

$$x = M \cdot 2^E \,. \tag{5.51}$$

M heisst Mantisse und ihr Betrag liegt im Bereich $0.5 \le |M| < 1$. E ist der Exponent und besteht aus einer ganzen Zahl. Die Mantisse und der Exponent werden als Festkomma-Zahlen kodiert, die Mantisse als Fractional-Zahl und der Exponent als Integer-Zahl. Zur Veranschaulichung ist in der unten stehenden Tabelle eine Gleitkomma-Zahl mit einer 4-Bit-Mantisse und einem 2-Bit-Exponenten dargestellt.

Dezimalzahl	Entwicklung			Gleitkomma-Zahl in Zweier-komplement-Form
-0.4375	$\Rightarrow$ $-0.875 \cdot 2^{-1}$	$\Rightarrow$ $1.001 \cdot 2^{11.}$	$\Rightarrow$	1.001 $11.$

Tabelle 5.4: Entwicklung einer Dezimalzahl in eine Gleitkomma-Zahl

Ein entscheidender Vorteil des Gleitkomma-Formats liegt im grossen Zahlenbereich, der damit abgedeckt werden kann. Werden bei einem 32-Bit-Wort z. B. 24 Bit für die Mantisse und 8 Bit für den Exponenten reserviert, so kann damit ein Zahlenbereich von $-1.7 \cdot 10^{38} \cdots + 1.7 \cdot 10^{38}$ überstrichen werden. Ein weiterer Vorteil besteht darin, dass betragsmässig kleine Zahlen viel genauer dargestellt werden können als Festkomma-Zahlen. Die betragsmässig kleinste 32-Bit-Fractional-Zahl (abgesehen von der Null) ist $4.7 \cdot 10^{-10}$ und beim entsprechenden Gleitkomma-Format mit 24-Bit Mantisse und 8-Bit-Exponent beträgt sie $1.5 \cdot 10^{-39}$. 32-Bit-Gleitkomma-Signalprozessoren haben also einen beträchtlich grösseren Dynamikbereich als die üblichen 16- oder 24-Bit-Festkomma-Signalprozessoren und sie sind daher praktisch überlauffrei. Ihr Nachteil ist das kompliziertere Rechenwerk, was sich dann in der grösseren Chipkomplexität, im höheren Stromverbrauch und im höheren Preis des Signalprozessors bemerkbar macht.

Weitere Einzelheiten zum Thema „Gleitkomma-Zahlen" können in Lit. [PM96] und [Dev90] nachgelesen werden.

5.4.2 Analog-Digital-Wandlung

Der Analog-Digital-Wandler, abgekürzt AD-Wandler oder AD-Umsetzer (engl: AD converter), ist das Bindeglied zwischen der analogen und der digitalen Welt. Er wandelt das analoge Signal in ein digitales Signal um, d. h. er überführt das zeit- und amplitudenkontinuierliche Signal in ein zeit- und amplitudendiskretes Signal. Die Werte des digitalen Signals werden dabei als binäre Zahlenwerte dargestellt. Bei der Umwandlung der Abtastwerte in binäre Zahlenwerte treten Fehler auf, deren Auswirkungen wir im Folgenden untersuchen wollen.

Zum Verständnis des AD-Wandlers betrachten wir sein signaltheoretisches Modell in Bild 5.35. (Die technische Funktionsweise ist hier nicht von Interesse und kann z. B. in Lit. [TS99] oder [Mit98] studiert werden.)

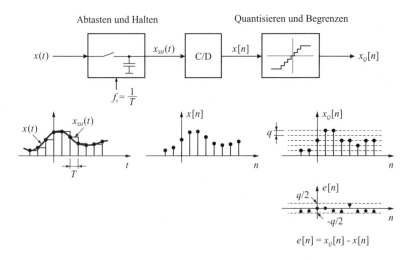

Bild 5.35: Signaltheoretisches Modell des AD-Wandlers

Der erste Block tastet das analoge Eingangsignal $x(t)$ zu äquidistanten Zeitpunkten ab und überführt es in ein treppenförmiges Signal $x_{SH}(t)$. Der Block CD (engl: Continuous Discrete) konvertiert das Treppensignal in ein zeitdiskretes, aber amplitudenkontinuierliches Signal $x[n]$. Im letzten Block wird $x[n]$ zu einem amplitudendiskreten (digitalen) Signal $x_Q[n]$ quantisiert, dessen Zahlenwerte üblicherweise im Fractional-Format dargestellt werden. Falls $x[n]$ ausserhalb des Aussteuerbereichs des AD-Wandlers zu liegen kommt, wird es durch die Sättigung der Kennlinie begrenzt.

In Bild 5.36 ist eine Rundungskennlinie mit Sättigung dargestellt, wie sie für einen AD-Wandler typisch ist. Die Wortlänge, auch als Auflösung bezeichnet, beträgt $(B+1) = 3$ Bit. Die Zahl q heisst Quantisierungsstufe und sie ist gleich der kleinsten darstellbaren positiven Zahl. Im Bild hat q den Wert von 0.25; typische Werte hingegen liegen im Bereich von $7.81 \cdot 10^{-3}$ bis $1.91 \cdot 10^{-6}$.

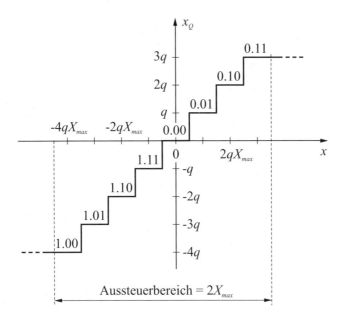

Bild 5.36: Kennlinie eines AD-Wandlers

Beispiel: Der Aussteuerbereich eines 12-Bit-AD-Wandlers betrage ± 1 V. Die Quantisierungsstufe des Eingangssignals ist dann 0.488 mV und diejenige des Ausgangssignals $q = 4.88 \cdot 10^{-4}$.

Für das quantisierte Ausgangssignal $x_Q[n]$ des AD-Umsetzers finden wir nach Gl.(5.48):

$$x_Q[n] = x[n] + e[n] \,. \qquad (5.52)$$

Es lässt sich demnach als Überlagerung des amplitudenkontinuierlichen Signals $x[n]$ mit dem Fehlersignal $e[n]$ auffassen (siehe dazu auch Bild 5.35). Den Quantisierungsprozess können wir folglich in einem Signalflussdiagramm gemäss Bild 5.37 darstellen.

Das Fehlersignal $e[n]$ ist ein Zufallssignal, das durch die Quantisierung (Rundung) entsteht und deshalb als Quantisierungs- oder Rundungsrauschen bezeichnet wird. Im Allgemeinen darf man annehmen [OS95], dass es sich beim Quantisierungsrauschen um weisses Rauschen handelt, d. h. um ein Rauschen, bei dem alle Frequenzanteile gleich stark vertreten sind.

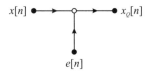

Bild 5.37: Signalflussdiagramm des Quantisierungsprozesses

Ein Qualitätsmass in der Signalverarbeitung ist das Verhältnis zwischen der Leistung des Nutzsignals und der Leistung des Störsignals, Signal-Rauschabstand (engl: Signal-to-Noise Ratio) *SNR* genannt. Bezüglich dem AD-Wandler nennt man dieses Mass auch Quantisierungsgeräuschabstand und definiert ihn in logarithmischer Form wie folgt:

$$SNR = 10 \log \left(\frac{P_x}{P_e} \right) , \qquad \text{Einheit: dB} . \qquad (5.53)$$

P_x ist die mittlere Leistung des amplitudenkontinuierlichen Signals $x[n]$ und P_e ist die mittlere Leistung des Rundungsrauschens $e[n]$. Bei sinusförmiger Vollaussteuerung erhält man bei einer Auflösung von $(B+1)$ Bit folgendes Ergebnis (Herleitung siehe Aufgabe 11):

$$SNR \approx 6(B+1) + 1.8 , \qquad \text{Einheit: dB} . \qquad (5.54)$$

Die obige Schätzformel ist für die DSV wichtig, sie bedarf deshalb einer Diskussion:

- Bei Übersteuerung wird das Signal wegen der Sättigung abgeschnitten. Die daraus resultierenden Verzerrungen können das *SNR* gegenüber der Schätzung (5.54) beträchtlich veringern.

- Bei Untersteuerung sinkt das *SNR* ebenfalls. Wird das Eingangssignal beispielsweise um Faktor 2 verkleinert, dann nimmt das *SNR* um 6 dB ab.

- Aus den obigen beiden Punkten folgt, dass zur Erzielung eines grossen Signal-Geräuschabstands der AD-Wandler voll ausgesteuert, aber nicht übersteuert werden soll.

- Bei komplizierteren Signalen, wie z. B. Rauschen und Sprache, verkleinert sich das *SNR* um einige dB [OS95].

- Durch weitere Nichtidealitäten im AD-Umsetzungsprozess entstehen Fehler, die das *SNR* zusätzlich um ca. 9 dB verschlechtern [Wal99].

In der Praxis steht man bei der Wahl der Auflösung vor einem Dilemma. Einerseits möchte man die Wortlänge so gross wie möglich wählen, weil damit der Geräuschabstand steigt. Andererseits sind AD-Wandler mit einer grossen Wortlänge langsam und teuer. Welche Auflösung man schliesslich wählt, kann nicht allgemein beantwortet werden und hängt von der betreffenden Anwendung ab. Üblich sind Wortlängen im Bereich von 8 bis 20 Bit.

5.4.3   Quantisierung der Filterkoeffizienten

Die Entwurfsverfahren für FIR- und IIR-Filter, wie sie in Kap. 5.3 vorgestellt wurden, liefern die b- und a-Koeffizienten der Übertragungsfunktion

$$
\begin{aligned}
H(z) &= \frac{b_0 + b_1 z^{-1} + \cdots + b_N z^{-N}}{1 + a_1 z^{-1} + \cdots + a_M z^{-M}}, \\[2mm]
&= b_0 z^{M-N} \frac{(z - z_1)(z - z_2) \cdots (z - z_N)}{(z - p_1)(z - p_2) \cdots (z - p_M)}
\end{aligned}
\tag{5.55}
$$

mit grosser Genauigkeit. Bei der Realisierung eines Filters auf einem Digitalrechner können diese Koeffizienten bekanntlich nur mit einer begrenzten Anzahl Bit dargestellt werden. Dadurch können auch die Pole p_i und Nullstellen z_i nur eine begrenzte Anzahl von Positionen in der z-Ebene einnehmen. Dies ist in Bild 5.38 illustriert, das alle möglichen komplexen Pole eines Direktform-Filters 2. Ordnung mit der Koeffizienten-Wortlänge von 5 Bit zeigt.

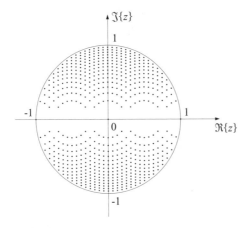

Bild 5.38: Alle möglichen komplexen Pole eines stabilen Direktform-Filters 2. Ordnung bei einer Koeffizienten-Wortlänge von 5 Bit

Bei kleiner Koeffizienten-Wortlänge ist die Dichte der Pole in den Bereichen von $z = 1$ und $z = -1$ gering. Tiefpassfilter und Hochpassfilter, die ihre Pole bekanntlich in diesen beiden Bereichen haben[6], lassen sich demzufolge nur ungenau realisieren. Für die Realisierung von präzisen TP- und HP-Filtern ist deshalb eine grosse Koeffizientengenauigkeit erforderlich.

Filter mit hohen Abtastfrequenzen haben ihre Pole ebenfalls in der Region von $z = 1$ (siehe Bild 5.39 und Aufgabe 18) und erfordern infolgedessen ebenfalls eine hohe Koeffizientengenauigkeit.

---

[6]Zur Erinnerung: Die Punkte $z = 1$ und $z = -1$ entsprechen den Frequenzen 0 und $0.5 f_s$.

Um die Empfindlichkeit der Pole bezüglich der Filterkoeffizienten zu beurteilen, führt man die Sensitivität (engl: senstivity) ein. Die Sensitivität des i-ten Poles bezüglich des k-ten a-Koeffizienten definiert man als die Ableitung des Poles p_i nach dem Koeffizienten a_k:

$$S_{a_k}^{p_i} = \frac{\partial p_i}{\partial a_k} \,. \tag{5.56}$$

Ist die Sensitivität gross, dann heisst das, dass eine kleine Änderung des Koeffizienten a_k eine grosse Änderung des Poles p_i bewirkt. Eine grosse Änderung eines Poles bewirkt eine grosse Änderung der Übertragungsfunktion und damit des Frequenzgangs. Um diese Änderungen klein zu halten, sind wir daran interessiert, Digitalfilter mit kleinen Sensitivitäten zu bauen.

Für ein Digitalfilters mit der Übertragungsfunktion (5.55) erhalten wir nach einiger Rechnung (Aufgabe 10):

$$S_{a_k}^{p_i} = \frac{p_i^{M-k}}{\displaystyle\prod_{j=1;\,j\neq i}^{M} (p_i - p_j)} \,. \tag{5.57}$$

Aus der obigen Formel ist ersichtlich, dass ein grosser Nenner eine kleine Sensitivität zur Folge hat. Einen grossen Nenner erzielen wir durch zwei Massnahmen:

1. Die Pole möglichst weit auseinander legen.
   Dies erreichen wir, indem wir die Abtastfrequenz klein machen (Bild 5.39).

2. Die Anzahl Pole M in Gl.(5.57) klein machen.
   Diese Forderung erfüllen wir durch Verwendung der Kaskaden-Struktur von Blöcken zweiter Ordnung. In dieser Struktur beeinflussen sich die Pole der einzelnen Blöcke gegenseitig nicht, so dass der Nenner jeweils nur aus einem Faktor besteht.

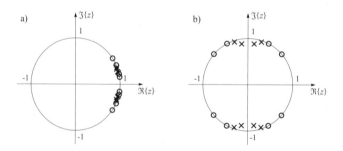

Bild 5.39: PN-Diagramm eines BP-Filters mit a) $f_s = 10\,\mathrm{kHz}$ und b) mit $f_s = 2\,\mathrm{kHz}$

Zur Illustration ist in Figur 5.40 a) der Amplitudengang eines BP-Filters inklusive Stempel-Matrizen-Schema dargestellt. Bild 5.40 b) zeigt den Ampli-

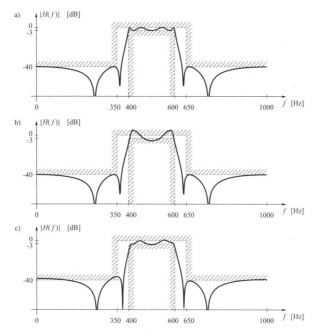

Bild 5.40: Amplitudengänge eines BP-Filters. a) Filter mit genauen Koeffizienten   b) Direktform-Struktur: Koeffizienten-Wortlänge 10 Bit   c) Kaskaden-Struktur: Koeffizienten-Wortlänge 5 Bit

tudengang einer Direktform-Struktur, bei der die Koeffizienten mit 10 Bit codiert sind. In Bild 5.40 unten ist der Amplitudengang einer Kaskaden-Struktur von Blöcken 2. Ordnung gezeichnet, bei der die Koeffizienten mit 5 Bit codiert wurden. Obwohl die Koeffizienten-Wortlänge deutlich geringer ist, erfüllt die Kaskaden-Struktur das Toleranzschema viel besser als die Direktform-Struktur.

5.4.4 Überlauf und Quantisierung von Zwischenergebnissen

Ein bedeutender Vorteil des Gleitkomma-Formats ist der grosse Zahlenbereich, der mit diesem Format dargestellt werden kann. Verwendet man die Gleitkomma-Darstellung bei der Realisierung von Digitalfiltern, so kann ein Überlauf, d. h. ein Überschreiten des Zahlenbereichs praktisch ausgeschlossen werden. Anders sieht die Situation bei Digitalfiltern aus, deren interne Zahlendarstellung im Festkomma-Format erfolgt. Üblicherweise werden hier Abtastwerte und Koeffizienten als Fractional-Zahlen dargestellt. Wie früher bereits erwähnt, kann man mit diesem Format Zahlen im Bereich $[-1, +1)$ realisieren[7]. Rein gebrochene Zahlen

---

[7]Unter dem Ausdruck $[-1, +1)$ versteht man alle reellen Zahlen, die zwischen -1 und $+1$ liegen. Die eckige Klammer bedeutet, dass die Zahl -1 zum Bereich gehört und die runde

haben zudem den Vorteil, dass Multiplikations-Ergebnisse ebenfalls in den Bereich $[-1, +1)$ zu liegen kommen und Überläufe so vermieden werden können (Ausnahme: $-1 \times -1 = +1$).

Bei der Addition hingegen ist Vorsicht geboten. Beispielsweise führt die Zweierkomplement-Addition der beiden positiven 4-Bit-Zahlen 0.111 und 0.101 zum Ergebnis 1.100, welches negativ und somit falsch ist. Wird dieses Ergebnis abgespeichert, dann spricht man von einem Zweierkomplement-Überlauf. Speichert man hingegen bei einem Überlauf die grösste positive oder die grösste negative Zahl ab, dann spricht man von Sättigung oder Sättigungs-Überlauf (Bild 5.34). Ist bei einem Digital-Rechner die Sättigung eingeschaltet, dann würde in unserem Beispiel also die grösste positive Zahl, nämlich 0.111 abgespeichert.

Bei der Multiplikation entstehen die Fehler durch Runden oder Abschneiden. Als Beispiel dazu betrachten wir die Multiplikation der beiden Zahlen 0.101 und 0.011 auf einem 4-Bit-Rechner. Durch Runden und Abspeichern als 4-Bit-Zahl entsteht aus dem exakten Ergebnis 0.001111 der Wert 0.010 und durch Abschneiden und Abspeichern der Wert 0.001. Sowohl beim Runden wie auch beim Abschneiden (engl: rounding und truncation) entstehen also Fehler, die man bekanntlich als Quantisierungsfehler bezeichnet.

Wir wollen am Beispiel eines IIR-Filters 2. Ordnung in Direktform-I-Struktur untersuchen, an welchen Stellen Überlauf- und Quantisierungsfehler auftreten können. Wir setzen dabei voraus, dass das dazugehörige Blockdiagramm in Bild 5.41 auf einem Festkomma-Rechner zu implementieren ist.

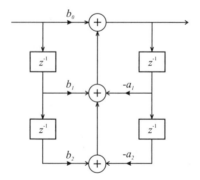

Bild 5.41: Blockdiagramm eines IIR-Filters 2. Ordnung in Direktform-I-Struktur

Zuerst skalieren wir die b-Koeffizienten mit einem Faktor 2^{-L_b} und die a-Koeffizienten mit einem Faktor 2^{-L_a} derart, dass die skalierten Koeffizienten b'_i und a'_i alle in den Bereich $[-1, +1)$ fallen. L_a und L_b sind ganze Zahlen und werden so gewählt, dass der betragsmässig grösste b'_i- respektive a'_i-Koeffizient in den Bereich $[-1, -0.5)$ oder $[0.5, 1)$ zu liegen kommt.

Klammer drückt aus, dass die Zahl +1 nicht mehr zum Bereich gehört.

Beispiel: Skalierung von b- und a-Koeffizienten

$$b_0 = 0.2345, \quad b_1 = -0.4, \quad b_2 = 0.4987, \quad a_1 = -1.8459, \quad a_2 = 0.9076$$
$$\implies \quad L_b = -1, \quad L_a = 1, \quad \implies$$
$$b_0' = 0.4690, \quad b_1' = -0.8, \quad b_2' = 0.9974, \quad a_1' = -0.9230, \quad a_2' = 0.4538.$$

Mit dieser Skalierung kann man die volle Genauigkeit der Fractional-Darstellung ausschöpfen. Allerdings muss sie durch Multiplikation mit den beiden Faktoren 2^{L_b} und 2^{L_a} gemäss Bild 5.42 wieder rückgängig gemacht werden, damit der korrekte Abtastwert am Ausgang erscheint. Da es sich bei diesen Faktoren um Zweierpotenzen handelt, können die Multiplikationen durch einfache arithmetische Schiebeoperationen ersetzt werden.

Wortlängen interner Rechenregister von Festkomma-Rechnern sind zum Teil viel grösser als die Wortlänge der Speicherzellen im RAM. Multiplikations- und Additions-Ergebnisse können deshalb sehr genau dargestellt werden. Die Direktform-I-Struktur ist eine Struktur, welche diese hohe Genauigkeit ausnützen kann, indem sie die Zusammenfassung aller Additions- und Multiplikations-Ergebnisse erlaubt (Bild 5.42). Sind die 5 Multiplikationen, die 2 Schiebeoperationen und die 4 Additionen abgearbeitet, dann wird der Ausgangsabtastwert quantisiert und im RAM oder im DA-Wandler abgespeichert.

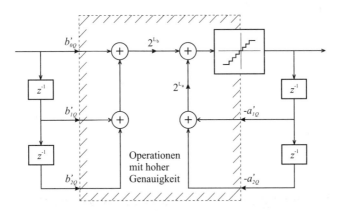

Bild 5.42: Blockdiagramm zur Implementation des IIR-Filters 2. Ordnung in Direktform-I-Struktur auf einem Festkomma-Rechner

Beispiel einer 4-Bit-Quantisierung eines 8-Bit-Ergebnisses:

```
  0.0101011
+ 1.0000001
= 1.0101100  ⟹  Abschneideergebnis:  1.010
                 Rundungsergebnis:    1.011
```

Liegt das Ausgangsergebnis nicht im zulässigen Zahlenbereich $[-1, +1)$, dann resultiert ein Sättigungs- oder ein Zweierkomplement-Überlauf.

Beispiel einer 4-Bit-Quantisierung mit Überlauf:

```
    0.1110101
  + 0.1100001
  = 1.1010110   ⟹   Ergebnis bei Sättigungs-Überlauf:         0.111
                     Ergebnis bei Zweierkomplement-Überlauf:   1.101
```

Die Art der Quantisierung und des Überlaufs kann auf einem Festkomma-Rechner normalerweise per Software eingestellt werden.

Durch Berücksichtigung der Koeffizienten-Quantisierung lässt sich das Block-diagramm in Bild 5.41 schliesslich in das Signalflussdiagramm in Bild 5.43 überführen. Die Ergebnis-Quantisierung und ein eventueller Überlauf am Ausgang des Filters wird durch die Fehlerquelle $e[n]$ modelliert.

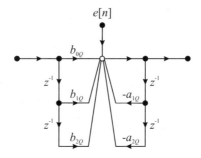

Bild 5.43: Signalflussdiagramm des IIR-Filters 2. Ordnung in Direktform-I-Struktur mit gerundeten Koeffizienten und Fehlerquelle $e[n]$

5.4.5   Skalierung zur Verhinderung von Überläufen

Additions-Ergebnisse, die im Speicher oder im DA-Wandler abgelegt werden, sollten überlauffrei sein, weil das Ausgangssignal sonst verzerrt wird (überlauf-frei ist ein Ergebnis im Fractional-Format dann, wenn es in den Bereich $[-1, +1)$ zu liegen kommt). Überläufe verzerren das Signal und können zudem bei IIR-Filtern zu so genannten *Überlaufschwingungen* (engl: large scale limit cycles) führen. Diese sind sehr störend, weil sie erstens eine grosse Amplitude haben und weil sie zweitens je nach Eingangssignal lange andauern können.

Um Überläufe zu vermeiden, müssen die Filterkoeffizienten skaliert werden. Welche Arten von Skalierungen existieren und wie sie durchzuführen sind, soll in diesem Unterkapitel dargelegt werden.

Skalierung von FIR-Filtern

Wir beschränken uns auf die Diskussion der klassischen Direktform- oder Transversalfilter-Struktur. Die Summationen sind in Bild 5.44 in *einem* Knoten zusammengefasst, um hervorzuheben, dass nur an diesem Punkt ein Überlauf auftreten kann.

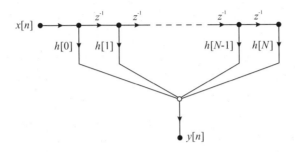

Bild 5.44: Direktform- oder Transversalfilter-Struktur eines FIR-Filters

Das Ausgangssignal ist bekanntlich gegeben durch den Ausdruck

$$y[n] = \sum_{i=0}^{N} h[i]x[n-i] \, . \tag{5.58}$$

Der Betrag des Ausgangsignals ist infolgedessen eingeschränkt durch die Ungleichung

$$|y[n]| \le \sum_{i=0}^{N} |h[i]||x[n-i]| \, . \tag{5.59}$$

Da wir voraussetzen, dass der Betrag des Eingangsignals $x[n]$ kleiner gleich 1 ist, ergibt sich daraus:

$$|y[n]| \le \sum_{i=0}^{N} |h[i]| \, . \tag{5.60}$$

Ist die rechte Seite kleiner als 1, dann ist auch das Ausgangssignal kleiner als 1 und somit überlauffrei. Aus Gl.(5.60) kann man jetzt die sogenannte l_1-Norm [PB87] eines FIR-Filters definieren:

$$l_1 = \sum_{i=0}^{N} |h[i]| \, . \tag{5.61}$$

Führen wir nun einen Skalierungsfaktor

$$s = \frac{1}{l_1} \tag{5.62}$$

ein und skalieren wir alle Koeffizienten $h[i]$ entsprechend der Vorschrift

$$\tilde{h}[i] = sh[i] \,, \tag{5.63}$$

dann ist das FIR-Filter mit den skalierten Koeffizienten $\tilde{h}[i]$ überlauffrei.

Durch die obige Skalierung wird das Signal um den Faktor s abgeschwächt, falls s kleiner als 1 ist. Das Rauschen hingegen, das durch die Quantisierung der Ausgangsabtastwerte entsteht, bleibt unverändert, so dass sich das Nutzsignal zu Störsignal-Verhältnis verschlechtert. Deswegen sind wir daran interessiert, den Skalierungsfaktor s so gross wie möglich zu machen.

Führt man die Normen [PB87]

$$l_\infty = \max_f |H(f)| \tag{5.64}$$

und

$$l_2 = \sqrt{\sum_{i=0}^{N} h^2[i]} \tag{5.65}$$

ein, dann kann man zwei neue Skalierungsfaktoren

$$s = \frac{1}{l_\infty} \tag{5.66}$$

und

$$s = \frac{1}{l_2} \tag{5.67}$$

definieren und damit die Palette an Auswahlmöglichkeiten erweitern. Die Norm l_∞ heisst Tschebyscheff-Norm und ist definiert als Maximalwert des Amplitudengangs. Die Norm in Gl.(5.65) wird als l_2-Norm bezeichnet und entspricht der Norm, wie wir sie Kap. 3.1.3 eingeführt haben. Man kann zeigen, dass von den drei oben definierten Normen die l_2-Norm die kleinste und die l_1-Norm die grösste ist, das heisst:

$$l_2 \leq l_\infty \leq l_1 \,. \tag{5.68}$$

Wählt man den Skalierungsfaktor s gemäss Gl.(5.66), dann kann man einen Überlauf für eine Sinusschwingung im eingeschwungenen Zustand verhindern. Trifft man die Wahl nach Gl.(5.67), dann erreicht man das beste *SNR*, mit dem Nachteil, dass die Wahrscheinlichkeit eines Überlaufs zunimmt.

Die Wahl des Skalierungsfaktors ist somit ein Kompromiss: Muss ein Überlauf unbedingt vermieden werden, dann wählt man den Skalierungsfaktor gemäss Gl.(5.62). Will man das *SNR* optimieren, dann fällt die Wahl auf Gl.(5.67) und wenn man einen Mittelweg wählen möchte, dann entscheidet man sich für Gl.(5.66).

Skalierung von IIR-Filtern

Ihrer guten Eigenschaften wegen ist die Kaskade von Blöcken 2. Ordnung die häufigste Struktur zur Realisierung von IIR-Filtern. Auf Festkomma-Rechnern hat sich als Block 2. Ordnung die Direktform-I-Struktur in Bild 5.43 besonders bewährt, weil sie pro Block nur einen Knoten aufweist, in dem das Signal quantisiert wird. Aus diesem Grund beschränken wir uns auf die Diskussion der Kaskaden-Struktur in Bild 5.45.

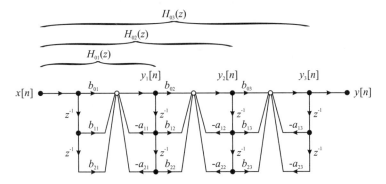

Bild 5.45: Kaskaden-Struktur eines IIR-Filters 6. Ordnung mit Blöcken 2. Ordnung in Direktform-I-Struktur

Zur Durchführung der Skalierung benötigen wir wiederum eine der drei Normen. Bei einem IIR-System mit der Übertragungsfunktion $H(z)$ und der Impulsantwort $h[n]$ sind die drei Normen analog zu einem FIR-System definiert:

$$l_2 = \sqrt{\sum_{i=0}^{\infty} h^2[i]} \quad \leq \quad l_\infty = \max_f |H(f)| \quad \leq \quad l_1 = \sum_{i=0}^{\infty} |h[i]| \,. \qquad (5.69)$$

Auch hier gilt, dass eine Skalierung mit

$$s = \frac{1}{l_2} \qquad (5.70)$$

das grösste SNR ergibt und eine Skalierung mit

$$s = \frac{1}{l_1} \qquad (5.71)$$

einen Überlauf garantiert verhindert. Eine Skalierung mit

$$s = \frac{1}{l_\infty} \qquad (5.72)$$

schliesst einen Überlauf bei sinusförmiger Anregung im eingeschwungenem Zustand aus und stellt einen vernünftigen Kompromiss zwischen den beiden anderen Skalierungen dar.

Die Aufgabe der Skalierung besteht darin, Skalierungsfaktoren s_1, s_2 und s_3 derart zu bestimmen, dass einerseits die Aussteuerung in den Knoten $y_1[n]$, $y_2[n]$ und $y_3[n]$ (Bild 5.45) gross wird, aber andererseits ein Überlauf unmöglich oder unwahrscheinlich ist. Haben wir uns für eine der drei Skalierungsarten und damit für eine der drei Normen l_p ($p = 1, 2$ oder ∞) entschieden, dann können wir das Skalierungsprozedere der Kaskaden-Struktur wie folgt durchführen:

1. Norm l_{1p} der Übertragungsfunktion $H_{01}(z)$ berechnen und daraus den ersten Skalierungsfaktor $s_1 = 1/l_{1p}$ bestimmen. Die skalierte Übertragungsfunktion des ersten Blocks ergibt sich dann zu

$$\tilde{H}_1(z) = \frac{s_1 b_{01} + s_1 b_{11} z^{-1} + s_1 b_{21} z^{-2}}{1 + a_{11} z^{-1} + a_{21} z^{-2}} \, . \tag{5.73}$$

2. Norm l_{2p} der Übertragungsfunktion $s_1 H_{02}(z)$ berechnen und daraus den zweiten Skalierungsfaktor $s_2 = 1/l_{2p}$ bestimmen. Die skalierte Übertragungsfunktion des zweiten Blocks ergibt sich dann zu

$$\tilde{H}_2(z) = \frac{s_2 b_{02} + s_2 b_{12} z^{-1} + s_2 b_{22} z^{-2}}{1 + a_{12} z^{-1} + a_{22} z^{-2}} \, . \tag{5.74}$$

3. Norm l_{3p} der Übertragungsfunktion $s_1 s_2 H_{03}(z)$ berechnen und daraus den dritten Skalierungsfaktor $s_3 = 1/l_{3p}$ bestimmen. Die skalierte Übertragungsfunktion des dritten Blocks ergibt sich dann zu

$$\tilde{H}_3(z) = \frac{s_3 b_{03} + s_3 b_{13} z^{-1} + s_3 b_{23} z^{-2}}{1 + a_{13} z^{-1} + a_{23} z^{-2}} \, . \tag{5.75}$$

4. Hat die Kaskade L Blöcke, dann ist so weiterzufahren, bis alle L Blöcke skaliert sind. Die Übertragungsfunktion der skalierten Kaskade lautet dann:

$$\tilde{H}(z) = \tilde{H}_1(z)\tilde{H}_2(z) \cdots \tilde{H}_L(z) \, . \tag{5.76}$$

5. Wird gefordert, dass die skalierte Übertragungsfunktion die gleiche Verstärkung hat wie die unskalierte, d. h. wird

$$\tilde{H}(z) = H(z) \tag{5.77}$$

gefordert, dann sind die b-Koeffizienten des ersten Blocks nachträglich mit $1/(s_1 s_2 \cdots s_L)$ zu multiplizieren.

Die MATLAB-Funktion `tf2sosI` führt das in den Punkten 1. bis 5. beschriebene Skalierungsverfahren automatisch aus (Aufgabe 13).

Eine weitere Möglichkeit IIR-Filter in Kaskaden-Struktur zu realisieren, zeigt Bild 5.46. Die Blöcke 2. Ordnung bestehen hier aus Direktform-II-Strukturen, deren Koeffizienten mithilfe der MATLAB-Funktion `tf2sos` bestimmt und skaliert werden können. Diese Struktur hat den Vorteil, dass sie mit einer minimalen Anzahl von Verzögerungselementen implementiert werden kann und daher zwei Speicherelemente weniger benötigt als die Kaskaden-Struktur in Bild 5.45.

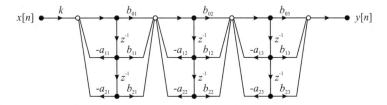

Bild 5.46: Kaskaden-Struktur eines IIR-Filters 6. Ordnung mit Blöcken 2. Ordnung in Direktform-II-Struktur

5.4.6 Quantisierungsrauschen

Wir haben gesehen, dass sowohl bei der AD-Wandlung wie auch beim Abspeichern von Zwischenergebnissen, Quantisierungs- und eventuell Überlauffehler auftreten. In diesem Unterkapitel gehen wir davon aus, dass dank einer geeigneten Skalierung die Überlauffehler vernachlässigt werden dürfen und nur Quantisierungsfehler auftreten. Diese Quantisierungsfehler in Form von Rundungs- oder Abschneidefehlern dürfen gemäss Lit. [OS95] als weisse Rauschquellen $e[n]$ mit einer rechteckförmigen Wahrscheinlichkeitsdichtefunktion $p(e)$ (Bild 5.47) modelliert werden.

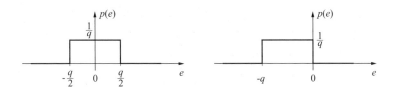

Bild 5.47: Wahrscheinlichkeitsdichtefunktion des Quantisierungsfehlers beim Runden (links) und beim Abschneiden (rechts)

Wie wir in Kap. 5.4.1 gesehen haben, ist q die Quantisierungsstufe und hat den Wert des LSB (engl: Least Significant Bit):

$$q = 2^{-B} . \qquad (5.78)$$

$B+1$ ist die Wortlänge und B somit die Anzahl Bit nach dem Vorzeichenbit.

Die Wahrscheinlichkeitsdichtefunktionen in Bild 5.47 erlauben den Mittelwert m_e und die Varianz σ_e^2 des Quantisierungsrauschens zu berechnen. Als Ergebnis erhalten wir für das Runden (Aufgabe 14):

$$m_e = 0 \,, \qquad \sigma_e^2 = \frac{2^{-2B}}{12} \qquad (5.79)$$

und für das Abschneiden

$$m_e = -\frac{2^{-B}}{2}\,, \qquad \sigma_e^2 = \frac{2^{-2B}}{12}\,. \tag{5.80}$$

Unter dem Mittelwert m_e können wir uns den DC-Wert und unter der Varianz σ_e^2 die AC-Leistung des Rauschens vorstellen. Die Wurzel σ_e der Varianz heisst *Standardabweichung* und gibt den Effektivwert des AC-Anteils an. Vielfach wird als Einheit des Mittelwerts und der Standardabweichung das LSB verwendet. Bei Anwendung von Gl.(5.78) erhalten wir dann für das Runden:

$$m_e = 0\,, \qquad \sigma_e = \frac{1}{2\sqrt{3}}\,\text{LSB} \tag{5.81}$$

und für das Abschneiden:

$$m_e = -\frac{1}{2}\,\text{LSB}\,, \qquad \sigma_e = \frac{1}{2\sqrt{3}}\,\text{LSB}\,. \tag{5.82}$$

Wie wir bereits erörtert haben, entstehen bei einem FIR-Filter in Direktform-Struktur die Quantisierungsfehler an zwei Stellen: erstens am Eingang durch die Quantisierung im AD-Wandler und zweitens am Ausgang durch die Quantisierung des Ausgangsergebnisses. Bild 5.48 zeigt die Direktform-Struktur des FIR-Filters mit den beiden erwähnten Quantisierungsrauschquellen.

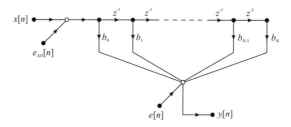

Bild 5.48: Direktform-Struktur eines FIR-Filters inklusive Quantisierungsrauschquellen

Analog dazu zeigt Bild 5.49 die Kaskaden-Struktur eines IIR-Filters mit den dazugehörigen Quantisierungsrauschquellen.

Aus Gründen des geringeren Rechenaufwands werden die Zwischenergebnisse in Festkomma-Rechnern vielfach abgeschnitten, wodurch die entsprechenden Quantisierungsrauschquellen mittelwertbehaftet sind. AD-Wandler hingegen runden ihr Ausgangsergebnis, so dass ihr Quantisierungsrauschen mittelwertfrei ist. Andererseits arbeiten AD-Wandler üblicherweise mit einer kleineren Wortbreite als der Festkomma-Rechner des Digitalfilters und verursachen so ein Quantisierungsrauschen mit einer höheren Varianz.

Wir möchten nun natürlich wissen, wie sich diese unerwünschten Rauschquellen auswirken und wie man ihren Einfluss vermindern kann. Dazu macht

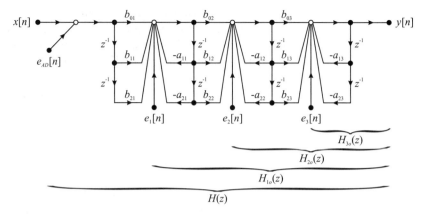

Bild 5.49: Kaskaden-Struktur eines IIR-Filters 6. Ordnung mit Blöcken in Direktform-I-Struktur inklusive Quantisierungsrauschquellen

die Theorie der stochastischen Signalverarbeitung [OS95] folgende Aussage: Ein Mittelwert wird mit der DC-Verstärkung (engl: DC gain) und eine Varianz wird mit der Rauschverstärkung (engl: noise gain) übertragen. Am Ausgang des linearen Digitalfilters überlagern sich die einzelnen Mittelwerte und Varianzen.

Unter der DC-Verstärkung eines LTI-Systems versteht man den Wert der Übertragungsfunktion $H(z)$ bei der Frequenz $f = 0$:

$$H(z)|_{z=e^{j2\pi 0T}} = H(1) \,. \tag{5.83}$$

Die Rauschverstärkung NG (engl: Noise Gain) ist definiert als das Integral der Leistungsübertragungsfunktion:

$$NG = \frac{1}{2\pi} \int_{-\pi}^{\pi} |H(\Omega)|^2 \, d\Omega \,. \tag{5.84}$$

Während die DC-Verstärkung bei gegebener Übertragungsfunktion einfach zu berechnen ist, gestaltet sich die Berechnung der Rauschverstärkung komplizierter. Für ein IIR-System 2. Ordnung mit der Übertragungsfunktion

$$H(z) = \frac{1}{1 + a_1 z^{-1} + a_2 z^{-2}} \tag{5.85}$$

findet man dafür [PB87]:

$$NG = \frac{1 + a_2}{(1 - a_2)[(1 + a_2)^2 - a_1^2]} \,. \tag{5.86}$$

Ein IIR-Filter mit zwei Polen in der Nähe des Einheitskreises hat einen a_2-Koeffizienten, der annähernd 1 ist. Der Faktor $(1 - a_2)$ im Nenner ist dann

sehr klein, woraus eine hohe Rauschverstärkung und somit ein grosses Quantisierungsrauschen resultiert. Um das Quantisierungsrauschen zu verringern, verkleinern wir die Abtastfrequenz. Damit verschieben wir die Pole ins Innere des
Einheitskreises und erreichen derart einen kleineren a_2-Koeffizienten (Aufgabe
15).

Auf der Grundlage von Bild 5.48 finden wir jetzt den Mittelwert und die
Varianz des Quantisierungsrauschens am Ausgang des FIR-Filters wie folgt:

$$m_y = H(1)m_{e_{AD}} + m_e \,, \tag{5.87}$$

$$\sigma_y^2 = NG\,\sigma_{e_{AD}}^2 + \sigma_e^2 \,. \tag{5.88}$$

Analog dazu finden wir den Mittelwert und die Varianz des Quantisierungsrauschens am Ausgang des IIR-Filters in Bild 5.49:

$$m_y = H(1)m_{e_{AD}} + H_{1o}(1)m_{e_1} + H_{2o}(1)m_{e_2} + H_{3o}(1)m_{e_3} \,, \tag{5.89}$$

$$\sigma_y^2 = NG\,\sigma_{e_{AD}}^2 + NG_{1o}\sigma_{e_1}^2 + NG_{2o}\sigma_{e_2}^2 + NG_{3o}\sigma_{e_3}^2 \,. \tag{5.90}$$

Diskussion:

1. Die beiden Formeln (5.89) und (5.90) sind gültig für ein IIR-Kaskaden-
   Filter 6. Ordnung mit Blöcken 2. Ordnung in Direktform-I-Struktur. Es
   ist einfach, die Formeln für beliebige Kaskaden-Filter anzupassen.

2. Wie bereits erwähnt, ist der Mittelwert des Quantisierungsrauschens bei
   einem AD-Wandler normalerweise Null. Deshalb kann i. Allg. $m_{e_{AD}} = 0$
   gesetzt werden. Die Varianz $\sigma_{e_{AD}}^2$ berechnet sich analog zu Gl.(5.79) nach
   der Formel $\sigma_{e_{AD}}^2 = 2^{-2B_{AD}}/12$, wobei $B_{AD} + 1$ die Wortlänge des AD-
   Wandlers ist.

3. Der AD-Wandler hat meistens die kleinere Wortlänge als der Festkomma-
   Rechner. Deshalb ist die Varianz $\sigma_{e_{AD}}^2$ i. Allg. grösser als die Varianzen σ_e^2,
   $\sigma_{e_1}^2$, $\sigma_{e_2}^2$ und $\sigma_{e_3}^2$. Bei einem 12-Bit-AD-Wandler beispielsweise beträgt sie
   $19.9 \cdot 10^{-9}$ und ist damit 256 mal grösser als die entsprechenden Varianzen
   in einem 16-Bit-Festkomma-Rechner.

4. Die Rauschverstärkungen können mithilfe eines in Lit. [Por97] beschriebenen Verfahrens berechnet werden (siehe MATLAB-Funktion nsgain).

5. Ein FIR-Filter rauscht weniger als ein IIR-Filter, weil es nur eine Quan-
   tisierungsrauschquelle hat und weil das Rauschen dieser Quelle nicht verstärkt wird.

Bei einem IIR-Filter in Kaskaden-Struktur hat man die Freiheit, die Reihenfolge der Blöcke sowie die Paarung der Pole und Nullstellen zu wählen. Es
hat sich nun gezeigt [Mit98], dass sowohl die Überlaufwahrscheinlichkeit wie
auch das Quantisierungsrauschen minimiert werden können, wenn für die l_∞-
Skalierung bei der Reihenfolge und Paarung wie folgt vorgegangen wird:

1. Der letzte Block der Kaskade enthält das komplexe Polpaar, welches sich am nächsten beim Einheitskreis befindet. Diesem Polpaar wird das ihm am nächsten liegende komplexe Nullstellenpaar zugeordnet.

2. Für die restlichen Blöcke verfährt man nach der Regel 1., bis alle Blöcke in der richtigen Reihenfolge geordnet sind.

Für die l_2-Skalierung wird gerade umgekehrt vorgegangen, d. h. :

1. Der erste Block der Kaskade enthält das komplexe Polpaar, welches sich am nächsten beim Einheitskreis befindet. Diesem Polpaar wird das ihm am nächsten liegende komplexe Nullstellenpaar zugeordnet.

2. Für die restlichen Blöcke verfährt man nach der Regel 1., bis alle Blöcke in der richtigen Reihenfolge geordnet sind.

Bild 5.50 zeigt anhand von drei Beispielen, wie die Pole und Nullstellen gepaart und wie die einzelnen Blöcke in ihrer Reihenfolge geordnet werden. Bei der l_2-Skalierung wird die Reihenfolge der Blöcke gerade umgekehrt gewählt. Die beiden MATLAB-Funktionen tf2sos und tf2sosI führen die Pol-Nullstellen-Paarung und das Festlegen der Block-Reihenfolge für die Kaskaden-Filter in Bild 5.46 und 5.45 automatisch durch.

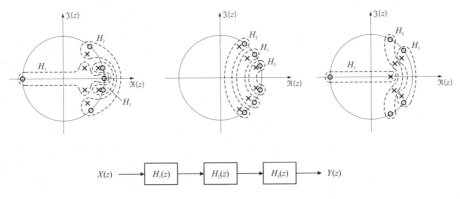

Bild 5.50: Paarung von Polen und Nullstellen sowie Reihenfolge der Blöcke bei einem IIR-Filter in Kaskaden-Struktur

5.4.7 Zusammenfassung

Wegen der endlichen Wortlänge werden Koeffizienten und Abtastwerte auf einem digitalen Rechner nur ungenau dargestellt. Dadurch entstehen bei einem Digitalfilter unerwünschte Effekte, die sich wie folgt zusammenfassen lassen:

1. Die realisierte Übertragungsfunktion weicht von der idealen Übertragungsfunktion ab. Diese Abweichungen können bewirken, dass das Toleranzschema verletzt wird oder dass ein IIR-Filter sogar instabil wird.

2. Es können Überläufe auftreten, die im Ausgangssignal zu Verzerrungen
   führen. Bei einem IIR-Filter können diese Überläufe darüber hinaus Oszillationen mit grosser Amplitude (Überlaufgrenzzyklen, engl: large scale
   limit cycles) anfachen und Sprungphänomene verursachen.

3. Runden und Abschneiden von Zwischenergebnissen führt zu Quantisierungsrauschen. Bei einem IIR-Filter können daraus überdies Quantisie-
   rungsgrenzzyklen (engl: small scale limit cycles), d. h. Oszillationen mit
   kleiner Amplitude entstehen.

Zur Elimination oder Verminderung der oben beschriebenen Nichtidealitäten
lassen sich folgende Massnahmen ergreifen:

1. *FIR-Filter anstelle von IIR-Filtern einsetzen.* FIR-Filter sind weniger sen-
   sitiv bezüglich ungenauer Filterkoeffizienten, haben ein kleineres Quantisierungsrauschen und sind immer stabil und frei von Grenzzyklen.

2. *Gute Strukturen für IIR-Filter verwenden.* Eine bewährte Struktur ist
   die Kaskaden-Struktur mit Blöcken zweiter Ordnung. In der Literatur
   (z. B. [Mit98]) findet man weitere gute Strukturen, wie die Lattice-Struktur,
   die State-Space-Struktur und die Struktur mit Allpässen.

3. *Block-Reihenfolge richtig wählen und Pole und Nullstellen korrekt paaren.*
   Bei Verwendung der Kaskaden-Struktur sollen die Blöcke in der richtigen
   Reihenfolge geordnet und die Pole mit den passenden Nullstellen gepaart
   werden.

4. *Abtastfrequenz verkleinern.* Bei Verkleinerung der Abtastfrequenz werden
   Digitalfilter weniger empfindlich bezüglich ungenauer Filterkoeffizienten.
   IIR-Filter vermindern zudem ihr Quantisierungsrauschen und neigen we-
   niger zu Grenzzyklen.

5. *Skalierung verringern.* Bei untolerierbaren Überläufen müssen die Skalierungsfaktoren verringert werden.

6. *Besondere Massnahmen ergreifen.* Zur Verminderung des Quantisierungsrauschens kann der Quantisierungsfehler zurückgekoppelt werden (siehe
   dazu [Mit98]).

7. *Die Wortlänge vergrössern.* Eine grössere Wortlänge vermindert das Quantisierungsrauschen und erhöht die Genauigkeit der Übertragungsfunktion.

8. *Fliesskomma-Rechner verwenden.* Diese Massnahme führt zu Digitalfiltern
   mit genauen Filterkoeffizienten, geringem Quantisierungsrauschen und
   überlauffreiem Ausgangssignal.

5.5   Realisierung digitaler Filter

5.5.1   Vorgehen zur Realisierung eines Digitalfilters

Wir wollen im Folgenden das Vorgehen zur Realisierung eines Digitalfilters in sieben Punkten zusammenfassen.

1. Betriebsart und Hardware

Zuerst ist abzuklären, ob das Filter in Echtzeit (engl: real time, on-line) oder in Nichtechtzeit (engl: off-line) betrieben werden soll. Im Nichtechtzeit-Betrieb wird das zu verarbeitende Signal abgespeichert. Anschliessend wird es durch einen Digitalfilter-Algorithmus bearbeitet, bei Bedarf in einer Tabelle oder in einer Graphik dargestellt und wenn nötig weiterverarbeitet. Dieser Betrieb, bei dem ein PC, eine Workstation oder ein Mainframe als Hardware dient, kommt vor allem bei Mess- und Simulationsaufgaben in Betracht. Im Echtzeit-Betrieb werden — abgesehen von Filtern mit tiefer Abtastfrequenz — hohe Anforderungen an die Verarbeitungsgeschwindigkeit der Hardware gestellt. In Betracht kommen deshalb Signalprozessoren, spezielle Digitalfilter-ICs oder andere schnelle Rechnerbausteine.

Generell jedoch gilt, dass zur digitalen Filterung jeder Rechner in Frage kommt, sofern er schnell genug ist, ausreichend Speicher zur Verfügung stellt und eine genügend grosse Wortbreite hat.

2. Antialiasingfilter und Abtastfrequenz

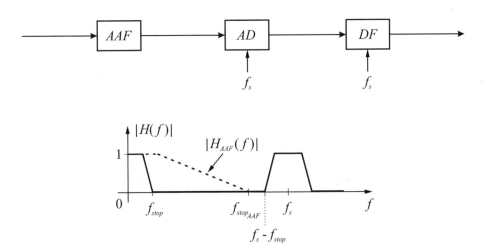

Bild 5.51: Amplitudengang eines Digital- und eines Antialiasingfilters

Bild 5.51 zeigt die schematischen Amplitudengänge eines digitalen Tiefpassfilters und eines zeitkontinuierlichen Antialiasingfilters. Aus Kap. 3.4.3 wissen wir, dass der Frequenzgang eines Digitalfilters f_s-periodisch ist. Um Aliasingfehler zu vermeiden, muss das Antialiasingfilter die höherfrequenten Durchlassbereiche des Digitalfilters unterdrücken (siehe dazu auch Kap. 2.4.3), was folgende Ungleichung zur Konsequenz hat:

$$f_{stop_{AAF}} < f_s - f_{stop} \,. \tag{5.91}$$

Der Parameter $f_{stop_{AAF}}$ ist die Sperrfrequenz des Antialiasingfilters, f_s ist die Abtastfrequenz und f_{stop} ist die Sperrfrequenz des Digitalfilters. Aus der obigen Ungleichung ergibt sich somit folgende Bedingung für die Abtastrate:

$$f_s > f_{stop} + f_{stop_{AAF}} \,. \tag{5.92}$$

Die Wahl der Abtastfrequenz ist ein Dilemma. Wählt man f_s tief, dann steigen die Anforderungen an die Flankensteilheit des Antialiasingfilters, wählt man hingegen f_s hoch, dann steigen die Anforderungen an die Verarbeitungsgeschwindigkeit und an die Genauigkeit des Digitalrechners. Das Dilemma kann mit einem Kompromiss gelöst werden, der von der betreffenden Anwendung abhängt und deshalb von Fall zu Fall entschieden werden muss. Üblich sind Abtastfrequenzen, die um einen Faktor 2.5 bis 20 über der Sperrfrequenz des Digitalfilters liegen.

Um das Dilemma zu entschärfen, kann der AD-Wandler in Bild 5.51 durch einen $\Sigma\Delta$-AD-Wandler (engl: sigma-delta AD converter, oversampling AD converter [Kä92], [Mit98]) ersetzt werden. Ein $\Sigma\Delta$-AD-Wandler tastet das Eingangssignal mit einer hohen Abtastfrequenz f_{s_1} ab und liefert ein digitales Ausgangssignal mit einer tiefen Abtastfrequenz f_{s_2}. Damit profitieren beide Filter: 1. Das Antialiasingfilter, weil es jetzt einen grossen Übergangsbereich hat (Bild 5.52) und somit beispielsweise mit einem einfachen RC-Glied gemäss Bild 2.24 gebaut werden kann. 2. Das Digitalfilter, weil es jetzt mit einer tiefen Abtastfrequenz betrieben werden kann.

Selbstverständlich ist zu prüfen, ob der Einsatz eines Antialiasungfilters überhaupt notwendig ist. Es gibt viele Anwendungen in der Praxis, wo das zu verarbeitende Signal schon genügend bandbegrenzt ist und so ein Antialiasingfilter überflüssig macht.

3. FIR- oder IIR-Filter?

Als nächstes muss zwischen einem FIR- und einem IIR-Filter gewählt werden. Um diese Wahl zu erleichtern, sind die wichtigsten Eigenschaften der beiden Filter in der Tabelle 5.5 zusammengefasst.

Die in der Kolonne für FIR-Filter aufgeführten Eigenschaften gelten für symmetrische, nichtrekursive Digitalfilter, wie sie in Kap. 5.2.1 vorgestellt wurden. Unsymmetrische oder rekursive FIR-Filter sind unüblich und werden nur selten eingesetzt.

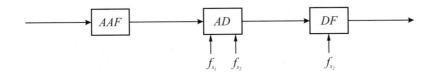

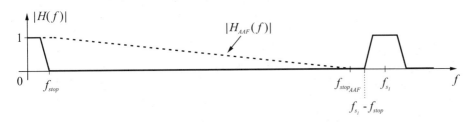

Bild 5.52: Amplitudengang eines Digital- und eines Antialiasingfilters bei Verwendung eines $\Sigma\Delta$-AD-Wandlers

Eigenschaft	FIR-Filter	IIR-Filter
Stabilität	immer stabil	Instabilität möglich
Gruppenlaufzeit	konstant	frequenzabhängig
Ordnung und Rechenaufwand	hoch	tief
Nichtideale Effekte	klein	gross
Filterfunktionen	TP, BP, HP, BS, Differentiator, Hilbert-Transformator und Multiband-Filter	TP, BP, HP, BS, Allpass, Integrator

Tabelle 5.5: Eigenschaften von FIR- und IIR-Filtern

Die Qualifikationen „gross", „klein", „hoch" und „tief" sind nicht absolut, sondern relativ zu verstehen.

4. Spezifikationen

Unter den Spezifikationen des Filters verstehen wir das Toleranzschema mit seinen Durchlass- und Sperrfrequenzen, sowie den zulässigen Rippeln im Durchlass- und Sperrbereich. Die Wahl dieser Parameter ist wichtig für den Filterentwurf und kann nur im Zusammenhang mit einer konkreten Anwendung getroffen werden. Immerhin lässt sich aus der Perspektive des Digitalfilters folgendes sagen: Je grösser die Ansprüche an das Filter sind, d.h. je kleiner der zulässige Toleranzbereich ist, desto grösser ist die Ordnung und desto höher sind die Genauigkeitsansprüche an die Koeffizienten. Eine hohe Ordnung bedeutet eine hohe Anzahl von Koeffizienten und damit eine hohe Anzahl von Multiplikationen. Zur Erinnerung: Ein FIR-Filter N-ter Ordnung in Direktform-Struktur erfordert $(N+1)$-Multiplikationen pro Abtastintervall und ein IIR-Block 2. Ordnung benötigt 5 bis 7 Multiplikationen pro Abtastintervall (Bild 5.42). Ein IIR-Filter hoher Ordnung in Kaskaden-Struktur hat ausserdem eine grosse Anzahl von Quantisierungsstellen und somit ein hohes Rauschen an seinem Ausgang. Schliesslich steigt mit zunehmender Ordnung sowohl für FIR- wie auch für IIR-Filter die Gruppenlaufzeit an.

Nach diesen Ausführungen ist es offensichtlich, dass die Spezifikationen eines Digitalfilters so tolerant als möglich gewählt werden sollen. Dies gilt insbesondere bei Verwendung eines Festkomma-Rechners und bei schnellen Echtzeit-Aufgaben.

5. Filterentwurf

Unter der Tschebyscheff-Approximation versteht man ein Approximationsverfahren, das eine konstante Welligkeit im Funktionsverlauf ergibt. Approximiert man einen stückweise konstanten Amplitudengang nach diesem Verfahren, so führt es zu einem Digitalfilter minimaler Ordnung, weswegen es bevorzugt angewandt wird. Bei FIR-Filtern ist das Verfahren unter verschiedenen Namen bekannt, wie z.B. unter Parks-McClellan- oder Equirippel-Verfahren. Bei IIR-Filtern figuriert es unter den Namen „Cauer-Filter" oder „elliptisches Filter". Wenn die Tschebyscheff-Approximation wider Erwarten zu unerwünschten Ergebnissen führt, empfiehlt sich die Anwendung anderer Entwurfsmethoden, wie sie beispielsweise in Kap. 5.3 beschrieben sind.

6. Struktur

Die übliche Struktur für FIR-Filter ist die nichtrekursive Direktform-Struktur, auch Transversalfilter-Struktur genannt (Bild 5.16). Die häufigste Struktur für IIR-Filter ist die Kaskaden-Struktur mit Blöcken 2. Ordnung (Bild 5.23). Beim Auftreten von Schwierigkeiten können Spezialstrukturen eingesetzt werden, wie sie in Kap. 5.4.7 erwähnt wurden. Zur Erinnerung: Die Struktur ist eine graphische Form des Algorithmus, gemäss dem das Filter auf einem digitalen Rechner programmiert wird.

7. Simulation, Implementation und Kontrolle

Nach der Bestimmung der Abtastfrequenz, der Filterkoeffizienten und der Filterstruktur kann das Digitalfilter — eventuell nach einer Simulation — mithilfe von Softwarewerkzeugen auf der bereitgestellten Hardware implementiert werden. Nach der Implementation ist es unbedingt erforderlich, das Digitalfilter unter praxisnahen Bedingungen auszutesten. Falls die Erfolgskontrolle zu einem unbefriedigenden Ergebnis führt, muss der Entwurfprozess neu gestartet und Punkt für Punkt überarbeitet werden.

Hinweis

Im Anhang ist das MATLAB-Tool `spfilt` beschrieben, mit dem man Digitalfilter entwerfen, simulieren und realisieren kann. Es beruht auf dem MATLAB-Programm `sptool` und ist auf der Buch-CD enthalten.

5.5.2 Anwendungsbeispiel

Eine Aufgabe, die in der Praxis hin und wieder vorkommt, ist das Herausfiltern der Grundschwingung aus einem periodischen Signal. Als Beispiel dafür soll aus der Rechteckschwingung in Bild 5.53 die Cosinusschwingung mit gleicher Frequenz und der Amplitude 1 herausgefiltert werden.

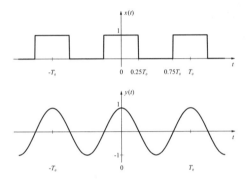

Bild 5.53: Rechteckschwingung mit erster Harmonischen

Gemäss dem Beipiel auf Seite 26 kann man die Rechteckschwingung wie folgt in eine Fourier-Reihe zerlegen:

$$x(t) = \frac{1}{2} + \frac{2}{\pi}\cos(2\pi f_0 t) - \frac{2}{\pi 3}\cos(2\pi 3 f_0 t) + \frac{2}{\pi 5}\cos(2\pi 5 f_0 t) - \cdots,$$

wobei die Grundfrequenz f_0 durch den Reziprokwert der Periode T_0 gegeben ist. Für $T_0 = 1\,\text{ms}$ ist

$$f_0 = \frac{1}{T_0} = 1\,\text{kHz}.$$

Das Rechtecksignal soll mit einem DSP-Kit gefiltert werden, das nur mit den Abtastfrequenzen $f_s = \cdots, 8\,\text{kHz},\ 9.6\,\text{kHz},\ 11.025\,\text{kHz}, \cdots$ arbeiten kann.

Wir möchten die Cosinusschwingung mit ca. zehn Abtastwerten pro Periode darstellen und wählen deshalb $f_s = 9.6\,\text{kHz}$.

Gemäss Aufgabenstellung soll der Scheitelwert der Cossinusschwingung 1 sein. Bezüglich der Unterdrückung des DC-Wertes und der Oberschwingungen sind keine Bedingungen gegeben. Wir wählen deshalb einen maximalen DC- und Oberschwingungsanteil von 1 %. Daraus ergeben sich folgende Bedingungen an den Amplitudengang $|H(f)|$ des Filters:

$$\frac{2}{\pi}|H(f_0)| \;=\; 1$$

$$\frac{1}{2}|H(0)| \;<\; 0.01$$

$$\frac{2}{3\pi}|H(3f_0)| \;<\; 0.01$$

$$\frac{2}{5\pi}|H(5f_0)| \;<\; 0.01$$

$$\text{etc.}$$

Aus diesen Bedingungen erhalten wir das Toleranzschema in Bild 5.54.

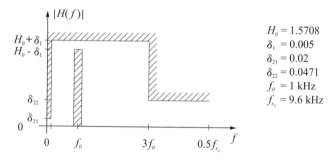

Bild 5.54: Toleranzschema des Bandpassfilters

Um mit dem DSV-Programm `sptool` von MATLAB ein FIR-Filter zu entwerfen, müssen wir das Toleranzschema gemäss Bild 5.55 modifizieren. Dieses Programm setzt die Verstärkung im Durchlassbereich auf $H_0 = 1$ ($\hat{=}0\,\text{dB}$) und definiert den Rippel R_p im Durchlassbereich und die Sperrdämpfung R_s wie folgt:

$$\begin{aligned} R_p &= 20\log(\tfrac{1+\delta_1}{1-\delta_1})\,, \quad \text{Einheit: dB}\,, \\ R_s &= -20\log(\delta_2)\,, \quad \text{Einheit: dB}\,. \end{aligned} \tag{5.93}$$

Wir runden die Werte für R_p und R_s, setzen die Frequenzgrenzen f_1, f_2, f_3 und f_4 auf 50 Hz, 950 Hz, 1050 Hz und 2000 Hz und erhalten so die Parameter in Bild 5.55. Das Festlegen der Frequenzgrenzen ist meistens nicht eindeutig und deshalb ist eine andere Wahl ebenfalls möglich (Aufgabe 19).

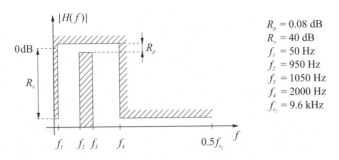

Bild 5.55: Toleranzschema des FIR-Bandpassfilters

Das entworfene Filter hat die Ordnung 23 und besteht somit aus 24 Koeffizienten $b_0, b_1, \ldots, b_{23}$. Bevor wir es implementieren, müssen wir seine Koeffizienten mit dem Faktor H_0 multiplizieren, damit es die Spezifikationen in Bild 5.54 erfüllt. Anschliessend simulieren wir es mit dem Programm spfilt, um zu überprüfen, ob es auf einem 16-Bit-Festkomma-Rechner funktioniert. Das Ergebnis der erfolgreichen Simulation ist in Bild 5.56 dargestellt.

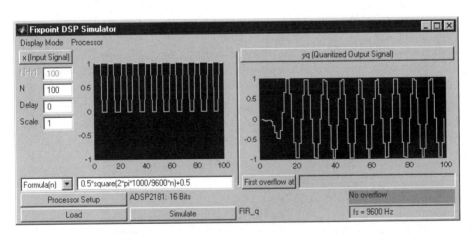

Bild 5.56: Simulation des FIR-Bandpassfilters

Mit den gleichen Parametern wie in Bild 5.55 entwerfen wir ein IIR-Filter mit Direktform-I-Blöcken 2. Ordnung. Als Skalierung wählen wir die übliche l_∞-Norm. Der Entwurfsprozess liefert die Koeffizienten eines Filters 4. Ordnung, wobei die Koeffizienten b_{02}, b_{12}, b_{22} noch mit dem Faktor H_0 zu multiplizieren sind, damit es die gewünschten Spezifikationen erfüllt. Die Simulation von 100 Abtastwerten in Bild 5.57 zeigt, dass das Ausgangssignal siebenmal überläuft und sein Einschwingvorgang ca. viermal länger dauert.

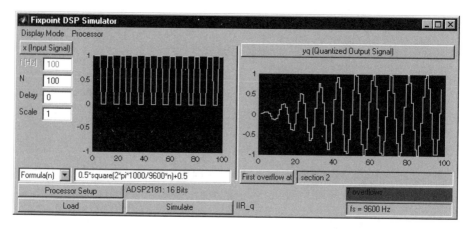

Bild 5.57: Simulation des IIR-Bandpassfilters

Wir implementieren das FIR-Filter nun auf dem DSP-Kit 'ADSP-2100 Family EZ-KIT Lite' von Analog Devices, indem wir mithilfe von spfilt einen Code generieren, der anschliessend automatisch auf das Kit geladen und gestartet wird. Der DSP-Kit enthält den 16-Bit-Festkomma-DSP ADSP2181, einen $\Sigma\Delta$-AD- und DA-Wandler, sowie ein analoges Filter am Ein- und Ausgang (siehe Anhang A.4). Der AD-Wandler tastet das Eingangssignal mit einer Abtastfrequenz von $f_{s1} = 64 f_{s2}$ ab (in unserem Beispiel ist $f_{s2} = 9.6\,\text{kHz}$) und liefert die Abtastwerte mit einer Abtastrate von f_{s2} an den DSP. Das Eingangsfilter unterdrückt den Frequenzbereich oberhalb von $0.5 f_{s1}$.

Bemerkung: Das Eingangs- und das Ausgangssignal wird durch die analogen Filter auf dem DSP-Kit linear verzerrt. Diese Verzerrungen wurden beim Digitalfilter-Entwurf und bei der Simulation vernachlässigt.

5.6   Aufgaben

1. **Grundlegendes Verhalten eines linearen Digitalfilters**

   Mithilfe eines M-Files wollen wir das grundlegende Verhalten eines linearen Digitalfilters untersuchen. Starten Sie zu diesem Zweck A1_5_1, geben Sie die b- und die a-Koeffizienten eines LTI-Systems Ihrer Wahl ein und generieren Sie ein diskretes Eingangssignal $x[n]$. Das M-File bestimmt folgende Grössen: Frequenzgang, Gruppenlaufzeit, Impulsantwort, PN-Diagramm, Faltung, sowie das Spektrum (DTFT) des Eingangs- und Ausgangssignals. Beispiel: $b = [0.8 \ -1.7 \ 1]$, $a = [1 \ -1.7 \ 0.8]$, und $x = \sin(2 * pi * 0.1 * [0 : 100]) + \sin(2 * pi * 0.15 * [0 : 100])$ oder $x = [\text{zeros}(1, 11) \ \text{ones}(1,90)]$. Diskutieren Sie die Ergebnisse.

2. **Signalverzerrung aufgrund einer nichtkonstanten Gruppenlaufzeit**

   Generieren Sie mit MATLAB vier Perioden des Signals

   $$x[n] = \sum_{i=1}^{4} \frac{1}{2i-1} \sin(2\pi 0.005(2i-1)n)$$

   und laden Sie das Mat-File A1_5_2, welches die Koeffizienten eines FIR-Tiefpassfilters (Vektoren $b1$ und $a1$) und eines IIR-Tiefpassfilters (Vektoren $b2$ und $a2$) enthält. Beide Tiefpassfilter wurden mit demselben Toleranzschema entworfen und erfüllen somit die gleichen Spezifikationen. Filtern Sie das Signal mit den beiden Digitalfiltern und beachten Sie, wie das IIR-Filter im Gegensatz zum FIR-Filter das Signal verzerrt.

3. **IIR-Filter mit endlicher Impulsantwort**

   (a) Zeichnen Sie ein Signalflussdiagramm zum IIR-Filter mit der Übertragungsfunktion

   $$H(z) = \frac{-0.05 - 0.27z^{-1} + 0.88z^{-2} - 0.72z^{-3} + 0.13z^{-4} + 0.03z^{-5}}{1 - 0.6z^{-1}}.$$

   (b) Dividieren Sie das Zählerpolynom durch das Nennerpolynom und zeigen Sie, dass das obige Digitalfilter eigentlich ein FIR-Filter ist. Überprüfen Sie diese Aussage, indem Sie die Impulsantwort von $H(z)$ durch Anwenden des MATLAB-Befehls impz berechnen.

4. **Analyse zweier FIR-Differentiatoren vom Typ 3 und 4**

   (a) Entwerfen Sie mit den Befehlen b3=remez(22,[0 .8],[0 .4],'differentiator') und b4=remez(11,[0 .8],[0 .4],'differentiator') zwei Differentiatoren und kontrollieren Sie, ob die beiden Koeffizientenvektoren $b3$ und $b4$ tatsächlich die Symmetrie vom Typ 3 und vom Typ 4 haben.

   (b) Welchen beiden Frequenzpunkten entsprechen die Werte $z = 1$ und $z = -1$?

   (c) Die Übertragungsfunktion von FIR-Typ-3-Filtern ist Null bei $z = 1$ und $z = -1$. Verifizieren Sie die Aussage mithilfe des Befehls freqz.

   (d) Gilt die obige Eigenschaft auch für FIR-Filter vom Typ 1?

   (e) Der Amplitudengang eines digitalen Differentiators beschreibt sich durch die Formel

   $$|H(f)| = k\frac{|f|}{f_s}, \qquad \text{wobei: } |f| < f_u < 0.5 f_s.$$

   Die Parameter k, f_u und f_s sind positive Grössen und bezeichnen die Steigung, die obere Frequenzgrenze und die Abtastfrequenz. Wie gross sind diese Parameter für die beiden Differentiatoren in (4a)?

(f) Erzeugen Sie mit den MATLAB-Funktionen `square` und `chirp` ein Rechteck- und ein Chirp-Eingangssignal und überprüfen Sie das Ausgangssignal der beiden Differenzierer in (4a).

5. **Substitution eines analogen Integrators durch einen digitalen Integrator**

Ein analoger Integrator mit der Übertragungsfunktion

$$H(s) = \frac{1}{s\tau}\,, \qquad \text{wobei: } \tau = 1\,\text{ms}\,,$$

soll für einen tiefen Frequenzbereich (d. h. $|f| \ll f_s$) durch einen digitalen Integrator mit der Übertragungsfunktion

$$H(z) = \frac{b_0}{1 - z^{-1}}\,, \qquad \text{wobei: } f_s = 10\,\text{kHz}\,,$$

ersetzt werden. Wie gross ist der Koeffizient b_0 zu wählen? Ist der Integrator stabil?

Hinweis: Setzen Sie $z = e^{j\omega T}$, entwickeln Sie $e^{j\omega T}$ in eine Reihe, vernachlässigen Sie die Terme 2. und höherer Ordnung und führen Sie einen Koeffizientenvergleich durch.

6. **Programmierung des Differenzengleichungsystems einer Kaskaden-Struktur**

(a) Schreiben Sie ein M-File, das die Koeffizienten und das Eingangssignal eines IIR-Filters einliest und den Frequenzgang und das Ausgangssignal dazu zeichnet.

(b) Erweitern Sie das M-File, indem Sie das IIR-Filter mit `tf2sosI` in Blöcke 2. Ordnung zerlegen und das zugehörige Differenzengleichungsystem (5.32) programmieren.

7. **Impulsantwort des idealen BP-Filters**

Die Impulsantwort des idealen Bandpassfilters mit den beiden normierten Grenzkreisfrequenzen Ω_1 und Ω_2 lautet:

$$h_{BPideal}[n] = \begin{cases} \frac{\Omega_2 - \Omega_1}{\pi} & : \ n = 0\,, \\ \frac{\Omega_2}{\pi}\text{sinc}(\frac{n\Omega_2}{\pi}) - \frac{\Omega_1}{\pi}\text{sinc}(\frac{n\Omega_1}{\pi}) & : \ \text{sonst}\,. \end{cases}$$

Leiten Sie diese Formel her. Verwenden Sie zur Herleitung die Formel für die Impulsantwort des idealen Tiefpassfilters mit der Grenzfrequenz Ω_c:

$$h_{TPideal}[n] = \begin{cases} \frac{\Omega_c}{\pi} & : \ n = 0\,, \\ \frac{\Omega_c}{\pi}\text{sinc}(\frac{n\Omega_c}{\pi}) & : \ \text{sonst}\,. \end{cases}$$

8. **Entwurf und Analyse von Bandpassfiltern**

   In dieser Aufgabe sollen mit dem MATLAB-DSV-Werkzeug `sptool` zwei
   FIR- und zwei IIR-Bandpassfilter mit folgenden Spezifikationen entworfen
   werden: Abtastfrequenz 10 kHz, Durchlassfrequenzen 990 Hz und 1010 Hz,
   Sperrfrequenzen 950 Hz und 1050 Hz, Rippel im Durchlassbereich $Rp =$
   1 dB und Sperrdämpfung $Rs = 40$ dB.

   (a) Generieren Sie das Rauschsignal `x=randn(1,10000)`, starten Sie
       `sptool`, importieren Sie x als Signal und kreieren Sie das dazugehöri-
       ge Leistungsdichtespektrum.

   (b) Entwerfen Sie je ein Bandpassfilter nach folgenden Entwurfsverfah-
       ren: 1. Kaiser-Fenstermethode, 2. Equiripple-Verfahren, 3. Butter-
       worth-IIR und 4. Elliptic-IIR. Beachten Sie die Abnahme der Filter-
       Ordnungen und betrachten Sie den Amplituden- und Phasengang,
       die Gruppenlaufzeit, die Impuls- und Schrittantwort sowie das PN-
       Diagramm.

   (c) Welchen Rippeln δ_1 und δ_2 entsprechen der Rippel Rp und die Sperr-
       dämpfung Rs?

   (d) Schauen Sie sich die gefilterten Signale im Zeit- und Frequenzbereich
       an.

   (e) Hören Sie sich das Eingangs- und die Ausgangssignale an, indem Sie
       den Befehl `sound` starten. Kann man bei den Ausgangssignalen einen
       Unterschied feststellen?

9. **Entwurf einer Bandsperre durch Eingabe der Pole und Nullstellen**

   Digitalfilter kann man auch entwerfen, indem man ihre Pole und Nullstellen geeignet wählt. Für eine Bandsperre 2. Ordnung mit der Abtastfrequenz f_s, der Sperrfrequenz f_N (engl: notch frequency) und der 3dB-
   Bandbreite BW (engl: 3dB-Bandwidth) gelten beispielsweise folgende Ent-
   wurfsgleichungen [IJ93]:

   $$r_z = 1, \qquad r_p = 1 - \pi \frac{BW}{f_s}, \qquad \theta = 2\pi \frac{f_N}{f_s}.$$

   Dabei ist r_z der Betrag der beiden Nullstellen, r_p der Betrag der beiden
   Pole und $+\theta$ und $-\theta$ sind die Winkel der Pole und Nullstellen.

   (a) Berechnen Sie die Filterkoeffizienten b_0, b_1, b_2, a_1 und a_2 für eine
       50 Hz-Bandsperre mit der Bandbreite 10 Hz und der Abtastfrequenz
       500 Hz.

   (b) Starten Sie das MATLAB-DSV-Werkzeug `sptool` und entwerfen Sie
       mit dem Pole/Zero-Editor die Bandsperre. Kontrollieren Sie, ob die
       Filterkoeffizienten mit denjenigen von oben übereinstimmen und ob
       der Amplitudengang den Erwartungen entspricht.

10. **Herleitung der Pol-Sensitivität**

Gegeben sei die Übertragungsfunktion eines IIR-Filters

$$
\begin{aligned}
H(z) &= \frac{B(z)}{A(z)}, \\[2mm]
&= \frac{b_0 + b_1 z^{-1} + \cdots + b_N z^{-N}}{1 + a_1 z^{-1} + \cdots + a_M z^{-M}}, \\[2mm]
&= \frac{b_0 z^{-N}(z - z_1)(z - z_2) \cdots (z - z_N)}{z^{-M}(z - p_1)(z - p_2) \cdots (z - p_M)}.
\end{aligned}
$$

Die Sensitivität des i-ten Poles bezüglich des k-ten a-Koeffizienten ist definiert als die Ableitung

$$
S^{p_i}_{a_k} = \frac{\partial p_i}{\partial a_k}.
$$

Sie berechnet sich nach der Formel (5.57):

$$
S^{p_i}_{a_k} = \frac{p_i^{M-k}}{\displaystyle\prod_{j=1;\, j \neq i}^{M} (p_i - p_j)}.
$$

Leiten Sie diese Formel her, indem Sie wie folgt vorgehen: Auf die Ableitung $\left.\frac{\partial A(z)}{\partial a_k}\right|_{z=p_i}$ die Kettenregel anwenden und die so entstandene Gleichung auflösen nach der Sensitivität. Das Resultat ist ein Bruch. Im Zähler steht eine Ableitung, die einfach zu bestimmen ist und im Nenner steht eine Ableitung, die mithilfe der Produkteregel bestimmt werden kann. Die Bestimmung der beiden Ableitungen führt zur obigen Formel (5.57).

11. **SNR am Ausgang eines AD-Wandlers**

Das SNR bei einem AD-Wandler ist wie folgt definiert:

$$
SNR = 10 \log \frac{P_x}{P_e}, \qquad \text{Einheit: dB}.
$$

P_x ist die mittlere Leistung des Eingangssignals und P_e ist die mittlere Leistung des Quantisierungsrauschens. Für sinusförmige Vollaussteuerung erhält man dafür:

$$
SNR \approx 6(B + 1) + 1.8, \qquad \text{Einheit: dB},
$$

wobei $(B + 1)$ die Wortlänge ist.

Leiten Sie diese Formel her, indem Sie wie folgt vorgehen: Mittlere Leistung des Sinussignals $P_x = \frac{1}{T_0} \int_{-T_0/2}^{T_0/2} \sin^2(2\pi f_0 t)\, dt$ und mittlere Leistung des Rundungsrauschens $P_e = E\{e^2\} = \int_{-\infty}^{\infty} e^2 p(e)\, de$ berechnen und darauf die Definitionsformel des SNR anwenden. Hinweise: Das Rundungsrauschen hat bekanntlich eine rechteckförmige Wahrscheinlichkeitsdichtefunktion $p(e)$, die sich von $-q/2$ bis $+q/2$ erstreckt und die Höhe $1/q$ hat. Der Parameter q ist die Quantisierungsstufe und hat den Wert $q = 2^{-B}$.

12. **Skalierung und Rundung von Filterkoeffizienten**

Ein Entwurfsprogramm liefert für ein Digitalfilter folgende Koeffizienten:

$$b_0 = 0.040115\,, \quad b_1 = 0.080231\,, \quad b_2 = 0.040115\,,$$
$$a_1 = -1.359009\,, \quad a_2 = 0.519470\,.$$

Berechnen Sie die skalierten und auf 8 Bit gerundeten Koeffizienten $\acute{b}_{0Q}$, $\acute{b}_{1Q}$, $\acute{b}_{2Q}$, $\acute{a}_{1Q}$ und $\acute{a}_{2Q}$. Bestimmen Sie die Skalierungsexponenten L_b und L_a analog zu Bild 5.42 und Beispiel Seite 191. Verwenden Sie zur Rundung die Funktion `quantsig`.

13. **Entwurf eines IIR-Tiefpassfilters in Kaskaden-Struktur**

Entwerfen Sie mit dem Befehl `ellip` ein TP-Filter mit folgenden Parametern: Ordnung $N = 6$, Rippel $R_p = 1\,\mathrm{dB}$, Sperrdämpfung $R_s = 40\,\mathrm{dB}$ und normierte Durchlassfrequenz $f_{pass}/f_s = 0.1$. Zerlegen Sie die so gewonnene Übertragungsfunktion $H(z)$ gemäss den Bildern 5.23 und 5.24 in die drei Übertragungsfunktionen $H_1(z)$, $H_2(z)$ und $H_3(z)$. Verwenden Sie dazu den Befehl `tf2sosI` mit der l_∞-Skalierung. Überprüfen Sie, ob die Skalierung korrekt ist, d. h. ob die Amplitudengänge der drei Übertragungsfunktionen $H_{01}(z) = H_1(z)$, $H_{02}(z) = H_1(z)H_2(z)$ und $H_{03}(z) = H_1(z)H_2(z)H_3(z) = H(z)$ alle das gleiche Maximum haben.

14. **Mittelwert und Varianz des Quantisierungsrauschens**

Unter dem Mittelwert m_e und der Varianz σ_e^2 des Quantisierungsrauschens $e[n]$ versteht man gemäss Gl.(3.35) und Gl.(3.36) folgende Erwartungswerte:

$$m_e = E\{e[n]\}\,, \quad \sigma_e^2 = E\{(e[n] - m_e)^2\}\,.$$

Die beiden Erwartungswerte sind wie folgt definiert [BSMM93]:

$$E\{e[n]\} = \int_{-\infty}^{+\infty} e\,p(e)\,de\,, \quad E\{(e[n] - m_e)^2\} = \int_{-\infty}^{+\infty} (e - m_e)^2 p(e)\,de\,.$$

Leiten Sie nun die Formeln (5.79):

$$m_e = 0\,, \quad \sigma_e^2 = \frac{2^{-2B}}{12}$$

für das Rundungsrauschen und die Formeln (5.80):

$$m_e = -\frac{2^{-B}}{2}\,, \quad \sigma_e^2 = \frac{2^{-2B}}{12}$$

für das Abschneiderauschen her. Die Wahrscheinlichkeitsdichtefunktionen $p(e)$ sind durch Bild 5.47 gegeben.

15. **Quantisierungsrauschen bei Filtern mit unterschiedlichen Abtastfrequenzen und Skalierungsarten**

Das Programm `spfilt` bestimmt den Mittelwert m_y und die Standardabweichung σ_y des Quantisierungsrauschens am Ausgang eines IIR-Filters, indem es die Formeln (5.89) und (5.90) anwendet. Starten Sie `spfilt` und entwerfen Sie eine 50Hz-Bandsperre zuerst mit der Abtastfrequenz 200 Hz und nachher mit der Abtastfrequenz 2000 Hz. Verwenden Sie sowohl die l_2-, wie auch nach die l_∞-Skalierung und simulieren Sie die Digitalfilter mit dem „General Fixpoint Processor". Überprüfen Sie die folgenden Aussagen:

(a) Der Mittelwert (engl: mean value) und die Standardabweichung (engl: standard deviation) des Quantisierungsrauschens werden kleiner mit abnehmender Abtastfrequenz.

(b) Das Quantisierungsrauschen mit der l_2-Skalierung hat eine eine kleinere Standardabweichung als die l_∞-Skalierung .

16. **Berechnung des Quantisierungsrauschens bei einem Direktform-I-IIR-Filter**

In dieser Aufgabe sollen der Mittelwert und die Standardabweichung des Quantisierungsrauschens bei einem IIR-Filter in Direktform-I-Struktur berechnet und mit den Resultaten von `spfilt` verglichen werden.

(a) Zeichnen Sie analog zu Bild 5.49 die Direktform-I-Struktur eines IIR-Filters inklusive Quantisierungsrauschquellen.

(b) Bestimmen Sie analog zu den Formeln (5.89) und (5.90) den Mittelwert m_y und die Varianz σ_y^2 des Quantisierungsrauschens.

(c) Leiten Sie daraus die Formeln für den Mittelwert m_y und die Standardabweichung σ_y her, wobei LSB die Einheit ist.

(d) Berechnen Sie anhand eines konkreten Filters den Mittelwert m_y und die Standardabweichung σ_y des Quantisierungsrauschens, indem Sie die Funktionen `freqz` und `nsgain` verwenden. Überprüfen Sie Ihre Resultate mit denjenigen von `spfilt`.

17. **Entwurf und Simulation eines Hochpassfilters**

Approximieren Sie mit `spfilt` ein HP-Filter mit folgenden Spezifikationen: $f_s = 10000\,\text{Hz}$, $f_{pass} = 1000\,\text{Hz}$, $R_p = 0.1\,\text{dB}$, $f_{stop} = 900\,\text{Hz}$ und $R_s = 40\,\text{dB}$. Wortlänge=16 Bit. Untersuchen Sie den Amplitudengang der untenstehenden quantisierten Strukturen und simulieren Sie das Ausgangssignal mit einem 1000Hz-Sinussignal der Amplitude 1 am Eingang.

(a) FIR-Direktform,

(b) IIR-Kaskade mit l_∞-Skalierung,

(c) IIR-Kaskade mit l_2-Skalierung und

(d) IIR-Direktform-I.

18. **Vergleich eines TP-Filters hoher Abtastfrequenz mit einem BP-Filter und einem TP-Filter tiefer Abtastfrequenz**

    Starten Sie `spfilt`.

    (a) Entwerfen Sie ein elliptisches TP-Filter mit folgenden Spezifikationen: $f_s = 1000\,\text{Hz}$, $f_{pass} = 10\,\text{Hz}$, $R_p = 1\,\text{dB}$, $f_{stop} = 20\,\text{Hz}$ und $R_s = 40\,\text{dB}$. Quantisieren Sie die Koeffizienten auf 12 Bit und betrachten Sie den Amplitudengang des quantisierten und des unquantisierten Filters.

    (b) Entwerfen Sie dasselbe TP-Filter, jedoch mit $f_s = 100\,\text{Hz}$. Quantisieren Sie die Koeffizienten ebenfalls auf 12 Bit und vergleichen Sie die Amplitudengänge der beiden quantisierten Filter. Was stellen Sie fest? Vergleichen Sie die Pol-Nullstellendiagramme der beiden TP-Filter.

    (c) Entwerfen Sie ein elliptisches BP-Filter mit folgenden Spezifikationen: $f_s = 1000\,\text{Hz}$, $f_{pass1} = 95\,\text{Hz}$, $f_{pass2} = 105\,\text{Hz}$, $R_p = 1\,\text{dB}$, $f_{stop1} = 85\,\text{Hz}$, $f_{stop2} = 115\,\text{Hz}$ und $R_s = 40\,\text{dB}$. Quantisieren Sie die Koeffizienten auf 12 Bit und betrachten Sie den Amplitudengang des quantisierten BP-Filters und des quantisierten TP-Filters ($f_s = 1000\,\text{Hz}$). Was stellen Sie fest?

19. **Anwendungsbeispiel**

    Entwerfen und simulieren Sie mit dem Programm `spfilt` ein FIR- und ein IIR-Filter, das die Bedingungen des Anwendungsbeispiels auf Seite 208 ebenfalls erfüllt.

20. **Experimente mit LabVIEW Vis**

    Experimentieren Sie mit folgenden LabVIEW-Vis:

    (a) `Filter Design`.
        Dieses Vi approximiert ein IIR- und ein FIR-Filter. Es stellt den Amplituden- und Phasengang, sowie die Gruppenlaufzeit dar.

    (b) `Digital Filter`.
        Auch mit diesem Vi kann man IIR- und FIR-Filter entwerfen und ihren Frequenzgang sowie ihre Gruppenlaufzeit darstellen. Zusätzlich kann man die entworfenen Digitalfilter mit verschiedenen Eingangssignalen testen.

Kapitel 6

Funktionsgeneratoren

Eine häufige Aufgabe der DSV ist das Erzeugen von Signalen mit einer bestimmten Kurvenform. Ein klassisches Beispiel dafür ist das Generieren einer sinusförmigen Schwingung wählbarer Frequenz. Vielfach wünscht man sich auch Signale mit zufälliger Kurvenform aber mit einstellbaren Parametern wie Mittelwert und Varianz. Solche Signale werden durch Rauschgeneratoren erzeugt und können beispielsweise zur Identifikation von unbekannten Systemen verwendet werden. Ein weiteres Einsatzgebiet für Funktionsgeneratoren sind Systeme mit nichtlinearer Kennlinie. Diese Systeme verwendet man unter anderem zur Korrektur von Sensor-Kennlinien mit nichtlinearer Charakteristik.

Im Folgenden wollen wir einige wichtige Funktionsgeneratoren einführen. Diese lassen sich mithilfe des Programms spgen entwerfen, simulieren und auf einem Festkomma-Rechner realisieren. Das Programm spgen ist im Anhang D beschrieben.

6.1 Einfache Funktionsgeneratoren

Unter einfachen Funktionsgeneratoren wollen wir Sägezahn-, Rechteck- und Dreieckgeneratoren verstehen. Diese Generatoren erzeugen periodische Signale mit einer einfachen Kurvenform und sind — wie wir gleich sehen werden — ebenfalls einfach zu realisieren.

6.1.1   Sägezahngenerator

Unter der Sägezahnfunktion sawtooth(x) versteht man eine Funktion mit folgenden Eigenschaften:

$$\text{sawtooth}(x) \;=\; -1 + \frac{x}{\pi}\,, \qquad \text{für } 0 \le x < 2\pi\,, \tag{6.1}$$

$$\text{sawtooth}(x) \;=\; \text{sawtooth}(x + 2\pi)\,. \tag{6.2}$$

Die Sägezahnfunktion ist eine sägezahnförmige, 2π-periodische Funktion.

Will man mit der Sägezahnfunktion ein Sägezahnsignal $y(t)$ mit der Frequenz f_0 erzeugen, dann muss man — wie bei der Sinusfunktion — das Argument x durch den Ausdruck $2\pi f_0 t$ ersetzen:

$$y(t) = \text{sawtooth}(2\pi f_0 t)\,. \tag{6.3}$$

Ein solches Signal ist für $f_0 = 50\,\text{Hz}$ in Bild 6.1 oben dargestellt.

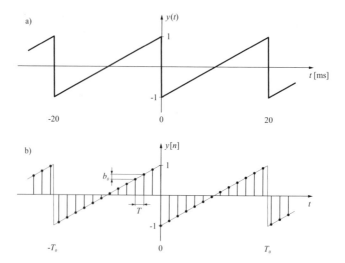

Bild 6.1: Kontinuierliches und diskretes Sägezahnsignal mit der Frequenz $f_0 = 50\,\text{Hz}$

Durch Auswerten an den Stellen $t = nT$ wird das zeitkontinuierliche Sägezahnsignal $y(t)$ zu einem zeitdiskreten Sägezahnsignal $y[n]$:

$$y[n] = \text{sawtooth}(2\pi f_0 nT)\,. \tag{6.4}$$

Dabei bedeutet n die diskrete Zeitvariable und T das Abtastintervall. In Bild 6.1 unten ist zur Illustration eine zeitdiskrete Sägezahnschwingung mit der Frequenz $f_0 = 1/T_0 = 50\,\text{Hz}$ und der Abtastfrequenz $f_s = 1/T = 630\,\text{Hz}$ abgebildet.

Einen diskreten Sägezahngenerator kann man mithilfe eines diskreten Integrators realisieren, der folgende Übertragungsfunktion hat:

$$H(z) = \frac{b_0 z^{-1}}{1 - z^{-1}} \, . \tag{6.5}$$

Daraus folgt für das Ausgangssignal im Bild- und Zeitbereich:

$$Y(z) = \frac{b_0 z^{-1}}{1 - z^{-1}} X(z) \quad \bullet\!\!-\!\!\circ \quad y[n] = y[n-1] + b_0 x[n-1] \, . \tag{6.6}$$

Legen wir an den Eingang einen Einheitsschritt $x[n] = u[n]$ und wählen wir die Anfangsbedingungung $y[0] = -1$, so erhalten wir für $n \geq 0$ das rampenförmige Signal:

$$\{y[n]\} = \{-1, \ -1 + b_0, \ -1 + 2b_0, \ -1 + 3b_0, \ \dots\} \, . \tag{6.7}$$

Das Ausgangssignal steigt kontinuierlich mit der Stufenhöhe b_0 an (siehe Bild 6.1 b), bis der Rechner den zulässigen Zahlenbereich überschreitet. Im Fractional-Format ist dies beim Erreichen oder Überschreiten der Zahl +1 der Fall. Das Ausgangssignal springt dann — wie das Bild 6.2 anhand einer 4-Bit-Zahl zeigt — auf einen negativen Wert und nimmt anschliessend wiederum rampenförmig zu.

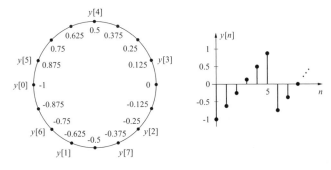

Bild 6.2: Zahlenkreis und Sägezahnsignal mit einer Stufenhöhe $b_0 = 0.375$

Mit den Sägezahn-Parametern:

Stufenhöhe b_0 ,   Periodendauer T_0 ,   Abtastintervall T ,

Frequenz $f_0 = 1/T_0$,   Abtastfrequenz $f_s = 1/T$ (6.8)

und der aufgrund von Bild 6.1 b) hergeleiteten Gleichung

$$\frac{b_0}{T} = \frac{2}{T_0} \, ,$$

erhalten wir folgende Bestimmungsgleichung für die Stufenhöhe des Sägezahngenerators:

$$b_0 = 2\frac{f_0}{f_s} \, . \tag{6.9}$$

Die Stufenhöhe des Sägezahngenerators ist proportional zu seiner Frequenz f_0. Will man pro Periode viele Abtastwerte haben, was üblicherweise der Fall ist, dann muss die Frequenz f_0 viel kleiner als die Abtastfrequenz f_s sein.

Aus der obigen Gleichung folgt für die Frequenz des Sägezahngenerators:

$$f_0 = \frac{b_0}{2} f_s \, . \tag{6.10}$$

Auf einem Digitalrechner kann b_0 nur als quantisierter (gerundeter) Wert b_{0Q} dargestellt werden. Infolgedessen wird auch die Frequenz des Sägezahngenerators quantisiert:

$$f_{0Q} = \frac{b_{0Q}}{2} f_s \, . \tag{6.11}$$

Beispiel: Es sei ein Sägezahngenerator mit der Frequenz $f_0 = 100\,\text{Hz}$ und und der Abtastfrequenz $f_s = 8000\,\text{Hz}$ auf einem 16-Bit-Festkommarechner zu realisieren. Für b_0 und b_{0Q} finden wir: 0.025 und 0.02499389648438. Daraus ergibt sich für die effektive Frequenz des Sägezahngenerators: $f_{0Q} = 99.9755859375\,\text{Hz}$.

In MATLAB wird die Sägezahn-Schwingung mittels der Funktion `sawtooth` generiert.

6.1.2 Rechteckgenerator

Unter der Rechteckfunktion square(x, D) mit dem Argument x und dem Tastverhältnis D versteht man eine Funktion mit folgenden Eigenschaften:

$$\text{square}(x, D) = \begin{cases} -1 & : \quad 0 \le x < 2\pi(1 - D) \\ +1 & : \quad 2\pi(1 - D) \le x < 2\pi \end{cases} , \tag{6.12}$$

$$\text{square}(x, D) = \text{square}(x + 2\pi, D) \, . \tag{6.13}$$

Die Rechteckfunktion ist eine rechteckförmige, 2π-periodische Funktion mit dem Parameter D, der zwischen 0 und 1 liegen muss.

Will man mit der Rechteckfunktion ein Rechtecksignal $y(t)$ mit der Frequenz f_0 erzeugen, dann muss man — wie bei der Sägezahnfunktion — das Argument x durch den Ausdruck $2\pi f_0 t$ ersetzen:

$$y(t) = \text{square}(2\pi f_0 t, D) \, . \tag{6.14}$$

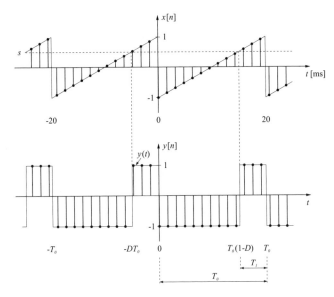

Bild 6.3: Sägezahnsignal mit der Schwelle S und dazugehöriges Rechtecksignal mit dem Tastverhältnis D

Ein solches Signal ist für $f_0 = 50\,\text{Hz}$ und $D = 0.25$ in Bild 6.3 unten dargestellt.

Das zeitkontinuierliche Rechtecksignal $y(t)$ lässt sich durch die Substitution $t = nT$ in das zeitdiskrete Rechtecksignal $y[n]$ überführen:

$$y[n] = \text{square}(2\pi f_0 nT, D)\,. \tag{6.15}$$

Als Beispiel zeigt Bild 6.3 unten eine zeitdiskrete Rechteckschwingung mit der Frequenz $f_0 = 1/T_0 = 50\,\text{Hz}$ und der Abtastrate $f_s = 1/T = 630\,\text{Hz}$. In diesem Bild ist auch ersichtlich, was man sich unter dem Tastverhältnis D (engl: duty cycle) vorzustellen hat: Es ist das Verhältnis zwischen der Pulslänge T_1 und der Periodendauer T_0:

$$D = \frac{T_1}{T_0}\,. \tag{6.16}$$

Das diskrete Rechtecksignal $y[n] = \text{square}(2\pi f_0 nT, D)$ kann man aus dem diskreten Sägezahnsignal $x[n] = \text{sawtooth}(2\pi f_0 nT)$ über folgende zwei Vorschriften gewinnen:

$$y[n] = \left\{ \begin{array}{ll} -1 & : \quad x[n] < S \\ 1 & : \quad x[n] \geq S \end{array} \right. \cdot \tag{6.17}$$

In Worten: Ist das Sägezahnsignal kleiner als die Schwelle S (engl: threshold), dann legt der Digitalrechner eine -1 an den Ausgang, ist es gleich oder grösser als S, dann legt er eine $+1$ an den Ausgang. Die Schwelle S kann man aus der Steigung des Sägezahns (Bild 6.3 oben) bestimmen:

$$\frac{S - (-1)}{T_0 - T_1} = \frac{1 - (-1)}{T_0} \quad \Longrightarrow \quad \frac{S + 1}{T_0 - DT_0} = \frac{2}{T_0} \quad \Longrightarrow \quad \frac{S + 1}{1 - D} = 2 \,.$$

Daraus folgt schliesslich:

$$S = 1 - 2D \,. \tag{6.18}$$

Die Schwelle S lässt sich aus dem Tastverhältnis D somit sehr einfach berechnen.

Eine klassische Anwendung des Rechteckgenerators ist der Pulsdauermodulator. Darunter versteht man einen Rechteckgenerator, dessen Tastverhältnis linear von einem Signal $x[m]$ abhängt:

$$D[m] = D_0 + kx[m] \,. \tag{6.19}$$

D_0 und k sind zwei Parameter, die so gewählt werden müssen, dass $D[m]$ in den Bereich zwischen 0 und 1 zu liegen kommt. Unter $x[m]$ versteht man das modulierende zeitdiskrete Signal, das T_0 als Abtastperiode hat. Weil $y[n]$ und $x[m]$ unterschiedliche Abtastperioden haben, wurde für die zeitdiskrete Variable der Buchstabe m und nicht n gewählt. Aus Gl.(6.18) folgt dann für die Schwelle:

$$S[m] = 1 - 2(D_0 + kx[m]) \,. \tag{6.20}$$

Die Modulation ist umso genauer, je kleiner das Abtastintervall T ist. Die Abtastfrequenz $f_s = 1/T$ muss deshalb viel grösser als die Frequenz $f_0 = 1/T_0$ der Rechteckschwingung sein.

In MATLAB wird die Rechteck-Schwingung mithilfe der Funktion `square` generiert.

6.1.3 Dreieckgenerator

Unter der Dreieckfunktion triangle(x) versteht man eine Funktion mit folgenden Eigenschaften:

$$\text{triangle}(x) \;=\; \begin{cases} \dfrac{2}{\pi}x & : \quad 0 \leq x < \pi/2 \\[4pt] 2 - \dfrac{2}{\pi}x & : \quad \pi/2 \leq x < 3\pi/2 \\[4pt] -4 + \dfrac{2}{\pi}x & : \quad 3\pi/2 \leq x < 2\pi \end{cases} \,, \tag{6.21}$$

$$\text{triangle}(x) \;=\; \text{triangle}(x + 2\pi) \,. \tag{6.22}$$

Die Dreieckfunktion ist eine dreieckförmige, 2π-periodische Funktion.

Will man mit der Dreieckfunktion ein Dreiecksignal $y(t)$ mit der Frequenz f_0 erzeugen, dann muss man wie bei der Sägezahn- und Rechteckfunktion das Argument x durch den Ausdruck $2\pi f_0 t$ ersetzen:

$$y(t) = \text{triangle}(2\pi f_0 t) \,. \tag{6.23}$$

Tasten wir es mit der Abtastperiode T ab, dann ergibt sich das zeitdiskrete Dreiecksignal:

$$y[n] = \text{triangle}(2\pi f_0 nT)\,. \tag{6.24}$$

In Bild 6.4 unten ist ein zeitkontinuierliches und ein zeitdiskretes Dreiecksignal mit $f_0 = 1/T_0 = 350\,\text{Hz}$ und $f_s = 1/T = 8000\,\text{Hz}$ dargestellt.

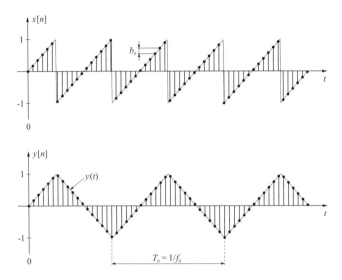

Bild 6.4: Sägezahn- und Dreieck-Schwingung

Einen Dreieckgenerator baut man mithilfe eines Sägezahngenerators, indem man den Integrator in Gl.(6.6) mit der Anfangsbedingung $y[-1] = 0$ startet und das Ausgangssignal für jede zweite Periode mit -1 multipliziert. Bei einem DSP kann man den Anfang einer neuen Periode durch das Testen des Überlaufflags detektieren. Da die Periode $T_0 = 1/f_0$ der Dreieckschwingung doppelt so gross ist wie die Periode der Sägezahnschwingung, erhält man aus Gl.(6.9) für die Stufenhöhe b_0 des Integrators:

$$b_0 = 4\frac{f_0}{f_s}\,. \tag{6.25}$$

Beispiel: Überführung der Dreieck- in eine Sinus-Schwingung
Ein Dreieck-Signal $y[n]$ mit der normierten Kreisfrequenz $\Omega_0 = 2\pi f_0 T$ kann man wie folgt in eine Fourier-Reihe zerlegen [BSMM93]:

$$y[n] = \frac{8}{\pi^2}\left(\sin(n\Omega_0) - \frac{\sin(3n\Omega_0)}{3^2} + \frac{\sin(5n\Omega_0)}{5^2} - \cdots\right)\,. \tag{6.26}$$

Führt man das Dreieck-Signal mit dem Betrags-Spektrum $|Y(\Omega)|$ auf ein Tiefpassfilter $H_{TP}(\Omega)$ mit $\Omega_{pass} = \Omega_0$ und $\Omega_{stop} = 3\Omega_0$, dann erhält man als Ausgangssignal eine Sinus-Schwingung mit der normierten Kreisfrequenz Ω_0 (Aufgabe 3).

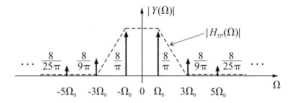

Bild 6.5: Betrags-Spektrum der Dreieck-Schwingung und Amplitudengang eines Tiefpassfilters

6.2   Direkte digitale Synthese

Die direkte digitale Synthese, abgekürzt DDS, ist ein Verfahren zur Erzeugung einer Funktion, deren Funktionswerte in einem Speicher (Tabelle, engl: lookup table) abgelegt sind.

Bild 6.6: Blockdiagramm der direkten digitalen Synthese

Zu jedem einzelnen Funktionswert y_i gehört ein Intervall Δx_i und eine Adresse i, wie das Beispiel Bild 6.7 zeigt.

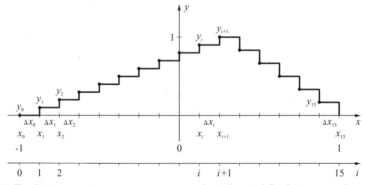

Bild 6.7: Funktionswerte einer asymmetrischen Dreieckfunktion mit dazugehörigen Intervallen und Adressen

Zum diskreten Zeitpunkt n generiert der Block „Adresszuordnung" eine Adresse $i[n]$, die angibt, welcher Funktionswert $y_i[n]$ an den Ausgang gelegt werden soll. Die Adresse $i[n]$ ihrerseits wird durch die Bestimmung der Intervallindexes i ermittelt. Das Intervall Δx_i ist der Bereich auf der x-Achse, in dem sich der Wert $x[n]$ des Eingangssignals befindet.

Eine einfache Methode die Adresse zu bestimmen, ist das Abschneiden des Abtastwertes $x[n]$ auf W Stellen:

$$i[n] = \mathbb{Q}_W \left(2^{W-1} x[n] \right) + i_0 \, . \qquad (6.27)$$

$\mathbb{Q}_W \, (\cdot)$ ist eine Quantisierungsfunktion, welche das Argument auf W Stellen vor dem Komma abschneidet. $x[n]$ ist ein Abtastwert im Fractional-Format und i_0 ist ein Offset, dessen Wert davon abhängt, in welchem Adressbereich die Funktionswerte abzuspeichern sind. Um das obige Adressverfahren anwenden zu dürfen, müssen alle Intervalle Δx_i gleich gross sein wie im Beispiel Bild 6.7.

Beispiel: $W = 4$, $x[n] = 0.0010110$ und $i_0 = 00001000$.
$\qquad i[n] = 0001. + 00001000. = 00001001.$
$\qquad$ In Dezimalform: $i[n] = 1 + 8 = 9.$ (Siehe dazu auch Bild 6.7.)

Mit dem System in Bild 6.6, bestehend aus den beiden Blöcken „Adresszuordnung" und „Tabelle", kann man eine nichtlineare Kennlinie[1] realisieren. Ein solches System kann beispielsweise zur Kennlinienkorrektur von nichtlinearen Sensoren eingesetzt werden.

Schliesst man einen Sägezahn-Generator an den Block „Adresszuordnung", so erhält man einen Generator zur Erzeugung eines periodischen Signals. Die Periodendauer T_0 des Ausgangssignals $y[n]$ ist durch die Periodendauer des Sägezahngenerators gegeben und die Kurvenform von $y[n]$ wird durch die Funktionswerte in der Tabelle bestimmt. Beispielsweise könnte man mit der Tabelle in Bild 6.7 eine asymmetrische Dreieckschwingung erzeugen.

Wünscht man sich ein Ausgangssignal mit hoher Auflösung, d. h. eine Kurve mit kleinen Treppenstufen, dann muss eine grosse Anzahl von Funktionswerten abgespeichert werden. Dies kann dazu führen, dass der vorhandene Speicherplatz nicht mehr genügt. Um den Speicherbedarf klein zu halten, bieten sich zwei Vorgehen an: 1. Eventuell vorhandene Symmetrien ausnützen und 2. Funktionswerte interpolieren.

Am Beispiel der Sinusfunktion wollen wir erläutern, wie die Symmetrie einer Funktion zur Speicherplatz-Minimierung ausgenützt werden kann. Für die Sinusfunktion gilt nämlich:

$$\sin(x) = \sin(x + 2\pi) \, , \quad \sin(x) = -\sin(-x) \, , \quad \sin(x) = \sin(\pi - x) \, . \quad (6.28)$$

---

[1]Bei Verwendung einer nichtlinearen Kennlinie entstehen neue Frequenzkomponenten und es ist deshalb zu überprüfen, ob die eingestellte Abtastfrequenz hoch genug ist. Damit kein Aliasing entsteht, muss die höchstfrequente Komponente mit mindestens zwei Abtastwerten pro Periode dargestellt werden.

Daraus folgt:

1. Die Sinusfunktion ist periodisch. Es brauchen deshalb höchstens die Funktionswerte für eine Periode, d. h. für $-\pi \leq x < \pi$ abgespeichert zu werden.

2. Die Sinusfunktion ist ungerade. Die Funktionswerte für das Intervall $-\pi \leq x < 0$ können durch Vorzeichenumkehr aus den Funktionswerten für das Intervall $0 < x \leq \pi$ gewonnen werden.

3. Die Sinusfunktion ist spiegelsymmetrisch bezüglich $x = \pi/2$. Die Funktionswerte für das Intervall $\pi/2 \leq x \leq \pi$ können folglich durch die Funktionswerte aus dem Intervall $0 \leq x \leq \pi/2$ ersetzt werden.

Demnach müssen nur die Funktionswerte für das Intervall $0 \leq x \leq \pi/2$ abgespeichert werden. Die restlichen Funktionswerte lassen sich durch Ausnützung der Symmetrien aus den abgespeicherten Funktionswerten bestimmen.

Die Interpolationsmethode funktioniert wie folgt (Bild 6.7):

1. Für einen gegebenen x-Wert sucht man — beispielsweise mithilfe von Gl.(6.27) — das Intervall Δx_i, in dem sich der x-Wert befindet. Daraus ergeben sich die beiden Punkte x_i und x_{i+1}.

2. Anschliessend bestimmt man aus der Tabelle die Funktionswerte y_i und y_{i+1}.

3. Durch lineare Interpolation, d. h. durch Auswerten der Formel

$$y = y_i + \frac{y_{i+1} - y_i}{x_{i+1} - x_i}(x - x_i)\,, \tag{6.29}$$

erhält man schliesslich den interpolierten Wert y (Aufgabe 4b).

6.3 Polynomapproximation

Viele Funktionen, wie beispielsweise die Sinusfunktion und die Quadratwurzel, kann man sehr gut durch Polynome approximieren. Polynome ihrerseits lassen sich mit einem einfachen Algorithmus, dem so genannten Horner-Schema [Knu98], effizient auswerten. Diese beiden Gründe machen die Polynomapproximation für DSV-Aufgaben sehr attraktiv.

Unter einem Polynom N-ten Grades mit reellen Koeffizienten a_i und einer reellen unabhängigen Variablen x, versteht man folgende Funktion:

$$y = a_N x^N + a_{N-1} x^{N-1} + \cdots + a_1 x + a_0\,. \tag{6.30}$$

Das Polynom kann man wie folgt anordnen:

$$y = (((a_N x + a_{N-1})x + a_{N-2})x + \cdots)\,x + a_0\,. \tag{6.31}$$

Aus dieser Anordnung lässt sich nach der Initialisierung mit $y = 0$ der unten stehende Algorithmus ableiten:

for $i = N$ down to $i = 0$ do:

$$y = a_i + x \cdot y \qquad (6.32)$$

Auf einem digitalen Rechner ist die Instruktion (6.32) sehr einfach abzuarbeiten; ein DSP beispielsweise benötigt dafür nur einen Zyklus. Da die Ordnung der Approximationspolynome i. Allg. klein ist und im Bereich von etwa $N = 10$ liegt, ist die Anzahl Schleifendurchgänge ebenfalls klein. Der Funktionswert eines Polynoms lässt sich daher mit diesem Algorithmus — Horner-Schema genannt — sehr schnell berechnen.

Ist das Horner-Schema auf einem Digitalrechner zu implementieren, der mit Fractional-Zahlen rechnet, dann müssen alle a_i-Koeffizienten vorher mit einem Faktor 2^{-L} skaliert werden. Dieser Faktor ist so zu wählen, dass für jeden Schleifendurchgang sowohl das Produkt, wie auch die Summe in Gl.(6.32) nie überläuft, d. h. den Bereich $[-1, +1)$ nie verlässt. Nach Abarbeitung des Horner-Schemas muss die Skalierung rückgängig gemacht werden, indem das Resultat mit 2^L multipliziert wird. Die Zweierpotenz als Skalierungsfaktor wird gewählt, weil so die Multiplikation durch eine Schiebeoperation ersetzt werden kann.

Zur Bestimmung der Polynom-Koeffizienten stellen Mathematikprogramme Befehle wie beispielsweise den MATLAB-Befehl `polyfit` zur Verfügung. Diese Befehle verlangen als Eingabe eine in Form von x- und y-Punkten beschriebene Funktion und berechnen daraus die Koeffizienten des Polynoms, das die Funktion am besten approximiert.

Nach dieser Einführung lässt sich der Entwurf eines Funktionsgenerators in sieben Punkten beschreiben:

1. **Datenvektor x generieren.**

   Dieser Datenvektor enthält die x-Punkte der Funktion. Die Punkte müssen im Definitionsbereich des Digitalrechners liegen, auf dem die Polynomfunktion zu implementieren ist, also beispielsweise zwischen -1 und $+1$, falls der Computer Fractional-Zahlen verarbeitet. Da jeder Computer nur mit Zahlen endlicher Wortlänge rechnet, muss der Datenvektor quantisierte Zahlenwerte enthalten (diese kann man beispielsweise mit der MATLAB-Funktion `quantsig` erzeugen).

   Beispiel für einen 4-Bit-Rechner:
   $$x = [-1.000, -0.625, -0.250, 0.250, 0.625]^T.$$

   Meistens ist es sinnvoll, möglichst viele x-Punkte zu nehmen, weil dadurch die Genauigkeit der Funktionsapproximation besser wird.

2. **Den Funktionsvektor y zum Datenvektor x berechnen.**

   Beispiel Exponentialfunktion: $y = 0.5e^x$.
   Daraus folgt für den Funktionsvektor:
   $$y = [0.183939, 0.267630, 0.389400, 0.642012, 0.934122]^T.$$

3. **Die Funktion mit einem Polynom approximieren.**

Polynomapproximations-Befehle verlangen als Eingabe den Datenvektor x und den Funktionsvektor y. Die Polynomkoeffizienten a_i können mit dem MATLAB-Befehl `polyfit` berechnet und im Koeffizientenvektor $a = [a_N, \ldots, a_1, a_0]^T$ abgespeichert werden.

Beispiel für ein Polynom 3. Ordnung:
$$a = [0.072625, 0.261172 0.504007, 0.499175]^T.$$

4. **Das Polynom für den Datenvektor x auswerten und die Funktionswerte im Vektor y_1 abspeichern.**

Hier kann beispielsweise der Befehl `polyval` verwendet werden.

Beispiel: $$y_1 = [0.183716, 0.268461, 0.388362, 0.642635, 0.933931]^T.$$

5. **Die Fehlervektoren e_1 und e_2 berechnen.**

Der Fehlervektor e_1 ist wie folgt definiert: $e_1 = y_1 - y$.

Beispiel: $$e_1 = [-0.000223, 0.000830, -0.001037, 0.000622, -0.000191]^T.$$

Sind die Fehler in einem tolerierbaren Bereich, dann wird das Horner-Schema mit den Eigenschaften des Prozessors simuliert und die resultierenden Funktionswerte im Vektor y_2 abgespeichert.

Der Fehlervektor e_2 wird wie folgt berechnet: $e_2 = y_2 - y$.

Beispiel: $$e_2 = [0.066060, 0.107369, -0.014400, -0.017012, -0.059122]^T.$$

Bei tolerierbaren Fehlern kann der Horner-Algorithmus auf dem Digitalrechner implementiert werden, andernfalls ist der Entwurf zu überarbeiten.

6. **Entwurf falls nötig überarbeiten.**

Mögliche Überarbeitungsmassnahmen sind:

(a) Funktion skalieren, damit die Funktionswerte in den Zahlenbereich des Digitalrechners zu liegen kommen.

(b) Polynom-Ordnung grösser oder kleiner wählen und eventuell die Anzahl Datenpunkte vergrössern.

(c) Analog zu Gl.(6.28) vorhandene Symmetrien oder andere Gesetzmässigkeiten der Funktion ausnützen (siehe beispielsweise Gl.(6.36)).

(d) Die Wortbreite der dargestellten Zahlen erhöhen etc.

Beispiel 1: Approximation der Sinusfunktion

In der DSV ist häufig die Sinusfunktion

$$y = \sin(\pi x), \qquad \text{für} \quad x \in [-1, +1) \tag{6.33}$$

zu approximieren. (Der Ausdruck $x \in [-1, +1)$ bedeutet, dass der Definitionsbereich der Funktion aus allen reellen Zahlen besteht, die zwischen -1 und $+1$
liegen. Dabei gehört die Zahl -1 zum Definitionsbereich, nicht hingegen die Zahl
$+1$.)

Gemäss dem Entwurfsverfahren gehen wir wie folgt vor:

1. Wir wählen einen möglichst grossen Datenvektor mit 1000 Elementen[2].
   Die Sinusfunktion sei auf einem 16-Bit-Digitalrechner mit Fractional-Format zu implementieren, deshalb runden wir auf eine Wortlänge von 16 Bit
   und erhalten dann:

   $x = [-1, -0.997985, -0.996002, \ldots, 0.997985]^T$.

2. Durch Anwenden der Sinusfunktion auf die Elemente von x finden wir den
   Vektor y:

   $y = [0, -0.006327, -0.012559, \ldots, 0.006327]^T$.

3. Mit dem MATLAB-Befehl `polyfit` bestimmen wir für die Ordnung $N = 7$
   folgenden Polynomkoeffizientenvektor:

   $a = [-0.446222, -0.000124, 2.447725, \ldots, 0.000001]^T$.

4. Zum Datenvektor x und zum Polynom mit dem Koeffizientenvektor a
   berechnen wir die Funktionswerte. Die Funktionswerte, die wir mit der
   MATLAB-Funktion `polyval` finden, speichern wir in den Vektor y_1 ab:

   $y_1 = [0.000646, -0.005738, -0.012024, \ldots, 0.005702]^T$.

5. Daraus berechnen wir den Fehlervektor $e_1 = y_1 - y$ und stellen ihn in
   Bild 6.8 oben links dar.

   Wir simulieren das Horner-Schema mit dem Prozessor ADSP2181 und
   speichern die Funktionswerte in den Vektor y_2 ab. Daraus berechnen wir
   den zweiten Fehlervektor $e_2 = y_2 - y$ und stellen ihn in Bild 6.8 oben
   rechts dar.

Sind die Approximationsfehler nicht tolerierbar, dann kann man als einfachste Massnahme die Ordnung des Approximationspolynoms erhöhen. Die
Erhöhung der Ordnung auf $N = 11$ führt zu folgendem Approximationspolynom:

$$a = [-0.006041, -0.000001, 0.080605, 0.000002, -0.598398, -0.000002,$$
$$2.549927, 0.000001, -5.167685, -0.000000, 3.141592, 0.000000]^T.$$

---

[2]Mit der Vollversion von MATLAB kann man auch grössere Vektoren verarbeiten.

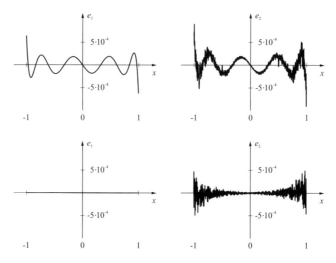

Bild 6.8: Approximationsfehler der Sinusfunktion.
   Oben: Ordnung des Approximationspolynoms $N = 7$.
   Unten: Ordnung des Approximationspolynoms $N = 11$.

Die dazugehörigen Approximationsfehler sind im Bild 6.8 unten ersichtlich. Die Approximation kann nun nicht mehr verbessert werden, weil der Fehler e_2 ungefähr dem Quantisierungsrauschen entspricht. Um den Fehler weiter zu vermindern, müsste ein Rechner mit einer grösseren Wortlänge als 16 gewählt werden.

Die Koeffizienten $a_{11}, \ldots, a_1, a_0$ des Approximationspolynom sind jetzt bekannt und somit kann das Horner-Schema (6.32) auf einem Digitalrechner implementiert werden. (Durch Null-Setzen jedes zweiten Polynomkoeffizienten liesse sich hier das Horner-Schema weiter vereinfachen und somit zusätzliche Rechenzeit sparen.)

Erzeugt man die x-Werte mit einem Sägezahngenerator, dann kann man mit dem oben beschriebenen Funktionsgenerator einen Sinus-Oszillator bauen.

Beispiel 2: Approximation der Quadratwurzel

Das Berechnen des Betrags einer komplexen Zahl ist eine relativ häufige Operation in der DSV. Dabei muss unter anderem die Wurzel einer positiven Fractional-Zahl gezogen werden:

$$y = \sqrt{x}, \qquad \text{für} \quad x \in [0, 1). \tag{6.34}$$

Führen wir die Schritte 1. bis 5. analog zum vorhergehenden Beispiel 1 aus, dann erhalten wir für ein Approximationspolynom der Ordnung $N = 5$ die Approximationsfehler e_1 und e_2 gemäss Bild 6.9 oben.

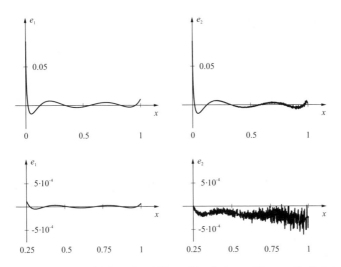

Bild 6.9: Approximationsfehler der Wurzelfunktion. Oben: Definitionsbereich $x \in [0, 1)$. Unten: Definitionsbereich $x \in [0.25, 1)$

Die approximierte Funktion weicht beträchtlich von der Originalfunktion ab und kann auch mit einer Approximation höherer Ordnung nicht wesentlich verbessert werden. Eine enorme Verbesserung erreichen wir, indem wir die Funktion

$$y = \sqrt{x}, \qquad \text{für} \quad x \in [0.25, 1) \tag{6.35}$$

approximieren. Für ein Approximationspolynom der Ordnung $N = 5$ erhalten wir folgenden Koeffizientenvektor:

$$\boldsymbol{a} = [0.337251, -1.325907, 2.191833, -2.074862, 1.695139, 0.176614]^T$$

Die Fehlerfunktion e_2, dargestellt in Bild 6.9 rechts unten, ist ungefähr gleich dem Quantisierungsrauschen und kann deshalb nicht weiter minimiert werden.

Liegt die Variable x nicht im Definitionsbereich $[0.25, 1)$, dann muss sie gemäss der Formel (6.36)

$$\begin{aligned} y &= \sqrt{x}, \\ &= 2^{-L}\sqrt{2^{2L}x}, \end{aligned} \tag{6.36}$$

mit einem Faktor 2^{2L} derart multipliziert werden, dass der Radikand zwischen 0.25 und 1 zu liegen kommt. Nach dem Ziehen der Wurzel muss das Resultat mit dem Faktor 2^{-L} zurückskaliert werden. Die beiden Multiplikationen können auf einem Rechner durch einfache Schiebeoperationen bewerkstelligt werden: Ein arithmetischer Shift um $2L$ Binärstellen nach links bewirkt ein Multiplikation mit 2^{2L} und ein arithmetischer Shift um L Binärstellen nach rechts entspricht einer Multiplikation mit 2^{-L}.

6.4   Impulsantwort-Generatoren

Beim Anlegen eines Einheitspulses an ein System wird ein Ausgangssignal generiert, das man Impulsantwort nennt. Dieses Systemverhalten kann man ausnützen, um Signalgeneratoren mit bestimmten Eigenschaften zu bauen.

6.4.1   Das stabile Digitalfilter als Signalgenerator

Eine Aufgabe, die hin und wieder in der DSV vorkommt, ist das Erzeugen
eines Signals $y[n]$ mit vorgegebenem Betragsspektrum $|Y(\Omega)|$. Die Lösung dieser
Aufgabe besteht darin, ein Digitalfilter mit dem Amplitudengang

$$|H(\Omega)| = |Y(\Omega)| \qquad (6.37)$$

zu entwerfen und das Filter mit dem Einheitspuls $x[n] = \delta[n]$ anzuregen. Als
Ausgangssignal erhält man dann:

$$y[n] = h[n]\,. \qquad (6.38)$$

Das heisst, das Ausgangssignal $y[n]$ mit dem gewünschten Betragsspektrum
$|Y(\Omega)|$ ist gleich der Impulsantwort $h[n]$ des Filters. Die Betragsfunktion $|Y(\Omega)|$
approximieren wir mit dem Amplitudengang eines FIR- oder eines IIR-Filters,
je nachdem ob wir eine endlich oder eine (theoretisch) unendlich lange Impulsantwort wünschen.

Beispiel: Mit der Impulsantwort eines FIR-Filters der Ordnung $N = 40$ soll ein
Signal erzeugt werden, das ein stückweise lineares Betragsspektrum hat
(Bild 6.10 oben, $f_s = 2\,\mathrm{kHz}$).

Mit dem MATLAB-Befehl `remez` entwerfen wir ein FIR-Filter, dessen Am-
plitudengang $|H(f)|$ das gewünschte Spektrum $|Y(f)|$ gut approximiert.
Die Impulsantwort $h[n]$ dieses Filters ist in Bild 6.10 unten dargestellt.

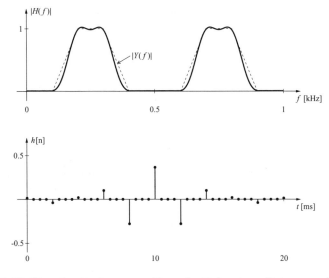

Bild 6.10: Signal mit einem annähernd stückweisen Betragsspektrum

6.4.2 Das instabile Digitalfilter als Sinusoszillator

Ein IIR-Filter mit der Übertragungsfunktion

$$H(z) = \frac{b_0 + b_1 z^{-1}}{1 + a_1 z^{-1} + z^{-2}} , \qquad (6.39)$$

$$\text{wobei: } b_0 = \sin(\varphi), \ b_1 = \sin(\Omega_0 - \varphi), \ a_1 = -2\cos(\Omega_0)$$

hat zwei Pole mit den Beträgen 1 und den Argumenten $+\Omega_0$ und $-\Omega_0$ gemäss Bild 6.11:

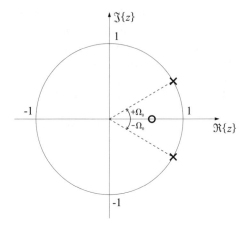

Bild 6.11: Pol-Nullstellendiagramm des instabilen IIR-Filters

Das LTI-System mit den zwei konjugiert komplexen Polen auf dem Einheitskreis ist instabil und es schwingt bei diracpulsförmiger Anregung gemäss der Impulsantwort[3]

$$h[n] = \sin(\Omega_0 n + \varphi)u[n] \,. \tag{6.40}$$

Die Impulsantwort des IIR-Filters ist demnach ein kausales Sinussignal mit der normierten Kreisfrequenz Ω_0 und dem Anfangsphasenwinkel φ. Das IIR-Filter hat die Übertragungsfunktion (6.39) und kann folglich als Blockdiagramm gemäss Bild 6.12 realisiert werden.

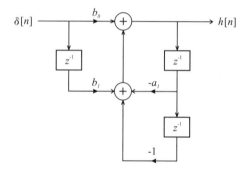

Bild 6.12: Blockdiagramm des instabilen IIR-Filters

Zur Implementation auf einem Festkomma-DSP müssen alle Koeffizienten gerundet werden und betragsmässig gleich oder kleiner als 1 sein. Die beiden Koeffizienten b_0 und b_1 sind betragsmässig kleiner als 1 und müssen daher nur gerundet werden, was zu den Koeffizienten b_{0Q} und b_{1Q} führt. Die Koeffizienten a_1 und a_2 dagegen müssen skaliert und gerundet werden, weil der Koeffizient a_1 normalerweise im Bereich zwischen -2 und -1 liegt. Durch das Runden und Skalieren werden die Koeffizienten a_1 und a_2 in die Koeffizienten $á_{1Q}$ und $á_{2Q}$ übergeführt (Bild 6.13). Aus Genauigkeitsgründen sollte der Skalierungsfaktor 2^{-L} derart gewählt werden, dass der Koeffizient $á_{1Q}$ in den Bereich zwischen -1 und -0.5 zu liegen kommt.

---

[3]Die Impulsantwort ist die inverse z-Transformierte von $H(z)$ und kann beispielsweise mit dem MATLAB-Befehl `iztrans` bestimmt werden.

Ersetzt man den nichtrekursiven Teil des Blockdiagramms durch eine Summe von zwei gewichteten Einheitspulsen, dann kann man das Blockdiagramm zum Signalflussdiagramm in Bild 6.13 vereinfachen, welches sich nun auf einem DSP realisieren lässt.

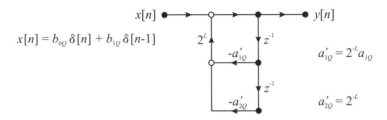

Bild 6.13: Signalflussdiagramm des modifizierten instabilen IIR-Filters

Die dazugehörigen Differenzengleichungen lauten:

$$y[0] = b_{0Q} \tag{6.41}$$

$$y[1] = b_{1Q} - 2^L \acute{a}_{1Q} y[0] \tag{6.42}$$

$$y[n] = 2^L(-\acute{a}_{1Q}y[n-1] - 2^{-L}y[n-2]), \quad \text{für } n \geq 2. \tag{6.43}$$

Die Frequenz f_0 des Sinusoszillators ist einzig vom a_1-Koeffizienten abhängig und kann aufgrund von Gl.(6.39) wie folgt berechnet werden:

$$f_0 = f_s \frac{\arccos(-a_{1Q}/2)}{2\pi}. \tag{6.44}$$

Um einen Zweierkomplement-Überlauf zu verhindern, muss auf dem Digitalrechner die Sättigungskennlinie eingeschaltet sein. Wegen der eingeschalteten Sättigungskennlinie ist das instabile IIR-Filter ein nichtlineares System und die effektive Oszillatorfrequenz weicht geringfügig von derjenigen in Gl.(6.44) ab.

6.4.3 Kombinierter Sinus-Cosinus-Oszillator

Die gekoppelte Struktur in Bild 6.14, beschrieben durch das Differenzengleichungssystem

$$\begin{aligned} y_1[n] &= ay_1[n-1] - by_2[n-1] + x[n] \\ y_2[n] &= by_1[n-1] + ay_2[n-1], \end{aligned} \tag{6.45}$$

stellt ein IIR-Filter mit zwei Ausgängen dar. Wählt man das Eingangssignal und die Parameter gemäss den Gleichungen

$$x[n] = \delta[n], \qquad a = \cos(\Omega_0), \quad b = \sin(\Omega_0), \tag{6.46}$$

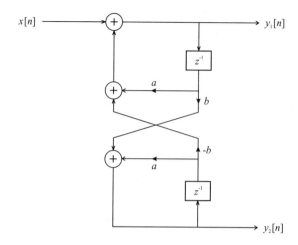

Bild 6.14: Blockdiagramm des kombinierten Sinus-Cosinus-Oszillators

dann kann man einen kombinierten Sinus-Cosinus-Oszillator verwirklichen, der folgende Signale generiert (Herleitung siehe Aufgabe 7):

$$y_1[n] = \cos(\Omega_0 n)u[n]\,, \quad y_2[n] = \sin(\Omega_0 n)u[n]\,. \tag{6.47}$$

Der Einheitspuls $x[n] = \delta[n]$ bewirkt gemäss Gl.(6.45) eine Initialisierung der Ausgangswerte zu $y_1[0] = 1$ und $y_2[0] = 0$. Zur Implementation auf einem DSP muss daher für $n \geq 1$ nur folgendes Differenzengleichungssystem programmiert werden:

$$\begin{aligned}
y_1[n] &= a_Q y_1[n-1] - b_Q y_2[n-1] \\
y_2[n] &= b_Q y_1[n-1] + a_Q y_2[n-1]\,,
\end{aligned} \tag{6.48}$$

Die Koeffizienten a_Q und b_Q sind die gerundeten Werte der Koeffizienten a und b. Wiederum muss bei der Implementation auf einem Digitalrechner die Sättigungskennlinie eingeschaltet werden, damit der Oszillator nicht instabil wird (siehe dazu Aufgabe 8).

Der wesentliche Nutzen des kombinierten oder gekoppelten Oszillators ist die simultane Erzeugung von zwei um 90° verschobenen Sinusschwingungen. Solche Signale heissen in der Nachrichtentechnik Quadratursignale und werden beispielsweise für Modulations- und Demodulations-Aufgaben benötigt [GK97].

Es ist zu beachten, dass rekursive Digitalfilter mit Sättigungsarithmetik nichtlineare Systeme sind und demzufolge vom idealen Verhalten etwas abweichen. Solche Systeme müssen vor ihrem Einsatz deshalb gründlich simuliert und überprüft werden.

6.5 Rauschgenerator

Rauschgeneratoren kommen in einer Vielzahl von DSV-Anwendungen zum Einsatz, wie beispielsweise bei der Simulation von Störungen, zur Identifikation von Systemen etc. Um echte Rauschsignale zu erzeugen, müsste man einen echten zufälligen Prozess, wie beispielsweise das Rauschen einer Diode abtasten. Viel praktischer ist es jedoch, einen Rauschprozess mithilfe eines Algorithmus auf dem Computer zu generieren. Rauschgeneratoren, welche einen echten Rauschprozess gut nachbilden, nennt man Pseudozufallszahl-Generatoren.

Der bekannteste Zufallszahl-Generator ist der lineare Kongruenz-Generator (engl: linear congruential generator LCG). Dieser Generator erzeugt Zufallszahlen nach folgender Rekursionsgleichung [Knu98]:

$$x[n] = (ax[n-1] + c) \bmod m \, . \tag{6.49}$$

mod steht für Modulo und stellt den Rest der Division durch m dar.

Beispiel: $14 = 3 \cdot 4 + 2 \quad \Longrightarrow \quad 14 \bmod 4 = 2 \, .$

Alle Zahlen in Gl.(6.49) sind natürliche Zahlen und können daher auf einem DSP einfach dargestellt werden. Der Anfangswert $x[0]$ heisst seed und kann beliebig, z. B. 0, gesetzt werden. Bei einer guten Wahl der Parameter a und c erzeugt der LCG m verschiedene Zahlenwerte, bevor er sich wiederholt. Mit anderen Worten: Er generiert ein zeitdiskretes Ausgangssignal mit der Periode m, wobei die Zahlenwerte innerhalb einer Periode statistisch gut verteilt sind. Macht man den so genannten Modulus m sehr gross, was in der Praxis der Fall ist, dann wird die Periodendauer sehr lang, so dass die Folge $x[n]$ angenähert als Rauschsignal betrachtet werden darf.

Die Modulo-Funktion in Gl.(6.49) kann man auf einem Festkomma-Rechner sehr einfach realisieren, wenn man den Modulus als Zweierpotenz $m = 2^i$ wählt. Wir wollen dies anhand einer 32-Bit-Festkommazahl x und dem Modulus $m = 2^{16}$ erklären:

$$\begin{aligned} x &= b_0 b_1 \cdots b_{15} b_{16} b_{17} \cdots b_{31} \, , \\ &= \underbrace{(b_0 b_1 \cdots b_{15})}_{x_H} 2^{16} + \underbrace{b_{16} b_{17} \cdots b_{31}}_{x_L} \, , \\ &= x_H 2^{16} + x_L \quad \Longrightarrow \quad x \bmod 2^{16} = x_L \, . \end{aligned} \tag{6.50}$$

In Worten: Die Modulo-Funktion $x \bmod 2^i$ bildet man durch Weglassen (Maskieren) der ersten i Bits in der Zahl x. Die Zahl, die daraus entsteht, ist das niederwertige Wort x_L der Zahl x. Der LCG-Algorithmus (6.49) ist auf einem Fixkomma-Rechner somit sehr einfach zu implementieren.

Als letzte Frage ist noch die Wahl der beiden Parameter a und c abzuklären. Diese Wahl ist sehr wichtig, wenn man Pseudorauschsignale mit maximaler Periodenlänge und guten statistischen Eigenschaften erzeugen will. In [Knu98] sind

Bedingungen und Testverfahren angegeben, um eine gute Wahl zu treffen. Zur Simulation von gleichverteiltem, weissem Rauschen können wir für $m = 2^{16}$ [BS00] und $m = 2^{32}$ [Dev90] folgende Wahl treffen:

$$m = 2^{16}\,, \quad a = 42041\,, \qquad c = 1617\,, \qquad\qquad (6.51)$$

$$m = 2^{32}\,, \quad a = 1664525\,, \quad c = 32767\,. \qquad\qquad (6.52)$$

Interpretiert man die Festkommazahlen, die durch den LCG-Algorithmus (6.49) generiert werden, als Fractional-Zahlen, dann erhält man ein mittelwertfreies, gleichverteiltes Rauschen mit der Varianz (Leistung) $\sigma_x^2 = \frac{1}{3}$ und einem annähernd weissen, d. h. konstanten Leistungsdichtespektrum gemäss Bild 6.15.

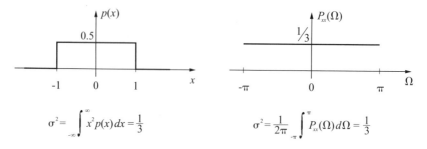

Bild 6.15: Wahrscheinlichkeitsdichtefunktion und Leistungsdichtespektrum der LCG-Rauschquelle

6.6 Aufgaben

1. **Genauigkeit eines Sägezahngenerators**

   (a) Innerhalb welcher Grenzen f_{0low} und f_{0high} kann die Frequenz f_0 eines Sägezahngenerators eingestellt werden, wenn die Stufenhöhe b_0 auf die Wortlänge $(B+1)$ gerundet wird?

   (b) Gewünscht ist ein Sägezahn-Generator mit der Frequenz $f_0 = 60\,\mathrm{Hz}$, wobei die Abtastfrequenz $f_s = 8000\,\mathrm{Hz}$ und die Wortlänge 16 Bit beträgt. Wie gross ist die tatsächliche Frequenz f_{0Q}? Liegt sie innerhalb der in 1a) berechneten Grenzen?

2. **Pulsdauermodulator**

   Generieren Sie mit der MATLAB-Funktion `sawtooth` eine Sägezahnschwingung hoher Frequenz und mit `sin` eine Sinusschwingung tiefer Frequenz. Erzeugen Sie aus diesen beiden Signalen gemäss Kap. 6.1.2 eine pulsmodulierte Rechteckschwingungung und führen Sie sie einer Tiefpassfilterung zu. Was stellen Sie fest?

3. **Sinusschwingung aus Dreieckschwingung**

   Erzeugen Sie mit MATLAB eine Dreieckschwingung mit $f_0 = 10\,\mathrm{Hz}$ und speisen Sie damit ein Tiefpassfilter mit variabler Durchlassfrequenz ($f_s = 1000\,\mathrm{Hz}$). Beobachten Sie, wie sich die Dreieckform der Sinusform nähert, wenn Sie die Durchlassfrequenz von $f_{pass} = 500\,\mathrm{Hz}$ kontinuierlich auf $f_{pass} = 10\,\mathrm{Hz}$ verkleinern.

4. **Direkte digitale Synthese (DDS)**

   (a) Simulieren Sie mit MATLAB einen periodischen DDS-Generator, dessen Tabelle aus 16 Funktionswerten besteht. Erzeugen Sie die Sägezahnschwingung mit der Funktion `sawtooth` und verwenden Sie als Quantisierungsfunktion `floor`. Lesen Sie die Tabellenwerte innerhalb einer Schleife aus.

   (b) Dito wie oben, aber mit zusätzlicher Interpolation.

5. **Polynomapproximation**

   (a) Starten Sie in MATLAB das Programm `spgen` und approximieren Sie die Sinusfunktion gemäss Beispiel 1 auf Seite 231. Überprüfen Sie, ob Sie dasselbe Resultat für den Koeffizientenvektor a erhalten, wie auf Seite 231. Warum sind die geraden Polynomkoeffizienten annähernd Null?

   (b) Generieren Sie den Code, falls Sie im Besitz eines Starterkits 'ADSP-2100 Family EZ-KIT Lite' von Analog Devices sind, und stellen Sie die Sinusschwingung auf einem Oszilloskop dar.

(c) Approximieren Sie die Logarithmusfunktion zur Basis 10. Überlegen Sie, in welchem Bereich zwischen -1 und $+1$ das Argument x liegen darf, damit der Funktionswert eine Fractional-Zahl ist.

6. Instabiles IIR-Filter als Sinusoszillator

Experimentieren Sie mit dem M-File A1_6_6, das den Sinusoszillator in Bild 6.13 simuliert.

7. Herleitung des Sinus-Cosinus-Oszillators

Der kombinierte Sinus-Cosinus-Oszillators wird durch folgendes Differenzengleichungssystem beschrieben:

$$y_1[n] = ay_1[n-1] - by_2[n-1] + x[n]$$
$$y_2[n] = by_1[n-1] + ay_2[n-1]\,,$$

wobei:

$$x[n] = \delta[n]\,, \qquad a = \cos(\Omega_0) \quad \text{und} \quad b = \sin(\Omega_0)\,.$$

Zeigen Sie durch Anwendung der z-Transformation, dass das Ausgangssignal $y_1[n]$ eine Cosinusschwingung und das Ausgangssignal $y_2[n]$ eine Sinusschwingung ist:

$$y_1[n] = \cos(\Omega_0 n)u[n]\,, \quad y_2[n] = \sin(\Omega_0 n)u[n]\,.$$

8. Kombinierter Sinus-Cosinus-Oszillator

Schreiben Sie analog zum M-File A1_6_6 einen Simulator für den kombinierten Sinus-Cosinus-Oszillator, indem Sie das Differenzengleichungssystem (6.48) programmieren. Die Ausgangswerte sollen nur gerundet und nicht abgeschnitten werden. Experimentieren Sie mit ihm.

9. Zufallszahl-Generator

Das M-File A1_6_9 simuliert einen Zufallszahl-Generator nach dem LCG-Prinzip. Er erzeugt ein Rauschsignal der Länge $512M$, wobei nur die letzten 512 Abtastwerte dargestellt werden. Ein Histogramm zeigt, wie die Zufallszahlen zwischen -1 und +1 verteilt sind. Das Rauschsignal wird in M Blöcke der Länge 512 unterteilt, von jedem Block wird das Leistungsdichtespektrum berechnet und schliesslich wird das gemittelte Leistungsdichtespektrum dargestellt.

Testen Sie den LCG-Generator mit verschiedenen Anfangswerten $x[0]$, Modi m und LCG-Parametern a und c. Überprüfen Sie insbesondere die Werte in Gl.(6.51) und Gl.(6.52). Wählen Sie die Anzahl Blöcke M grösser gleich 10, um ein zuverlässiges Leistungsdichtespektrum zu erhalten.

Anhang A

Inhalt der CD-ROM

Autor: Ivo Oesch

A.1 Inhaltsverzeichnis der CD-ROM

Aufgaben Dieses Verzeichnis enthält die Lösungen zu den Aufgaben. Die Lösungen können mithilfe eines Internet-Browsers betrachtet werden.

Dsptools Im Verzeichnis 'Dsptools' befinden sich die MATLAB-Programme zum Entwurf und zur Simulation von Digitalfiltern und Funktionsgeneratoren. Zudem enthält es einen Code-Generator zur Erzeugung der zugehörigen Assemblerprogramme. Diese lassen sich auf den DSP-Starterkit 'ADSP-2100 Family EZ-KIT Lite' von Analog Devices herunterladen. Die Installation dieser Programme ist im übernächsten Abschnitt genauer beschrieben.

LabVIEW In diesem Verzeichnis sind die Dateien abgespeichert, welche für die Lösung der LabVIEW-Aufgaben benötigt werden.

MatDSV1 Hier finden sich sämtliche Dateien, welche für die Lösung der Aufgaben mit MATLAB gebraucht werden.

A.2 Voraussetzungen

Die Programme in den Verzeichnissen 'Dsptools' und 'MatDSV1' benötigen die Studenten- oder Vollversion von MATLAB 5.1 oder höher.[1] Die Vollversion von MATLAB erfordert zudem die Signal Processing Toolbox. Für das Ausführen des DSP-Codes ist der Starterkit 'ADSP-2100 Family EZ-KIT Lite' von Analog Devices erforderlich.[2] Das automatische Erzeugen von Code ist unter Windows

---

[1] http://www.mathworks.com
[2] http://www.analog.com

95, Windows 98 und Windows NT möglich. Zur Erzeugung des Eingangssignals ist ein Signalgenerator empfehlenswert und zur Kontrolle der Ausgangssignale sollte ein Zweikanal-KO vorhanden sein.

Wer die LabVIEW-Aufgaben lösen möchte, benötigt die Studentenversion 5.0 oder die Vollversion 4.1 oder höher von LabVIEW.[3] Für einige Experimente ist zudem eine Datenerfassungskarte (DAQ-Board) erforderlich.

A.3   Installation

A.3.1   Installation des Programmpakets 'dsptools'

Um das Programmpaket `dsptools` zu installieren, muss das Verzeichnis 'Dsptools' auf die Festplatte kopiert werden. Am besten wird das Verzeichnis direkt in ein Stammverzeichnis c:\, d:\, oder e:\ kopiert. Zusätzliche Unterverzeichnisse können Probleme bereiten, insbesondere wenn der Pfad zu lang wird oder ein Verzeichnisname mehr als 8 Buchstaben hat (zudem darf ein Verzeichnisname weder Sonderzeichen noch Leerschläge enthalten). Anschliessend muss in MATLAB das neue Verzeichnis 'Dsptools' z. B. mit Set Path in den Suchpfad aufgenommen werden. Die Installation wird mit dem Aufruf `spfilt('install')` in MATLAB vervollständigt. Beim Installieren wird nach dem Betriebssystem gefragt, wobei hier in den meisten Fällen 'Autodetect' angewählt werden kann. Nach diesen Schritten ist das Programmpaket `dsptools` installiert und kann umgehend benutzt werden.

Falls Schwierigkeiten beim automatischen Erzeugen von Code auftreten, kann bei der Auswahl des Betriebssystems versuchsweise eine andere Variante gewählt werden, beispielsweise WinNT auf einem Win95-System.

Die Programme merken sich jeweils die letzten Eingaben des Benutzers, indem diese in einer .mat Datei im Verzeichnis 'Dsptools' abgelegt werden. Wenn man wieder die ursprünglichen Defaultwerte verwenden möchte, muss man die .mat-Dateien in diesem Verzeichnis löschen, oder wieder `spfilt('install')` aufrufen.

A.3.2   Installation des Verzeichnisses 'MatDSV1'

Im Gegensatz zu den Verzeichnissen 'Aufgaben' und 'LabVIEW' sollte das Verzeichnis 'MatDSV1' auf die Festplatte kopiert werden. Dieses Verzeichnis enthält sieben Unterverzeichnisse, die nach dem Kopieren alle in den Suchpfad von MATLAB aufgenommen werden müssen.

Im Unterverzeichnis 'MatDSV1\Work' befinden sich zwei Dateien, welche geeignete Grundeinstellungen des MATLAB-Programms `sptool` enthalten. Da

---

[3]http://www.ni.com

dieses Programm sowohl beim Entwurf von Digitalfiltern wie auch von Funktionsgeneratoren eingesetzt wird, sollte '...\MatDSV1\Work' zum Arbeitsverzeichnis gemacht werden.

Die Programme und Daten in den Verzeichnissen 'Dsptools' und 'MatDSV1' beanspruchen etwa 5 MB freien Platz auf der Festplatte.

A.4   Das DSV-System 'EZ-KIT Lite'

Der 'ADSP-2100 Family EZ-KIT Lite' ist ein Evaluationsboard mit dem 16-Bit-Festkomma-Signalprozessor ADSP2181 von Analog Devices. Der Kit eignet sich zur Verarbeitung von Audiosignalen, d. h. für Signale im Frequenzbereich von ca. 20 Hz bis 20 kHz. Nebst dem Festkomma-DSP (engl: Fixpoint Digital Signal Processor) ADSP2181 besteht der Kit aus einem CODEC (engl: coder decoder), welcher zwei $\Sigma\Delta$-AD- und $\Sigma\Delta$-DA-Wandler enthält. Diese werden mit einer Abtastfrequenz von $64f_s$ an ihrem Eingang, respektive Ausgang, betrieben. Der DSP verarbeitet die Abtastwerte mit der Abtastrate f_s, die zwischen 5.5 kHz und 48 kHz eingestellt werden kann. In den AD- und DA-Wandlern sind FIR-Filter integriert, die bei einem Rippel von $\delta_1 = 0.1$ dB einen Durchlassbereich von 0 bis $0.4f_s$ haben. Die Sperrfrequenz beträgt $0.6f_s$, die Sperrdämpfung 74 dB und die Abtastfrequenz $64f_s$. Die analoge Vorverarbeitung besteht für jeden Kanal aus einem passiven Bandpassfilter 2. Ordnung mit einer unteren 3dB-Eckfrequenz von etwa 11 Hz, einer oberen 3dB-Eckfrequenz von ca. 100 kHz und einer Verstärkung von ca. $\frac{1}{2}$. Diese Abschwächung um Faktor 2 kann mit dem programmierbaren Eingangsverstärker des AD-Wandlers kompensiert werden. Wahlweise sind auch zwei aktive Bandpass-Filter mit einer kleineren Bandbreite und einer Verstärkung von ca. 50 einschaltbar. Am Ausgang jedes Kanals befindet sich ein analoges, passives Hochpass-Filter 1. Ordnung mit einer Verstärkung von ca. 1 und einer 3dB-Eckfrequenz von ungefähr 3.5 Hz.

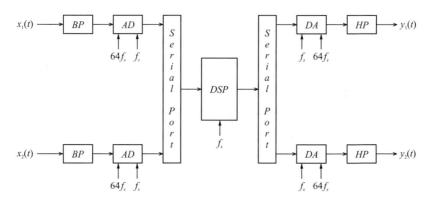

Bild A.1: Blockdiagramm des Signalprozessor-Kits 'ADSP-2100 Family EZ-KIT Lite' von Analog Devices

Anhang B

Das Programm spfilt

Autor: Ivo Oesch

Das Programm spfilt ist eine Ergänzung zum Programm sptool, das in MAT-LAB 5.1 und neueren Versionen implementiert ist. Mit sptool kann man Signale analysieren und Digitalfilter entwerfen. Das Werkzeug spfilt konvertiert die entworfenen Digitalfilter in Filter mit quantisierten Koeffizienten. Es enthält zudem einen Code-Generator zur Realisierung von digitalen Filtern auf dem Signalprozessor-Kit 'ADSP-2100 Family EZ-KIT Lite' von Analog-Devices und einen Simulator zum Studium der quantisierten Signale.

Das Programm spfilt berechnet und simuliert Digitalfilter, welche auf dem DSP implementierbar sind. Es berücksichtigt den Einfluss der analogen Filter und der FIR-Filter in den AD- und DA-Wandlern nicht. Simulations- und Messresultate unterscheiden sich deshalb vor allem im Phasengang und in der Gruppenlaufzeit. Bezüglich dem Amplitudengang liegen die Unterschiede vorwiegend im Frequenzbereich unterhalb von etwa 20 Hz.

B.1 Starten

Das Programm wird über die Kommandozeile von MATLAB mit dem Befehl spfilt gestartet. Falls sptool noch nicht aktiv ist, wird es von spfilt automatisch gestartet.

B.2 Bedienung

B.2.1 Grundlagen

Das Werkzeug spfilt ist das Verbindungs-Programm zwischen sptool, dem EZ-KIT Lite und dem Simulator simdsp (Bild B.1). Mit spfilt können die von sptool generierten Digitalfilter in Filterstrukturen mit quantisierten Koeffizienten umgewandelt werden. Folgende Filterstrukturen stehen zur Auswahl: FIR-

Direktform-Struktur, Kaskade aus IIR-Direktform-I-Strukturen 2. Ordnung und
IIR-Direktform-I-Struktur. Die quantisierten Filter können anschliessend zur
Analyse wieder an sptool übergeben werden. Sie können auch zur Untersu-
chung der Ausgangssignale an den Simulator weitergeleitet werden (siehe Anhang C), oder es kann ausführbarer Code für den ADSP2181 des EZ-KIT Lite
erzeugt und auf den DSP geladen werden.

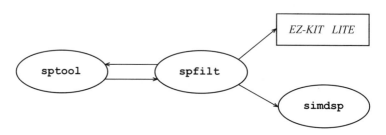

Bild B.1: spfilt als Verbindungs-Programm zwischen dem MATLAB-
Werkzeug sptool, dem EZ-KIT Lite und dem Simulator simdsp

B.2.2   Benutzeroberfläche

Nach dem Start von spfilt wird die Benutzeroberfläche (Bild B.2) mit folgenden Elementen aufgebaut:

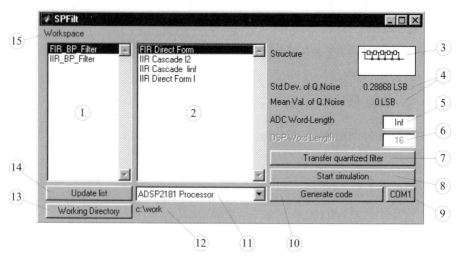

Bild B.2: Benutzeroberfläche von spfilt

(1) In dieser Liste werden alle in sptool vorhandenen Filter angezeigt. Das
   jeweils ausgewählte Filter wird hervorgehoben. (Die Liste wird nicht auto-

matisch aktualisiert, wenn in `sptool` Änderungen stattfinden. Siehe dazu Punkt 14.)

(2) Hier werden alle Filterstrukturen aufgelistet, welche für den gewählten Prozessor verfügbar sind. Die ausgewählte Filterstruktur wird hervorgehoben und in Feld (3) graphisch dargestellt.

(3) Die aktuelle Filterstruktur wird in diesem Feld graphisch dargestellt.

(4) Hier wird die Standardabweichung σ_e und der Mittelwert m_e des Quantisierungsrauschens in LSB angegeben. Die Einheit LSB des Quantisierungsrauschens bezieht sich auf das 'Least Significant Bit' des Signalprozessors. Falls die beiden Werte für die gewählte Filterstruktur nicht bestimmt werden können, bleibt das Feld schattiert. Bei instabilen Filtern werden die Werte nicht ermittelt und es erscheint eine entsprechende Anzeige.

(5) In diesem Feld kann die Wortlänge des AD-Wandlers eingegeben werden. Diese Eingabe hat nur Einfluss auf die Berechnung des Quantisierungsrauschens. Mit der Eingabe `inf` liefert der AD-Wandler genaue Ausgangsabtastwerte und sein Anteil am Quantisierungsrauschen ist demnach Null.

(6) Dieses Feld verlangt die Wortlänge des allgemeinen Festkomma-Rechners, der in Position (11) angewählt werden kann. Beim ADSP2181 ist die Wortlänge fest auf 16 eingestellt. Dieser Parameter ist einerseits massgebend für die Quantisierung der Filter-Koeffizienten und andererseits für die Berechnung des Quantisierungsrauschens.

(7) Beim Drücken dieses Knopfes werden die Koeffizienten des aktuellen Filters gerundet und nach `sptool` zurückgeladen, wobei dem Filternamen ein '_quant_' angehängt wird. Dadurch können die Auswirkungen der Rundung auf die Übertragungsfunktion des Filters untersucht werden. ACHTUNG, der Filter-Designer von `sptool` muss geschlossen sein, sonst wird das Filter neu berechnet und die Quantisierung rückgängig gemacht.

(8) Mit diesem Knopf wird das Filter mit der ausgewählten Struktur und Wortlänge in den Simulator geladen. Der Simulator wird in Anhang C näher beschrieben.

(9) Mit dieser Taste wird die Schnittstelle ausgewählt, an der das DSP-Kit angeschlossen ist. Es stehen die seriellen Schnittstellen COM1 und COM2 zur Auswahl.

(10) Durch Drücken dieses Knopfes wird Code für das aktuelle Filter erzeugt, auf das EZ-KIT Lite geladen und gestartet.

(11) Hier kann der gewünschte Prozessor ausgewählt werden. Wählbar sind der Festkomma-Prozessor ADSP2181, der sich auf dem EZ-KIT Lite befindet und der eine feste Wortlänge von 16 Bit hat, sowie ein allgemeiner Festkomma-Prozessor mit einer wählbaren Wortlänge. Der ADSP2181

rundet seine Ergebnisse und beim allgemeinen Festkomma-Prozessor wird angenommen, dass er seine Ergebnisse abschneidet. Dies ist der Grund, weshalb der Mittelwert des Quantisierungsrauschens beim ADSP2181-Prozessor immer Null ist, nicht hingegen beim allgemeinen Festkomma-Prozessor. Code kann nur für den ADSP2181 erzeugt werden.

(12) Zeigt das aktuelle Arbeitsverzeichnis (siehe auch Punkt 13).

(13) Das Arbeitsverzeichnis von spfilt wird hier eingestellt. In diesem Verzeichnis werden sämtliche temporären Dateien und der Sourcecode der automatisch generierten Filter abgelegt (siehe dazu Anhang B.2.4).

(14) Diese Taste aktualisiert die Filterliste (1), d. h. es werden alle Filtereinträge in sptool neu gelesen.

(15) Über dieses Menu können quantisierte Filter exportiert und eigene Filter importiert werden. Siehe dazu Anhang B.2.3.

Alle Knöpfe sind nur aktiv, wenn die entsprechende Funktion möglich ist. Wenn beispielsweise die Übertragungsfunktion nicht zur Filterstruktur passt, sind die Knöpfe inaktiv.

B.2.3   Export und Import von Filtern

Mit dem Menupunkt 'Workspace\Export quantized filter' werden die quantisierten Koeffizienten des aktuellen Filters als Variable in den Arbeitsspeicher von MATLAB exportiert. Umgekehrt können aus dem MATLAB-Arbeitsspeicher auch Filter importiert werden. Dazu wird der Menupunkt 'Workspace\Import filter in sos form' oder der Menupunkt 'Workspace\Import filter in tf form' angewählt. Die Variablen im Arbeitsspeicher müssen vom Datentyp 'Structure' sein und einer der drei Formen entsprechen, die im Folgenden beschrieben werden.

FIR-Direktform-Filter

Die Structure muss mindestens aus den Feldern Fs und tf bestehen. Fs muss einen numerischen Wert enthalten, der gleich der Abtastfrequenz des Filters in Hz ist. tf selbst ist wiederum eine Structure mit den Feldern num und den, die wie folgt eingegeben werden müssen:

```
tf.num = [ b0 b1 b2 ... bN ]
tf.den = 1
```

Die Namen tf, num und den stehen für transfer function, numerator und denominator. Der Zeilenvektor tf.num muss demzufolge die Koeffizienten des FIR-Filters enthalten.

Beispiel:

```
firfilt.Fs = 8000;
firfilt.tf.num = [0.0331 0.0938 0.1602 0.1893 0.1602 0.0938 0.0331];
firfilt.tf.den = 1;
```

IIR-Kaskaden-Filter

Die Structure muss mindestens aus den Feldern `Fs` und `sos` bestehen, wobei `Fs` gleich der Abtastfrequenz des Filters in Hz ist. `sos` muss eine $L \times 6$-Matrix sein in der Form:

```
sos = [ b01 b11 b21   1 a11 a21
        b02 b12 b22   1 a12 a22
        ...
        b0L b1L b2L   1 a1L a2L ]
```

Der Name `sos` steht für second order sections. Jede Zeile von `sos` enthält die Filterkoeffizienten eines Blocks 2. Ordnung gemäss Gl.(5.31) und Bild 5.23. Die erste Zeile umfasst die Filterkoeffizienten des ersten Blocks, die zweite Zeile diejenigen des zweiten Blocks und die L-te Zeile diejenigen des L-ten Blocks.

Beispiel:

```
iircasfilt.Fs = 8000;
iircasfilt.sos = [ 0.0464  -0.0035  0.0464  1  -1.5758  0.6675
                   0.4373  -0.6074  0.4373  1  -1.5831  0.8672
                   0.7909  -1.2154  0.7909  1  -1.5959  0.9724 ];
```

Mit dem MATLAB-DSV-Werkzeug `sptool` oder dem MATLAB-Befehl `ellip` kann man eine Übertragungsfunktion erzeugen. Die Matrix `iircasfilt.sos` bekommt man dann, indem man auf die Übertragungsfunktion den Befehl `tf2sosI` anwendet.

IIR-Direktform-I-Filter

Die Eingabe erfolgt analog zum FIR-Direktform-Filter, nur dass jetzt der Zeilenvektor `tf.den` die Koeffizienten des Nennerpolynoms enthält:

```
tf.num = [ b0 b1 b2 ... bN ]
tf.den = [ 1  a1 a2 ... aM ]
```

Das Importieren und Exportieren von Filterkoeffizienten ist auch direkt von MATLAB aus möglich. Zum Exportieren des aktuellen Filters wird der Befehl `coeffs = spfilt('get')` zur Verfügung gestellt. Die folgenden vier Befehle

spfilt('load',num,den,fs,name),   spfilt('load',sos,fs,name),
spfilt('load',tfobj) und spfilt('load',secord) dienen zum Importieren
von benutzerdefinierten Filtern. Informationen dazu können mit help spfilt
im MATLAB Command Window abgerufen werden.

B.2.4   Code-Generator

In spfilt kann man einen Code-Generator starten, der ausführbaren Filtercode
für den ADSP2181 erzeugt und diesen Code auf den EZ-KIT Lite herunter lädt.
Beim Entwurf eines Filters für diesen DSP-Kit muss die Abtastfrequenz einen
der folgenden Werte haben:

$$f_s = 5.5125, \quad 6.615, \quad 8.0, \quad 9.6, \quad 11.025, \quad 16.0, \quad 18.9, \quad 22.05, \quad 27.42857,$$
$$32.0, \quad 33.075, \quad 37.8, \quad 44.1, \quad 48.0 . \qquad\qquad \text{Einheit: kHz}$$

Falls eine andere Abtastfrequenz gewählt wird, erscheint eine Warnung. Der
Code-Generator wählt dann die am nächsten liegende Abtastfrequenz. Selbstverständlich stimmt in diesem Fall das generierte Filter nicht mit dem entworfenen Filter überein.

Der Code-Generator erzeugt entsprechend der gewählten Filterstruktur ein
Assembler-Source-File mit dem Namen fir.dsp, iir_bq.dsp oder iir.dsp.
Diese Dateien enthalten den Assemblercode für eine Struktur vom Typ 'FIR-
Direktform', 'IIR-Kaskade' und 'IIR-Direktform-I' und sie binden die Koeffizientendatei filtername.inc ein, welche die Koeffizienten des aktuellen Filters
enthält und die ebenfalls vom Code-Generator berechnet wird. Zusammen mit
den restlichen Files wird daraus die Datei filtername.exe erzeugt, die anschliessend auf den ADSP2181 geladen und ausgeführt wird.

B.2.5   Hilfe bei Problemen mit spfilt

Probleme bei der Übertragung des Filtercodes zum DSP

Falls die Übertragung des Filtercodes zum DSP misslingt, kann dies folgende
Ursachen haben:

1. Der Kit ist nicht empfangsbereit (erkennbar am fehlenden Blinken der
   roten LED). Abhilfe: Den Kit mit dem Resetknopf zurücksetzen und den
   Code-Generator nochmals starten.

2. Die serielle Schnittstelle ist von einem anderen Programm belegt. Abhilfe: Alle offenen DOS-Boxen und alle Programme (Emulator, Terminal,
   Modem), die die serielle Schnittstelle belegen, schliessen.

3. Die Verbindung zum PC ist unterbrochen, ein falscher COM Port ist
   gewählt oder die Speisung des Kits fehlt. Abhilfe: Verkabelung überprüfen
   und darauf achten, dass die rote LED des Kits blinkt.

Probleme mit dem GUI (Graphical User Interface)

Falls das GUI nicht mehr auf Benutzereingaben reagiert, kann dies an einer offenen, aber durch ein anderes Fenster verdeckte Dialogbox liegen, die auf eine Bestätigung durch den Benutzer wartet. Abhilfe: Alle offenen Fenster zur Seite schieben und die Dialogbox suchen, oder im MATLAB-Command-Fenster Ctrl-c eingeben.

B.2.6 Zusammenfassung

Um ein Filter zu entwerfen, zu analysieren und auf dem EZ-KIT Lite zu implementieren, sind folgende Schritte auszuführen:

1. Das Programm `spfilt` starten.

2. Im DSV-Werkzeug `sptool` das gewünschte Filter entwerfen.

3. In `spfilt` 'Update List' anklicken.

4. In der Filterliste das gewünschte Filter auswählen.

5. Den ADSP2181-Prozessor anwählen.

6. Die gewünschte Filterstruktur auswählen (das dazugehörige Quantisierungsrauschen wird berechnet und angezeigt).

7. Zur Analyse im Zeitbereich den Simulator mit der Taste 'Start simulation' starten. Mit dem Simulator kann man die Zeitantwort des Filters für verschiedene Eingangssignale untersuchen, wobei die Arithmethik des angewählten Prozessors exakt nachgebildet wird.

8. Zur Analyse im Frequenzbereich den Knopf 'Transfer quantized filter' drücken. Die Übertragungsfunktion des quantisierten Filters wird in das Programm `sptool` zurückgeladen. Hier kann mit 'View' die Übertragungsfunktion analysiert werden. ACHTUNG: Das Filterentwurfs-Fenster von `sptool` muss geschlossen sein, sonst macht das Entwurfsprogramm die Quantisierung automatisch wieder rückgängig.

9. Den Code-Generator durch Anwählen von 'Generate Code' starten. Der Code-Generator erzeugt Code für das angewählte Filter, lädt den Code auf das EZ-KIT Lite und startet die Filterroutine auf dem ADSP2181. Das Digitalfilter filtert nur den linken Audiokanal, der rechte Kanal wird ungefiltert wiedergegeben.

Anhang C

Der Simulator simdsp

Autor: Ivo Oesch

Das Programm simdsp ist eine Ergänzung zum Programm spfilt. Es dient zur Simulation von Digitalfiltern und Funktionsgeneratoren, welche auf einem Festkomma-DSP implementiert werden können. Die Recheneigenschaften des zu simulierenden Prozessors können dabei in weiten Grenzen eingestellt werden.

C.1 Starten

Der Simulator wird innerhalb der Programme spfilt und spgen durch Anwählen von 'Start simulation' automatisch gestartet und mit dem gewünschten Filter, respektive Funktionsgenerator, geladen.

C.2 Bedienung

C.2.1 Grundlagen

Dem Simulator wird ein Function-M-File übergeben, welches ein Digitalfilter oder einen Funktionsgenerator nachbildet (Bild C.1). Der Benutzer kann in den Eingabefeldern Daten eingeben und diese durch das Function-M-File auswerten lassen. Im Falle der Digitalfilter-Simulation bestehen die Daten aus einem Eingangssignal und seinen Parametern. Der Simulator berechnet daraus das quantisierte Eingangssignal und das gefilterte quantisierte Ausgangssignal. Das Function-M-File benutzt einen Prozessorsimulator, der die Recheneigenschaften eines DSP nachbildet. Dieser Prozessorsimulator kann durch Klicken auf den Knopf 'Prozessor-Setup' konfiguriert werden. Seinen Zustand, d.h. die Anzahl Überläufe gibt er im Prozessorstatusfeld aus.

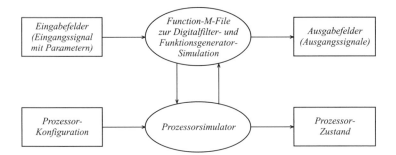

Bild C.1: Blockschaltbild des Simulators `simdsp`

C.2.2 Benutzeroberfläche

Nach dem Start von `simdsp` wird die Benutzeroberfläche in Bild C.2 aufgebaut.

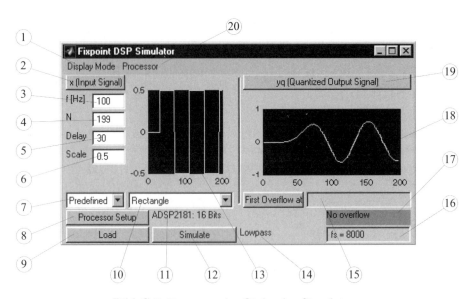

Bild C.2: Benutzeroberfläche des Simulators

(1) Mit dem Menupunkt 'Display Mode' können die Ein- und Ausgabefelder individuell ein- oder ausgeschaltet werden. Dargestellt werden das Eingangssignal $x[n]$ in (13), das quantisierte Eingangssignal $x_Q[n]$, das Ausgangssignal $y_Q[n]$ in (18) und eine Überlaufangabe in (17). Das quantisierte Eingangssignal $x_Q[n]$ ist das vom AD-Wandler gelieferte Signal und wird normalerweise nicht dargestellt.

Mit 'Restore Default' können die Eingabefelder auf ihre ursprünglichen

Vorgabewerte gesetzt werden.

(2) Name des Eingangssignals. Ein Druck auf diesen Knopf öffnet ein Einstellungsfenster, mit dem die Eigenschaften des Eingangsfeldes definiert werden können. Diese Eigenschaften werden üblicherweise nicht verändert.

(3) Für vordefinierte oder benutzerdefinierte periodische Eingangssignale kann hier deren Frequenz eingegeben werden.
Für importierte Signale in Form einer Variablen oder einer Datei gemäss Punkt (7), kann hier die ursprüngliche Abtastfrequenz eingegeben werden, falls sie nicht mit der aktuellen Abtastfrequenz (16) übereinstimmt. Das Signal wird anschliessend durch Anwendung der MATLAB-Funktion `resample` mit der aktuellen Abtastfrequenz neu abgetastet.

(4) N ist die Anzahl der dargestellten Abtastpunkte. Besteht ein importiertes Signal aus weniger als N Abtastpunkten, dann wird das Signal periodisch erweitert bis es die Länge N erreicht.

(5) Hier kann die Anzahl Abtastpunkte eingegeben werden, während denen der Signalanfang Null sein soll. Bei Eingabe einer negativen Zahl wird der Signalanfang um die entsprechende Anzahl Abtastpunkte nach links verschoben.

(6) Zahlenwert mit dem das Eingangssignal skaliert wird.

(7) Dieses Fenster dient zur Definition von Eingangssignalen.

Predefined:	In Feld (10) kann ein vordefiniertes Eingangssignal ausgewählt werden.
Formula(n):	In Feld (10) kann ein Eingangssignal als Funktion von n mit n=0:N-1 definiert werden. Beispiel: `sawtooth(2*pi*0.01*n)`.
Formula(Omegan):	In Feld (10) kann ein Signal als Funktion von Omegan mit `Omegan=2*pi*f/fs*[0:N-1]` definiert werden. Beispiel: `sawtooth(Omegan)`. Formula(Omegan) erlaubt die einfache Erzeugung eines periodischen Eingangssignals, dessen Frequenz durch Feld (3) gegeben ist.
Workspace:	Als Eingangssignal kann der Inhalt einer MATLAB-Variable importiert werden.
mat-File:	Als Eingangssignal kann der Inhalt einer mat-Datei importiert werden. Falls mehrere Variablen im mat-File abgespeichert sind, wird die erste Variable benutzt.
ASCII-File:	Als Eingangssignal kann eine ASCII-Datei mit Komma separierten Werten importiert werden.

(8) Öffnet ein Fenster, in dem die Eigenschaften des zu simulierenden Prozessors eingestellt werden können (siehe Anhang C.2.3).

(9) Mit diesem Knopf kann ein neues Function-M-File geladen werden (wird für Filter- und Generatorsimulationen nicht verwendet).

(10) Wie in Punkt (7) beschrieben, kann hier ein Eingangssignal ausgewählt, definiert oder geladen werden.

(11) Diese Bezeichnung steht für den ausgewählten Prozessor-Typ.

(12) Diese Taste startet die Simulation.

(13) In diesem Feld wird das aktuelle Filter-Eingangssignal graphisch dargestellt. Mit einem Klick der rechten Maustaste auf die Graphikfläche erscheint ein Kontextmenu, das die Abspeicherung des Signals in eine Datei oder in eine Variable ermöglicht. Als Dateiformate stehen ASCII und MAT zur Auswahl. Im Modus MAT wird eine Matlab-Datei mit der Endung .mat erstellt und im Modus ASCII entsteht eine kommaseparierte Datei (Endung .csv), welche von vielen Programmen gelesen werden kann.

(14) Hier wird der Name des simulierten Filters angezeigt.

(15) Diese Nummer bezeichnet den ersten Summationsknoten, an dem ein Überlauf aufgetreten ist.

(16) Das Feld zeigt die Abtastrate an, mit der das Digitalfilter entworfen wurde.

(17) Dieser Text gibt die Anzahl Überläufe an, die während der Simulation aufgetreten sind. (Der Wert 1 wird auf den Wert $1 - q$ gesättigt, wobei q die Quantisierungsstufe ist. Dieser Fall wird nicht als Überlauf gezählt.)

(18) In diesem Feld wird das Ausgangssignal der Filtersimulation graphisch dargestellt. Mit einem Klick der rechten Maustaste auf die Graphikfläche kann auch dieses Signal abgespeichert werden (wie bei 13).

(19) Name des Ausgangssignals. Ein Druck auf diesen Knopf öffnet ein Einstellungsfenster, mit dem die Eigenschaften des Ausgangsfeldes definiert werden können. Diese Eigenschaften werden üblicherweise nicht verändert.

(20) Mit dem Menupunkt 'Processor' können wie in (8) die Eigenschaften des simulierenden Prozessors eingestellt werden. Zusätzlich kann man hier Einträge wiederum löschen oder die Default-Einstellungen aktivieren.

C.2.3   Prozessor-Einstellungen

Bild C.3 zeigt das Blockschaltbild eines DSP-Rechenwerks ohne Barell-Shifter. Es besteht aus einer ALU (Arithmetic Logic Unit) und einem MAC (Multiplier Accumulator).

Die ALU kann aus dem Speicher und dem AD-Wandler zwei Worte der Länge WL holen und anschliessend addieren oder subtrahieren. Liegt das Ergebnis ausserhalb des erlaubten Zahlenbereichs, dann ist das Resultat überlaufbehaftet.

Das Resultat wird auf die Wortlänge WL quantisiert und im Resultatregister abgelegt, von wo aus es wiederum zum Speicher oder zum DA-Wandler transportiert wird.

Der MAC multipliziert zwei Wörter (meistens handelt es sich um einen Koeffizienten und einen Abtastwert) und addiert das Produkt zum Wort im Ergebnisregister. Die Länge dieses Registers beträgt MAC-WL, ein Wert, der i. Allg. mehr als doppelt so gross ist wie die Wortlänge WL. Trotz der grossen Wortlänge kann es im Ergebnisregister ebenfalls zu einem Überlauf kommen. Nach dem Abschluss einer Reihe von MAC-Operationen (z. B. nach der Berechnung eines neuen Ausgangsabtastwertes) wird das Wort auf die Länge WL quantisiert und in das Resultatregister ausserhalb des MACs geschrieben. Wegen der kürzeren Wortlänge kann hier ebenfalls ein Überlauf auftreten. Anschliessend kann das Wort der Länge WL in den Speicher oder in den AD-Wandler geschrieben werden.

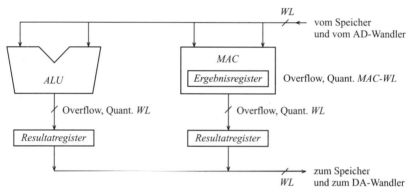

WL : Wortlänge, MAC-WL : Wortlänge des Ergebnisregisters
Overflow : Überlauf, Quant. : Quantisierung

Bild C.3: Vereinfachtes Blockschaltbild eines DSP-Rechenwerks

Mit dem Prozessorsimulator lassen sich Überlauf- und Quantisierungsarten, sowie die verschieden Wortlängen weitgehend einstellen (Bild C.4), wobei die einzelnen Einstellungen folgende Bedeutung haben (die Default-Einstellung entsprechen dem ADSP2181):

List of Processors: Mit diesem Feld können Prozessoren mit vordefinierten Einstellungen gewählt werden (die Default-Einstellung entspricht dem ADSP2181).

Name of Processor: Verändert man die Prozessor-Einstellungen, dann kann man in diesem Feld dem Prozessor einen neuen Namen geben und die Einstellungen mit 'Save' unter diesem Namen abspeichern.

Word-Length: Dies ist die Standardwortlänge des Prozessors. Mit dieser Wortlänge werden Speicherzugriffe, sowie ALU-Operationen durchgeführt.

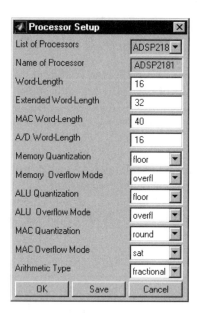

Bild C.4: Benutzeroberfläche zur Prozessor-Einstellung

Extended Word-Length: Durch Vervielfachung des Rechenaufwands kann der Rechner Operationen mit der grösseren Wortlänge von 'Extended Word-Length' durchführen.

MAC Word-Length: Wortlänge des MAC-Ergebnisregisters.

A/D Word-Length: Die Abtastwerte am Eingang des AD-Wandlers werden auf diese Wortlänge gerundet.

Memory Quantization: Quantisierungsart, nach der Abtastwerte aus dem AD-Wandler in den Speicher abgelegt werden. Ist nur aktiv, falls die AD-Wortlänge grösser als die Standard-Wortlänge ist. Zur Verfügung stehen folgende Quantisierungsarten: 1. 'round' rundet zur nächsten Zahl mit der Wortlänge Word-Length, 2. 'floor' rundet gegen $-\infty$, 3. 'ceil' rundet gegen $+\infty$ und 4. 'fix' rundet gegen 0.

Memory Overflow Mode: Bestimmt die Behandlung von Zahlen, die in den Speicher abgelegt werden und die ausserhalb des zulässigen Zahlenbereichs liegen. Zur Verfügung stehen die Überlaufarten 'sat' und 'overfl' bei einer Zahlenbereichsüberschreitung: 'sat' verursacht einen Sättigungsüberlauf und 'overfl' erzeugt einen Zweierkomplement-Überlauf.

ALU Quantization: Quantisierungsart, nach der das Additionsergebnis in das Resultatregister abgelegt wird. Zur Verfügung stehen die vier oben beschriebenen Quantisierungsarten 'round', 'floor', 'ceil' und 'fix'.

ALU Overflow Mode: Bestimmt die Behandlung von Additionsergebnissen, die in das Resultatregister abgelegt werden und die ausserhalb des zulässigen Zahlenbereichs liegen. Zur Verfügung stehen die Überlaufarten 'sat' und 'overfl' (siehe oben).

MAC Quantization: Quantisierungsart, nach der das MAC-Ergebnis in das MAC-Ergebnisregister abgelegt wird. Zur Verfügung stehen die vier schon beschriebenen Quantisierungsarten 'round', 'floor', 'ceil' und 'fix'.

MAC Overflow Mode: Bestimmt die Behandlung von MAC-Ergebnissen, die in das MAC-Ergebnisregister abgelegt werden und die ausserhalb des zulässigen Zahlenbereichs liegen. Zur Verfügung stehen die Überlaufarten 'sat' und 'overfl' (siehe weiter oben).

Arithmetic Type: Hier kann man eines von zwei Zahlenformaten einstellen: Fractional und Integer.

C.2.4 Bedeutung der Prozessor-Einstellungen bei der Digitalfilter-Simulation

Alle Filter:

- Als Zahlenformat muss in 'Arithmetic-Type' 'fractional' eingestellt werden.

- Die Abtastwerte des Eingangssignals werden auf die Wortlänge 'A/D Word-Length' gerundet. Für Abtastwerte ausserhalb des Zahlenbereichs $[-1, +1)$ ist die Sättigungskennlinie wirksam.

- Nach der AD-Wandlung werden die Abtastwerte auf die Wortlänge 'Word-Length' gebracht. Die Option 'Memory Overflow Mode' ist wirkungslos.

- Alle Operationen werden im MAC durchgeführt, deshalb sind die Einstellungen 'Extended Word-Length', 'ALU Quantization' und 'ALU Overflow Mode' ebenfalls wirkungslos.

FIR Direct Form Filter:

- Der Filterkoeffizientenvektor wird auf die Wortlänge 'Word-Length' gerundet.

- Die Faltung[1] wird im MAC durchgeführt, dessen Einstellungen in 'MAC Word-Length', 'MAC Quantization' und 'MAC Overflow Mode' gewählt werden können.

---

[1]Die Faltung ist bei einem FIR-Filter bekanntlich identisch mit dem Auswerten der Differenzengleichung. Das Auswerten der Differenzengleichung beinhaltet die Berechnung eines Summenprodukts aus Filterkoeffizienten und Abtastwerten: $y_Q[n] = \sum_{i=0}^{N} b_{iQ} x_Q[n-i]$.

- Das Ergebnis der Faltung wird vom MAC in das Resultatregister mit der Wortlänge 'Word-Length' geschrieben. Das Resultat wird dabei quantisiert gemäss der Einstellung in 'Memory Quantization' und ein allfälliger Überlauf wird gemäss der Einstellung in 'Memory Overflow Mode' behandelt. Die Gesamtheit der so berechneten Abtastwerte bildet das Ausgangssignal yq des FIR-Direktform-Filters.

IIR Direct Form I Filter:

- Der Koeffizientenvektor des Zählerpolynoms und der Koeffizientenvektor des Nennerpolynoms werden je auf die Wortlänge 'Word-Length' gerundet.

- Das Auswerten der Differenzengleichung führt auf die Berechnung von zwei Summenprodukten aus Filterkoeffizienten und Abtastwerten. Die Auswertung der beiden Summenprodukte und deren Addition wird im MAC durchgeführt, dessen Einstellungen in 'MAC Word-Length', 'MAC Quantization' und 'MAC Overflow Mode' gewählt werden können.

- Das Ergebnis der Auswertung wird vom MAC in das Resultatregister mit der Wortlänge 'Word-Length' geschrieben. Das Resultat wird dabei quantisiert gemäss der Einstellung in 'Memory Quantization' und ein allfälliger Überlauf wird gemäss der Einstellung in 'Memory Overflow Mode' behandelt. Die Gesamtheit der so berechneten Abtastwerte bildet das Ausgangssignal yq des IIR-Direktform-I-Filters.

IIR Cascade Filter:

- Für jeden Block wird der Koeffizientenvektor des Zählerpolynoms und der Koeffizientenvektor des Nennerpolynoms je auf die Wortlänge 'Word-Length' gerundet.

- Für jeden Block wird die Differenzengleichung im MAC ausgewertet, dessen Einstellungen in 'MAC Word-Length', 'MAC Quantization' und 'MAC Overflow Mode' gewählt werden können.

- Das Ergebnis der Auswertung wird vom MAC in das Resultatregister mit der Wortlänge 'Word-Length' geschrieben und als Eingangs-Abtastwert dem nächsten Block zugeführt, und so weiter bis alle Blöcke abgearbeitet sind. Das Resultat wird dabei jeweils quantisiert gemäss der Einstellung in 'Memory Quantization' und ein allfälliger Überlauf wird gemäss der Einstellung in 'Memory Overflow Mode' behandelt. Die Gesamtheit der so berechneten Abtastwerte am Ausgang des letzten Blocks bildet das Ausgangssignal yq des IIR-Kaskaden-Filters.

Anhang D

Das Programm spgen

Autor: Ivo Oesch

Mithilfe des Programms spgen kann man digitale Funktionsgeneratoren entwerfen und simulieren. Es enthält zudem einen Code-Generator zur Realisierung der digitalen Funktionsgeneratoren auf dem 'ADSP-2100 Family EZ-KIT Lite' von Analog Devices.

D.1 Starten

Das Programm wird über die Kommandozeile von MATLAB mit dem Befehl spgen gestartet.

D.2 Bedienung

D.2.1 Grundlagen

Das Werkzeug spgen ist das Verbindungs-Programm zum EZ-KIT Lite und zu den beiden Programmen simdsp und spfilt (Bild D.1). Mit dem Programm spgen können alle in Kap. 6 beschriebenen Funktionsgeneratoren entworfen, simuliert und realisiert werden:

- Einfache Funktionsgeneratoren: Sägezahngenerator, Rechteckgenerator, Dreieckgenerator, Sinusgenerator.
- Direkte digitale Synthese mit und ohne Interpolation.
- Funktionsgeneratoren mit Polynom-Approximation.
- Impulsantwort-Generatoren: Impulsantwort eines stabilen Digitalfilters, instabiles Digitalfilter als Sinusoszillator, kombinierter Sinus-Cosinus-Oszillator.
- Rauschgenerator.

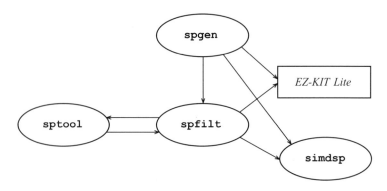

Bild D.1: spgen als Verbindungs-Programm zum EZ-KIT Lite und den beiden
         Programmen simdsp (Simulator) und spfilt (Digitalfilter-Entwurf)

D.2.2   Benutzeroberfläche

Nach dem Start von spgen und der Wahl des Funktionsgenerators 'Polynom
Approximation' wird die Benutzeroberfläche in Bild D.2 aufgebaut.

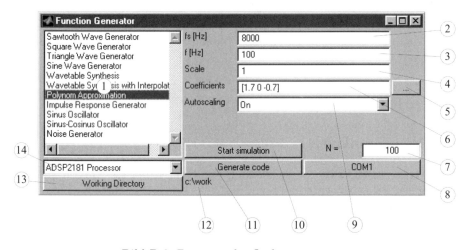

Bild D.2: Benutzeroberfläche von spgen

(1) In dieser Liste werden alle vorhandenen Funktionsgeneratoren aufgeführt.
    Der jeweils ausgewählte Generator wird hervorgehoben.

    Beim Impulsantwort-Generator wird durch das Anklicken von 'Go' ein mo-
    difiziertes spfilt gestartet, dessen Bedienung auf Seite 248 beschrieben
    ist.

(2) Hier kann die gewünschte Abtastfrequenz eingestellt werden. Zur Code-Generation muss darauf geachtet werden, das die gewählte Abtastfrequenz auch vom DSP unterstützt wird (siehe Anhang B.2.4).

(3) Abgesehen vom Impulsantwort- und Rauschgenerator erzeugen alle Funktionsgeneratoren periodische Signale, deren Frequenz in diesem Feld eingestellt werden kann.

(4) Dieses Feld verlangt entweder die Eingabe eines Skalierungsfaktors oder der Amplitude. Mit beiden Werten kann die Stärke des Ausgangssignals eingestellt werden. Sowohl der Skalierungsfaktor wie auch die Amplitude müssen betragsmässig gleich oder kleiner als 1 sein.

(5) Mit dem Knopf '...' wird ein Import-Menu geöffnet. Bei der DDS (Wavetable Synthesis) kann ein Zeilenvektor aus dem Arbeitsspeicher importiert werden, dessen Elemente die Funktionswerte darstellen und die deshalb betragsmässig nicht grösser als 1 sein dürfen. Bei der Polynom-Approximation kann ebenfalls ein Vektor importiert werden. Seine Elemente repräsentieren die Koeffizienten des Approximationspolynoms, geordnet in absteigender Reihenfolge der Potenzen. Dieser Vektor kann auch durch das Drücken der Schaltfläche 'Approximate' erzeugt werden. Beim Drücken der Schaltfläche öffnet sich ein Menu, das die Eingabe einer zu approximierenden Funktion erlaubt. Die einzelnen Schritte der Approximation und die Bedeutung der zugehörigen Parameter sind Kap.6.3 und in der Lösung zu Aufgabe 5 beschrieben.

(6) In diesem Feld kann der oben beschriebene Zeilenvektor manuell eingegeben werden.

(7) N gibt die Anzahl Abtastpunkte an, für welche die Simulation durchgeführt wird.

(8) Mit dieser Taste wird die Schnittstelle ausgewählt, an welcher der DSP-Kit angeschlossen ist. Es stehen die seriellen Schnittstellen COM1 und COM2 zur Auswahl.

(9) Autoscaling ist nur bei der Polynomapproximation aktiv. Ist das Autoscaling eingeschaltet, dann werden die Polynomkoeffizienten so skaliert, dass bei der Abarbeitung des Horner-Schemas auf dem simulierten Digitalrechner kein Überlauf eintritt.

(10) Mit diesem Knopf wird der ausgewählte Funktionsgenerator in den Simulator geladen, der im Anhang C näher beschrieben ist.

(11) Durch Drücken dieses Knopfes wird der Code für den aktuellen Funktionsgenerator erzeugt, auf den EZ-KIT Lite geladen und gestartet.

(12) Dieses Feld zeigt das aktuelle Arbeitsverzeichnis.

(13) Das Arbeitsverzeichnis von spgen wird hier eingestellt. In diesem Verzeichnis werden sämtliche temporären Dateien und der Sourcecode der automatisch erzeugten Funktionsgeneratoren abgelegt (siehe dazu Abschnitt B.2.4).

(14) Hier kann der gewünschte Prozessor ausgewählt werden. Wählbar sind in der aktuellen Version allerdings nur der Festkomma-Prozessor ADSP2181, der sich auf dem EZ-KIT Lite befindet und der eine feste Wortlänge von 16 Bit hat.

Alle Knöpfe sind nur aktiv, wenn die entsprechende Funktion möglich ist. Wenn beispielsweise ein Funktionsgenerator nicht simuliert werden kann, dann ist der Knopf 'Start Simulation' inaktiv.

D.2.3   Code-Generator

In spgen kann man einen Code-Generator starten, der ausführbaren Funktionsgeneratorcode für den ADSP2181 erzeugt und diesen Code auf den EZ-KIT Lite herunterlädt. Beim Entwurf eines Funktionsgenerators für diesen DSP-Kit muss die Abtastfrequenz einen der folgenden Werte haben:

$$f_s = 5.5125, \quad 6.615, \quad 8.0, \quad 9.6, \quad 11.025, \quad 16.0, \quad 18.9, \quad 22.05, \quad 27.42857,$$
$$32.0, \quad 33.075, \quad 37.8, \quad 44.1, \quad 48.0. \qquad \text{Einheit: kHz}$$

Falls eine andere Abtastfrequenz gewählt wird, erscheint eine Warnung. Der Code-Generator wählt dann die am nächsten liegende Abtastfrequenz. Selbstverständlich stimmt in diesem Fall die Frequenz des erzeugten periodischen Signals nicht mit der eingestellten Frequenz überein.

Der Code-Generator erzeugt entsprechend dem gewählten Funktionsgenerator ein Assembler-Source-File mit einem dem Generatortyp entsprechenden Namen. Diese Datei enthält den Assemblercode für den gewählten Funktionsgenerator und bindet eine Koeffizientendatei functiongeneratorname.inc ein, welche die Parameter des aktuellen Funktionsgenerators enthält und die ebenfalls vom Code-Generator erzeugt wird. Zusammen mit den restlichen Files wird daraus die Datei functiongeneratorname.exe erzeugt, die anschliessend auf den ADSP2181 geladen und ausgeführt wird.

D.2.4   Hilfe bei Problemen mit spgen

Probleme bei der Übertragung des Funktionsgeneratorcodes zum DSP

Falls die Übertragung des Codes zum DSP misslingt, kann dies folgende Ursachen haben:

1. Der Kit ist nicht empfangsbereit (erkennbar am fehlenden Blinken der roten LED). Abhilfe: Den Kit mit dem Resetknopf zurücksetzen und den Code-Generator nochmals starten.

2. Die serielle Schnittstelle ist von einem anderen Programm belegt. Abhilfe: Alle offenen DOS-Boxen und alle Programme (Emulator, Terminal, Modem), die die serielle Schnittstelle belegen, schliessen.

3. Die Verbindung zum PC ist unterbrochen, ein falscher COM-Port ist gewählt oder die Speisung des Kits fehlt. Abhilfe: Verkabelung überprüfen und darauf achten, dass die rote LED des Kits blinkt.

Probleme mit dem GUI (Graphical User Interface)

Falls das GUI nicht mehr auf Benutzereingaben reagiert, kann dies an einer offenen, aber durch ein anderes Fenster verdeckte Dialogbox liegen, die auf eine Bestätigung durch den Benutzer wartet. Abhilfe: Alle offenen Fenster zur Seite schieben und die Dialogbox suchen, oder im MATLAB-Command-Fenster Ctrl-c eingeben.

D.2.5 Zusammenfassung

Um einen Funktionsgenerator zu entwerfen, zu analysieren und auf dem EZ-KIT Lite zu implementieren, sind folgende Schritte auszuführen:

1. Das Programm spgen starten.

2. In der Generatorliste den gewünschten Funktionsgenerator auswählen.

3. Die Parameter eingeben.

4. Den ADSP2181-Prozessor anwählen.

5. Zur Analyse den Simulator mit der Taste 'Start simulation' starten. Mit dem Simulator kann man das Verhalten des Funktionsgenerators im Zeitbereich untersuchen, wobei die Arithmethik des angewählten Prozessors exakt nachgebildet wird.

6. Den Code-Generator durch Anwählen von 'Generate Code' starten. Der Code-Generator erzeugt Code für den angewählte Funktionsgenerator, lädt den Code auf den EZ-KIT Lite und startet den ADSP2181. Der Funktionsgenerator erzeugt nun auf dem linken Audiokanal das gewünschte Signal und auf dem rechten Audiokanal das zugehörige Sägezahnsignal. Ausnahmen dazu sind die DDS mit Interpolation (Wavetable Synthesis with Interpolation), der Impulsantwort-, der Sinus, der Sinus-Cosinus- und der Rauschgenerator, die auf dem rechten Kanal folgende Signale liefern: nicht interpoliertes Signal, Diracpulse, unverschobene Sinusschwingung, Sinussignal und Rauschsignal.

Literaturverzeichnis

[Ach85]   D. Achilles. *Die Fourier-Transformation in der Signalverarbeitung.* Springer Verlag, 1985.

[Atl96]   Atlanta Signal Processors, Inc., www.aspi.com. *DFDP4-plus, Digital Filter Design Package*, 1996.

[BE93]   B.Eppinger and E.Herter. *Sprachverarbeitung.* Hanser, München, 1993.

[BGG98]   C. Sidney Burrus, Ramesh A. Gopinath, and Haitao Guo. *Introduction to Wavelets and Wavelet Transforms.* Prentice-Hall Inc., 1998.

[Bla98]   Ch. Blatter. *Wavelets, Eine Einführung.* Vieweg, Braunschweig/Wiesbaden, 1998.

[Bri82]   E. Oran Brigham. *FFT, Schnelle Fourier-Transformation.* R. Oldenbourg Verlag, 1982.

[Bri88]   E. Oran Brigham. *The Fast Fourier Transform and its Applications.* Prentice-Hall Inc., 1988.

[BS00]   F. Bachmann and J. Schmid. Private communication, 2000.

[BSMM93]   I.N. Bronstein, K.A. Semendjajew, G. Musiol, and H. Mühlig. *Taschenbuch der Mathematik.* Verlag Harri Deutsch, 1993.

[Car75]   A.B. Carlson. *Communication Systems.* Mc Graw Hill, 1975.

[Cla93]   Peter M. Clarkson. *Optimal and Adaptive Signal Processing.* CRC Press, London, 1993.

[CS95]   Peter M. Clarkson and Bernard Sklar. *Signal Processing Methods for Audio, Images and Telecommunications.* Academic Press, 1995.

[CSC98]   M.L. Chugani, A.R. Samant, and M. Cerna. *LabVIEW Signal Processing.* Prentice-Hall Inc., 1998.

[CT65]   J.W. Cooley and J.W. Tukey. An algorithm for the machine calculation of complex fourier series. *Math. Computation*, 19:297–301, April 1965.

[Dan74]   R.W. Daniels. *Approximation Methods for Electronic Filter Design*. Mc Graw Hill, 1974.

[Dev90]   Analog Devices. *Digital Signal Processing Applications, Using the ADSP-2100 Family*. Prentice-Hall Inc., 1990.

[EB00]   J. Eyre and J. Bier. The evolution of dsp processors. *IEEE Signal Proc. Magazine*, 17(2):43–51, March 2000.

[Fli91]   Norbert Fliege. *Systemtheorie*. B.G. Teubner Stuttgart, 1991.

[GK97]   Peter Gerdsen and Peter Kroeger. *Digitale Signalverarbeitung in der Nachrichtentechnik*. Springer, 1997.

[Goe68]   G. Goertzel. An algorithm for the evaluation of finite trigonometric series. *Am. Math. Monthly*, 65:34–35, January 1968.

[GvL96]   G.H. Golub and C.F. van Loan. *Matrix Computations*. John Hopkins University Press, 1996.

[GWG92]   Rafael C. Gonzalez, Richard E. Woods, and Ralph C. Gonzalez. *Digital Image Processing*. Addison-Wesley Publishing Co., 1992.

[Har78]   F.J. Harris. On the use of windows for harmonic analysis with the discrete fourier transform. *Proceedings of the IEEE*, 66:51–83, January 1978.

[Hei99]   W. Heinrich. *Signalprozessor Praktikum*. Franzis, 1999.

[Hof98]   R. Hoffmann. *Signalanalyse und -erkennung*. Springer Verlag, 1998.

[Hof99]   Josef Hoffmann. *Matlab und Simulink in Signalverarbeitung und Kommunikationstechnik*. Addison-Wesley Publishing Co., 1999.

[Hub97]   Barbara B. Hubbard. *Wavelets, die Mathematik der kleinen Wellen*. Birkhäuser Verlag, Basel, 1997.

[HvV99]   S. Haykin and B. van Veen. *Signals and Systems*. John Wiley & Sons, 1999.

[IJ93]   E.C. Ifeachor and B.W. Jervis. *Digital Signal Processing*. Addison-Wesley Publishing Co., 1993.

[Kä92]   U. Kästli. AD- und DA-Wandler mit Oversampling und Noise-Shaping. *Bulletin SEV*, 1992.

[Kam96]   K.D. Kammeyer. *Nachrichtenübertragung*. B.G. Teubner Stuttgart, 1996.

[KK98]   K.D. Kammeyer and K. Kroschel. *Digitale Signalverarbeitung.* B.G. Teubner Stuttgart, 1998.

[Knu98]   Donald E. Knuth. *The Art of Computer Programming, Seminumerical Algorithms.* Addison-Wesley Publishing Co., 1998.

[Kro91]   H. Kronmüller. *Digitale Signalverarbeitung.* Springer Verlag, 1991.

[Loc95]   Dietmar Lochmann. *Digitale Nachrichtentechnik.* Verlag Technik GmbH, Berlin, 1995.

[Lue85]   H.D. Luecke. *Signalübertragung.* Springer Verlag, 1985.

[Lyo97]   Richard G. Lyons. *Understanding Digital Signal Processing.* Wellesley-Cambridge Press, 1997.

[Mar87]   S.L. Marple. *Digital Spectral Analysis.* Prentice-Hall Inc., 1987.

[Mat98]   The MathWorks, Inc, www.mathworks.com. *Signal Processing Toolbox, For Use with MATLAB*, 1998.

[Mer96]   Alfred Mertins. *Signaltheorie.* B.G. Teubner Stuttgart, 1996.

[Mey98]   Martin Meyer. *Signalverarbeitung. Analoge und digitale Signale, Systeme und Filter.* Vieweg, Braunschweig/Wiesbaden, 1998.

[MFLM96]   F. Moeller, H. Frohne, K.H. Loecherer, and H. Mueller. *Grundlagen der Elektrotechnik.* B.G. Teubner Stuttgart, 1996.

[MH83]   G.S. Moschytz and P. Horn. *Handbuch zum Entwurf aktiver Filter.* R. Oldenbourg Verlag, 1983.

[Mit98]   Sanjit K. Mitra. *Digital Signal Processing.* Mc Graw Hill, 1998.

[Orf96]   Sophocles J. Orfanidis. *Introduction to Signal Processing.* Prentice-Hall Inc., 1996.

[OS95]   Alan V. Oppenheim and Ronald W. Schafer. *Zeitdiskrete Signalverarbeitung.* R. Oldenbourg Verlag, 1995.

[OS99]   Alan V. Oppenheim and Ronald W. Schafer. *Zeitdiskrete Signalverarbeitung.* R. Oldenbourg Verlag, 1999.

[OSB99]   Alan V. Oppenheim, Ronald W. Schafer, and John R. Buck. *Discrete-Time Signal Processing.* Signal Processing Series. Prentice Hall, 1999.

[OW97]   Alan V. Oppenheim and Alan S. Willsky. *Signals and Systems.* Prentice-Hall Inc., 1997.

[Pap84]   Athansios Papoulis. *Signal Analysis.* Mc Graw Hill, 1984.

[PB87]   T.W. Parks and C.S. Burrus. *Digital Filter Design*. John Wiley &
           Sons, 1987.

[Pil89]   S. Unnikrishna Pillai. *Array Signal Processing*. Springer Verlag,
           1989.

[PM96]   John G. Proakis and Dimitris G. Manolakis. *Digital Signal Proces-
           sing*. Prentice-Hall Inc., 1996.

[Por97]   Boaz Porat. *A Course in Digital Signal Processing*. John Wiley &
           Sons, 1997.

[QC96]   Shie Qian and Dapang Chen.   *Joint Time-Frequency Analysis*.
           Prentice-Hall Inc., 1996.

[RM87]   Richard A. Roberts and Clifford T. Mullis. *Digital Signal Processing*.
           Addison-Wesley Publishing Co., 1987.

[Sch84]   E. Schrüfer. *Elektrische Messtechnik*. Hanser, München, 1984.

[Sch90]   E. Schrüfer. *Signalverarbeitung*. Hanser, München, 1990.

[SD96]   Samuel D. Stearns and Ruth A. David. *Signal Processing Algorithms
           in Matlab*. Prentice-Hall Inc., 1996.

[SH94]   Samuel D. Stearns and Don R. Hush. *Digitale Verarbeitung analoger
           Signale*. R. Oldenbourg Verlag, 1994.

[Skl88]   Bernard Sklar. *Digital Communications*. Prentice-Hall Inc., 1988.

[SN96]   G. Strang and T. Nguyen. *Wavelets and Filter Banks*. Wellesley-
           Cambridge Press, 1996.

[SS95]   W.W. Smith and J.M. Smith. *Handbook of Real-Time Fast Fourier
           Transforms*. IEEE Press, 1995.

[Ste96]   Ken Steiglitz. *A Digital Signal Processing Primer with Applications
           to Digital Audio and Computer Music*. Addison-Wesley Publishing
           Co., 1996.

[Tom93]   Willis J. Tompkins. *Biomedical Digital Signal Processing*. Prentice-
           Hall Inc., 1993.

[Tre95]   Steven A. Tretter. *Communication System Design Using DSP Al-
           gorithm*. Plenum Press, New York, 1995.

[TS99]   U. Tietze and Ch. Schenk. *Halbleiter-Schaltungstechnik*. Springer
           Verlag, 1999.

[Vas96]   Saeed V. Vaseghi. *Advanced Signal Processing and Digital Noise
           Reduction*. John Wiley & Sons, 1996.

[vG85]   Daniel Ch. von Grünigen. Eine Einführung in die Schalter-Kondensator-Filter. *SEV-Zeitschrift*, 5, 1985.

[vG93]   Daniel Ch. von Grünigen. *Digitale Signalverarbeitung*. AT Verlag, 1993.

[vG03]   Daniel Ch. von Grünigen. *Digitale Signalverarbeitung, Band 2 (Arbeitstitel)*. 2003. 2003 ist das voraussichtliche Erscheinungsjahr.

[VHH98]   P. Vary, U. Heute, and W. Hess. *Digitale Sprachverarbeitung*. B.G. Teubner Stuttgart, 1998.

[VK95]   Martin Vetterli and Jelena Kovacevic. *Wavelets and Subband Coding*. Prentice-Hall Inc., 1995.

[Wal99]   R.H. Walden. Performance trends for analog-to-digital converters. *IEEE Communications Magazine*, 1999.

[Wal00]   J. Walter. *Digitale Signalverarbeitung mit Signalprozessoeren*. Springer Verlag, 2000.

[Weh80]   W. Wehrmann. *Korrelationstechnik, ein neuer Zweig der Betriebsmesstechnik*. Expert Verlag, Grafenaus, 1980.

[Wis99]   S. Wischner. *Alles über MP3*. Markt und Technik, 1999.

[WT97]   Lisa Wells and Jeffrey Travis. *Das LabVIEW-Buch*. Prentice-Hall Inc., 1997.

Index